사이버 군사전략 개관

- 한국형 사이버억지 전략이 필요하다 -

송운수 지음

북한의 계속되는 사이버 공격과 핵 · 미사일 위협 속에서
우리는 어떤 군사전략으로 대응할 것인가?
미사일 대응전략으로 충분한가?
미래전을 위한 게임체인저 사이버전자전 능력이 필요하다.
사이버 네트워크 시대에 군사전략가들을 위한 안내서
비살상 사이버억지 군사전략이 요구된다.

예) 소장 송 운 수
국제정치학 박사
극동대학교 교수

주요 경력 및 학력

육군정보학교장(★★)
777사령관(★★)
제1야전군 정보처장(★)

국방신문 논설위원
한국전략문제연구소 사이버전략센터장

한국외국어대학교 졸업(1986)
고려대학교 국제정치학 석사(1990)
서울대학교 국제안보전략 최고위과정(2018)
단국대학교 국제정치학 박사(2021)

주요 논문 및 저서

"사이버전자전을 통한 네트워크마비전략 수행방안에 관한 연구", 단국대 박사학위논문, 2021.
"발사의 왼편작전과 한반도 사이버 억지전략 제언", 전략연구, 2021.
"사이버억지 수단으로서의 사이버전자전 작전수행개념", 한국군사학논집, 2021.
『육군 사이버전자전 기초연구』, 2019.
『지휘관은 한번 더 생각한다』, 2005.

사이버 군사전략 개관

송운수

2022년 07월 11일 초판 인쇄
2022년 07월 14일 초판 발행
발행인 박 진 영
발행처 도서출판 진영사
인천광역시 부평구 주부토로 236번지 인천테크노밸리 U1 지식산업센터 B동 1507호
전화 : 032)505-4207
팩스 : 032)505-4206
E-mail : 0183734207@hanmail.net
신고번호 : 제2007-000001호

ISBN 978-89-6541-570-1 93390
값 23,500원

서 문

사이버억지 군사전략이 필요하다.

사이버 네트워크 시대에 사이버는 더 이상 단순한 해킹의 수단이 아니다. 사이버 범죄를 넘어서 사이버 무기체계로서의 군사적 수단이 되고 있다. 사이버 수단에 의한 공격이 국가안보를 위협하는 안보 환경에서 이제는 사이버 군사전략이 요구된다. 냉전시대 성공적인 전략이었던 억지전략은 사이버환경에서도 군사적 억지전략으로 유효하다고 평가되고 있다. 사이버 군사전략에 관한 연구는 국내에서도 활발하게 전개되고 있다. 그러나 아직 이론적인 연구 이외에 한반도 상황에 부합되는 사이버 군사전략의 대안이 제시된 바도 없고, 우리 국방부에서도 사이버 군사전략을 명시적으로 공개하지 않고 있는 상황이다.

본 연구는 '보복 및 거부에 의한 억지' 등 억지전략 이론과 미국의 '발사의 왼편 작전(Left of Launch)'의 개념 등을 기초로, 한반도 현실을 고려하여 '네트워크마비전략'의 개념을 보복에 의한 억지의 군사전략으로 제시하였다.

이 개념은 적의 사이버공격에만 대응하는 순수한 사이버전 수단에 의한 공격 개념을 넘어서 사이버전과 전자전의 시너지 효과를 통해서 폐쇄망으로 운용되는 북한의 핵·미사일망과 네트워크화된 재래식무기까지도 무력화하고자 하는 공세적인 사이버 군사전략이다. 즉, 폐쇄망일지라도 무선공간의 전자기파의 수단으로 네트워크에 침투하고, 전자기파에 탑재된 악성코드 등 사이버전 수단으로 네트워크 기능을 마비 또는 무력화시킬 수 있는 사이버전자전 공격 전략이다. 이를 뒷받침하기 위한 논거로 사이버전자전의 개념과 방법을 제시하였으며, 사이버전자전을 주요 수단으로 하는 네트워크마비전략의 개념과 논리적 구조를 정립하고, 그 작전 수행방법까지 제시하는 등 세 가지에 연구중점을 두었다.

네트워크마비전략은 적의 네트워크를 무력화하는 비살상 전략이다. 적국의 국가

기능 및 전투기능을 마비시켜 전쟁의 확대를 예방하면서 적의 도발을 억지하고자 하는 목적을 지향한다. 네트워크마비전략은 적의 작전지휘 C4I체계, 네트워크화된 무기체계, 군 및 사회기반체계 등 3개 구조를 그 무력화 대상으로 하고, 사이버전, 전자전 및 사이버전자전 등 비살상적 무기체계들을 그 공격수단으로 한다.

이 네트워크마비전략은 다음 세 가지 군사전략적 가치를 가지고 있다. 첫째, 물리적인 피해를 주는 것이 아니기 때문에 보복을 최소화할 수 있으므로 전시 뿐만 아니라 평시에도 선제자위권 수단으로 사용할 수 있다. 둘째, 핵억지력의 수단인 핵무기는 현실적으로 사용이 불가한 억지수단이지만, 사이버전자전은 실제로 사용 가능한 억지수단이므로 억지가 실패하는 경우라도 분쟁의 효과적인 공격수단이 될 수 있다. 셋째, 네트워크마비전략의 주요 수단인 사이버전자전은 사이버공간 뿐만 아니라 무선공간에서도 사용이 가능하므로 전시 통합작전 수단으로도 사용 가능하다.

이러한 군사전략적 가치로 인해 네트워크마비전략의 개념은 핵 · 미사일 도발에 대한 평시 전쟁억지력과 함께 전시 다영역 통합작전 개념을 수반하여 전 · 평시를 망라하는 작전수행 개념으로 발전할 수 있다. 따라서 사이버공격에 대한 위협 뿐만 아니라 북한으로부터 핵 · 미사일 위협을 직접적으로 받고 있는 한반도 안보환경을 고려하여 네트워크마비전략의 개념을 사이버 군사전략으로서 보다 체계적으로 발전시킬 필요가 있다.

과학기술과 무기체계 및 네트워크의 발전으로 지상, 해상, 공중 뿐만 아니라 사이버 전장 및 우주 전장으로까지 전장이 확대되는 사이버 네트워크 시대에 미래 전장 상황을 연구하고 미래 전장 상황에 맞는 군사전략을 고민하는 군사전략가들에게 이 책이 다소나마 도움이 되길 바란다.

2022년 5월

송 운 수

목 차

표 목 차

그림 목차

Chapter Ⅰ 서 론

제1절 연구목적

제2절 기존의 연구들

제3절 연구범위

Chapter I

서 론

제1절 연구목적

세계는 지금 사이버전쟁 중이다. 앞으로의 전쟁은 미사일로부터 시작되기보다는 사이버전에 의한 조용한 암흑으로부터 시작될 가능성이 크다. 사이버공격에 의한 전기, 통신 등 사회기반체계에 대한 마비, 군 지휘통제체계 및 미사일 발사체계 등에 대한 무력화를 통해 군사 및 비군사 영역뿐만 아니라 국가 전체의 기능이 정상적으로 운용되지 못하게 마비시킨 가운데 전쟁이 개시될 것이다.

러시아의 2007년 에스토니아에 대한 사이버공격, 2008년 조지아에 대한 사이버 및 재래식 병행 공격, 미국과 이스라엘의 2010년 이란 핵시설에 대한 스턱스넷(Stuxnet)[1] 공격 등이 그 가능성을 예고하고 있다. 뿐만 아니라, 북한의 2009년의 DDoS 공격, 2011년의 농협전산망 해킹, 2016년의 국방부 폐쇄망인 국방망에 대한 해킹 사례는 유사시 전면전에 앞서 사이버 공격으로 국가 및 군사 기능을 마비시킬 수 있는 사이버전쟁의 가능성을 보여준 사례들이다.

이란 원전에 대한 스턱스넷 공격 및 한국 폐쇄망에 대한 북한의 사이버공격 등

1) 스턱스넷(Stuxnet)은 발전소, 공항 등 폐쇄망으로 운영되는 기간시설을 파괴할 목적으로 제작된 컴퓨터 바이러스로, 2010년 6월 벨라루스에서 처음 발견되었다. 인터넷과 차단된 네트워크에서 사람에 의해 USB 또는 CD를 컴퓨터에 연결하면서 감염되었고, 나중에는 인터넷에 연결된 컴퓨터를 감염시켜 확산되었다. 전체 바이러스 감염 사례의 60%가 이란에 집중되어 있으며, 이란 핵시설을 마비시키기 위해 미국과 이스라엘이 퍼뜨린 사이버무기인 것으로 추정된다.

은 단순히 일회성 사이버공격을 넘어서 국제정치적인 의미를 가지고 있다. 첫째, 국가에 의해 주도적인 계획과 의도가 반영되었다는 점이고, 둘째는 단순한 사이버 범죄가 아니라 '사이버전쟁'이라고 할 만큼 공세적인 안보위협이며, 셋째는, 새로운 국제분쟁의 양상으로서의 가능성을 보여주었다는 점이다.[2] 따라서, 사이버공격 사례는 더 이상 사이버범죄 수준이 아니라 국가안보 차원에서 군사전략적 대안을 마련해야 하는 안보환경을 조성하고 있다.

이러한 배경에서, 국제적으로 사이버공간의 안보를 위해 다양한 연구가 진행되어 왔다. 그중에서도 특히, '억지(Deterrence)' 개념은 활발히 전개되어 온 논의 주제였다. 억지는 핵무기의 등장과 함께 1950년대부터 논의되기 시작한 개념으로 전통안보 영역에서 성공적인 안보전략중 하나로 인식되었다. 세계 각국의 정부 및 학계에서는 핵시대의 성공적인 안보전략이었던 '억지'를 사이버공간에 적용하고자 하는 연구를 2010년 전후부터 활발하게 전개하였다.[3]

군사적 억지효과를 위한 사이버 군사전략적 대안을 마련하고자 하는 국제적인 안보환경과 병행하여 한반도 상황을 보면, 한국은 북한으로부터 끊임없는 사이버 공격 뿐만 아니라 북한의 핵 · 미사일 위협 및 다양한 무력도발 위협에 직면해 있다. 특히, 북한의 핵 · 미사일과 같은 다양한 유형의 대량살상무기(WMD: Weapons of Mass Destruction) 전력에 직면하여 '한국형 3축 체계(핵 · WMD 대응체계)'를 구축하여 대응하고 있다.[4] 이 가운데 1축인 Kill-Chain의 선제적 타격수단이

2) 장노순(2012) "사이버무기와 국제안보". JPI 정책포럼 No. 2012-19, p. 2.

3) 이러한 연구들은 다음과 같다. Martin C. Libicki(2009) "Why Cyberdeterrence Is Different". *Cyberdeterrence and Cyberwar*, RAND Corporation; Will, Goodman(2010) "Cyber Deterrence: Tougher in Theory than in Practice?" *Strategic studies Quarterly*, Amir Lupovici(2011) "Cyber Warfare and Deterrence: Trends and Challenges in Research". *Military and Strategic Affairs* 3(3); Joseph S. Nye(2017) "Deterrence and Dissuation in Cyberspace". *Internatuonal Security*, Vol. 41, No. 3; 장준하 · 윤지섭(2020) "사이버억지의 국방분야 적용: 무기체계 임베디드 소프트웨어 보증방안". 한국군사학논집, 76(1), p. 350.

4) 1축(Kill-Chain)은 북한이 미사일을 발사하기 이전에 미사일 발사체계를 무력화시키는 것을 의미하고, 2축(KAMD : Korea Air and Missile Defense, 한국형 미사일 방어)은 북한의 미사일이 발사된 이후 공중에서 적 미사일을 요격하는 것을 의미하며, 3축(KMPR : Korea Massive Punishment & Retaliation, 대량응징보복)은 북한의 미사일에 피해를 입을 경우 대량 보복하는 것을 의미한다. 그러나, 국방부는 2019년에 '3축 체계'라는 용어를 공식적으로 폐기하고 '핵 · WMD 대응체계'로 용어

현재는 아군의 미사일이다. 그러나 만일 전쟁이 실제 발생하지 않은 상황이라면 아무리 적이 WMD를 사용할 징후가 뚜렷하다고 하더라도 우리 군이 먼저 북한지역으로 미사일을 발사하여 선제적 타격을 한다는 것은 현실성이 제한될 것이다. 따라서 전쟁 개시 이전에는 적의 WMD 공격 징후에 맞서 선제적 대응을 하기 위해서는 비파괴적, 비살상적인 수단을 가지고 적의 군사적 네트워크를 마비시킴으로써 WMD의 발사를 무력화하는 기술과 능력이 요구된다. 즉, 네트워크를 마비시킬 수 있는 사이버수단에 의한 공격능력이 그 대안이 된다.

이러한 관점에서 볼 때, 미국 New York Times에서 보도(2017.3.4일)한 "Trump Inherits a Secret Cyberwar Against North Korean Missiles"(북한 미사일 대응에 관한 트럼프가 물려받은 비밀 사이버전) 기사에서 언급한 '발사의 왼편작전(Left of Launch)'은 우리에게 시사하는 바가 매우 크다.[5] 이 작전은 적의 미사일에 대한 '발사 이후 요격' 방식이 아니라 '발사 직전 교란' 방식으로 네트워크에 침투하여 그 기능을 마비시킴으로써 정상적인 작동이 되지 못하게 하는 비살상적 · 비파괴적인 '네트워크 마비' 기술로 추정되기 때문이다.

이와 같이, 국제적인 사이버안보 환경에서 사이버공격 및 사이버전쟁이 현재진행형임에도 불구하고 우리 군의 사이버안보에 대한 인식은 낮은 것으로 평가되고 있다. "군의 무기체계 대부분이 컴퓨터 네트워크로 연동되어 사이버공격에 노출되어 있는데도 사이버작전을 일반 군사작전보다 낮게 보고 있다. 군의 사이버조직은 임무분담이 명확하지 않고 기능도 떨어진다. 새로운 위협은 이전과는 전혀 다른 속성으로 진화하고 있어 국방정책을 부분적으로 고쳐서는 선제적으로 대응할 수

를 변경했다. 1축을 의미하는 'Kill-Chain'은 '전략목표 타격'으로 바꾸고, 3축을 의미하는 '대량응징보복'은 '압도적 대응'으로 변경했다. 2축을 의미하는 '한국형 미사일 방어'는 지금처럼 그대로 쓰지만, '전략목표 타격', '압도적 대응'처럼 영문 표기를 함께 하지 않기로 했다. 그러나, '3축 체계'의 명칭을 바꾸는 것이지 개념이 바뀐 것은 아니며, '핵 · WMD 대응체계'에 대한 전력증강사업은 계속 추진한다. 국방부는 '2019-2023 국방중기계획' 문서에서부터 이 용어를 사용하고 있다. 중앙일보, 2019.1.10.

5) David E. Sanger and William J. Broad(2017) "Trump Inherits a Secret Cyberwar Against North Korean Missiles". https://www.nytimes.com/2017/03/04/world/asia/north-korea-missile-program-sabotage.html. (검색일: 2021.9.15)

없다. 하지만 군의 사이버전략은 아직도 '검토 중'이다."[6]라는 낮은 평가에 대해 주목할 필요가 있다.

이러한 배경에서 다음 두 가지 문제를 제기한다. 첫째는, 국제적인 사이버안보 환경에서 볼 때, 우리 군도 사이버 군사전략적 대안을 모색할 필요가 있다는 점이다. 즉, 사이버범죄를 넘어서 사이버전쟁의 발생 가능성이 높아짐에 따라 군사적 차원에서 대비하고 억지력을 발휘할 수 있는 사이버 군사전략을 발전시킬 필요가 있다. 둘째는, 평화상태와 전쟁상태의 명확한 구분이 어려운 휴전상태에 처한 한반도 환경에서는 북한의 사이버공격 뿐만 아니라, 핵·미사일 도발 위협에도 효과적으로 대응할 수 있는 사이버공격 수단을 갖출 필요가 제기되는 것이다. 즉, 전시 뿐만 아니라 전쟁 이전이라도 북한의 대규모 사이버공격 또는 미사일 위협을 억지하기 위하여 선제자위권을 발휘할 수 있는 비살상적이고 비파괴적인 공격수단을 통해서 억지효과를 가질 수 있는 방안을 발전시킬 필요가 있다는 점이다.[7]

본 연구는 바로 이러한 맥락에서 어떤 사이버 군사전략이 한반도 상황에서 사이버안보를 효과적으로 보장할 것인가 하는 문제를 연구질문으로 설정하였다. 즉, 한반도 상황에서의 현실적인 사이버 군사전략이 무엇인가를 검토해 보는 것이 연구의 목적이다.

제2절 기존의 연구들

어떤 사이버 군사전략이 한반도 상황에서 사이버안보를 효과적으로 보장할 것인

6) 손영동(2018) "사이버안보와 국방대응태세". 군사논단, 제94호, p. 10.
7) 송운수·조한승(2021) "사이버억지 수단으로서의 사이버전자전 작전수행개념". 한국군사학논집, 77(1), p. 493.

가 하는 문제를 연구질문으로 설정하고 이에 대한 해답을 찾기 위해서 먼저 사이버안보와 억지에 대한 기존연구들을 제2장에서 중점적으로 살펴볼 것이다.

우선, 사이버안보에 대한 기존연구들을 살펴보면, 사이버범죄와 사이버전쟁에 관한 구분, 사이버안보에 관한 서방국과 비서방국간의 인식의 차이, 그리고 국가간 사이버전쟁에 관한 국제규범에 대한 연구 등이 중점적으로 논의되어 왔다. 이 중에서 서방국과 비서방국 양측의 대립되는 두 가지 이슈인 사이버공간의 국가주권 인정 문제와 기존 전쟁법의 사이버전 적용 문제에 관해서는 상당한 인식의 합의를 이루어내는 성과가 있었다. 그러나 사이버공격을 사이버전쟁으로 간주할 수 있는가에 대한 국세규범에 관한 논쟁은 아직도 해결해야 할 과제로 남아있다.8)

지금까지의 사이버안보에 관한 기존연구들은 공통적으로 인터넷망을 중심으로 하는 사이버공간에서의 갈등문제만을 대상으로 하고 있고 따라서 사이버안보 규범도 대부분 사이버공간에서의 오픈된 인터넷망에 대한 규범이라는 제한적인 특징을 가지고 있다. 그러나 지금의 기술수준은 사이버공간과 무선공간인 전자기스펙트럼공간의 교차영역이 확대되고 있고, 사이버 융합기술의 발전에 따라 사이버전과 전자전이 융합된 사이버전자전 기술이 발전되고 있다. 이 사이버전자전 기술은 전자파의 무선접속 능력과 사이버 기술과의 결합을 통하여 사이버공간을 넘어서 무선공간에서도 폐쇄망에 대한 침투 및 사이버 공격까지도 가능한 기술이다. 즉, 사이버공간의 전장화 뿐만 아니라 적 군사 지휘체계망 또는 미사일망 등 무선공간을 통한 폐쇄망에 대한 사이버공격도 가능한 상황이 되었다. 하지만 아직 폐쇄망에 대한 사이버공격에 관한 국제적 규범은 마련되어 있지 않은 상황이다. 따라서 사이버 공간속에서의 인터넷 네트워크 뿐만 아니라 전자기 스펙트럼공간에서의 폐쇄망에 대한 공격능력까지도 포함하는 사이버전자전의 위협과 작전수행이 사이버안

---

8) 사이버안보에 관한 연구는 Laura Fichtner(2018) "What kind of cyber security? Theorising cyber security and mapping approaches". *Internet Policy Review*, 7:1-19; M. Baezner(2018) *Hotspot Analysis: Synthesis 2017: Cyber-conflicts in Perspective*. Center for Security Studies(CSS); 김상배(2019) "사이버안보의 국제규범과 한국외교". 김상배 엮음, 사이버안보의 국가전략 2.0. 사회평론, 서울; 배영자(2017) "사이버안보 국제규범에 관한 연구". 21세기정치학회보, 27(1) 참조.

보의 개념에 포함되어야 한다.

또한, 억지에 대한 기존연구는 핵억지의 성공적인 전략이었던 '보복(Punishment)에 의한 억지'와 '거부(Denial)에 의한 억지'를 중심으로 사이버 환경에서도 군사전략에 관한 논의가 활발하다. 그러나, 소수의 강대국들만이 참여하던 냉전기의 억지게임과 달리, 사이버공간에서는 수많은 행위자들이 동시에 공존하기 때문에 오늘날의 사이버공간에서는 심각한 비대칭으로 말미암아 과거와 같은 예측 가능한 억지효과를 기대하기 어렵다는 점을 전제로 한다.[9] 특히 공격자의 정체를 파악하는 문제, 피해규모에 대한 파악, 억지의 신뢰성 문제 그리고 보복의지의 전달 문제 등 사이버억지의 극복해야 할 제한사항들이 존재하기 때문에 과거 핵억지 논리와는 다르게 국제규범과 제도 면에서 큰 차이가 있다는 점을 인정하면서 논의가 진행되고 있는 것이다.

이러한 제한사항들을 고려하여 사이버억지에 관한 기존연구들을 종합해 보면 다음과 같은 몇 가지 특징들이 있다. 첫째, 과거 핵억지 논리를 바탕으로 하여 '보복'과 '거부'에 의한 억지를 중심으로 하되, 단순한 이분법적인 구분을 넘어서 국가간 협력적 관계를 모색하기 위한 논의도 동시에 이루어지고 있다.[10] 둘째, 과거 핵억지 논리와 사이버억지의 차이점을 고려하여, 핵무기는 사용할 수 없는 억지수단으로 인식하고 있으나 사이버전은 사용가능한 억지 수단으로서 인정하고 있다.[11] 셋째, 사이버억지의 수단으로서 사이버공격 능력 만이 아니라 경제, 외교, 군사 등 다양한 수단과 병행할 수 있다는 의견으로 공감을 가지고 있다는 점이다.[12]

9) 민병원(2015) "사이버공격과 사이버억지의 국제정치: 규제와 새로운 패러다임을 중심으로". 전략연구, 21권 3호, p. 52.

10) 협력을 통한 자발적 억지에 대해서는 Richard N. Lebow and Janice Gross Stein(1987) "Beyond Deterrence." *Journal of Social Issues* 43(4), pp. 5-71; Martin C. Libicki(2007) Conquest in Cyberspace: National Security and Information Warfare. Cambridge: Cambridge University Press, p. 126; 민병원(2015) "사이버공격과 사이버억지의 국제정치: 규제와 새로운 패러다임을 중심으로". 전략연구, 21권 3호, pp. 53-56 참조.

11) 재래식 억지의 연구에 관해서는 John Mearsheimer(1983) Conventional Deterrence, Ithaca, Cornell University Press. Richard Harknett(1994) "The logic of Conventional Deterrence and the end of the Cold War", *Security Studies* 4. pp. 86-114; 전성훈(2004) "억지이론과 억지전략에 대한 소고". 전략연구. 통권 제 31호, p. 128 참조.

그러나 현재까지의 사이버억지를 위한 연구들은 다음 두 가지 면에서 발전의 여지를 가지고 있다고 보여진다. 첫째는 사이버억지가 요구되는 위협에 있어서 사이버공격만을 그 대상으로 한정하는 경향을 보이고 있다는 점이고, 둘째는 사이버억지의 능력을 발휘할 수 있는 실질적인 수단으로 사이버전에 의한 방법 이외에 사이버전과 전자전의 장점을 통합한 '사이버전자전'에 의한 사이버억지 방법까지는 고려하지 못하고 있다는 점이다.

이에 대해 본 연구는 사이버수단에 의한 억지에 대하여 이 두 가지 아쉬운 점을 고려하여 보완하고자 하는 시도에 연구의 차별성을 두고자 한다. 첫째, 한반도 상황을 고려하여 북한의 사이버공격만을 사이버수단에 의한 억지의 대상으로 하기보다는 핵·미사일 및 너 나아가서 재래식 무기라고 하더라도 네트워크에 의해 통제되고 작동되는 무기체계는 사이버수단에 의해 무력화 또는 마비가 가능하다는 관점에서 '네트워크마비전략'의 개념을 사이버 군사전략으로 제시하여 그 타당성을 검토하고자 하는 데 첫 번째 중점을 두고 있다. 둘째는, 사이버억지의 수단으로서 사이버전 능력 뿐만 아니라 '사이버전자전'이라는 수단을 제시하여 사이버공간 뿐만 아니라 전자기스펙트럼 공간을 동시에 고려하여 사이버수단에 의한 억지효과 구현이 가능하다는 점을 제시하는 데 연구의 또 하나의 차별적인 중점을 두고자 한다.

따라서 본 연구는 사이버수단에 의한 군사적 억지효과를 위해서 사이버공격 뿐만 아니라 핵·미사일망 및 네트워크화 된 재래식 무기도 사이버전 및 사이버전자전 수단으로 공격능력을 확보함으로써 '보복에 의한 억지'의 한 방법으로 '네트워크마비전략' 개념을 제시하고 이 개념이 군사전략적 대안이 될 수 있는가를 검토해 보고자 하는 것이다.

---

12) 예를 들어, Joseph S. Nye(2017) "Deterrence and Dissuation in Cyberspace". *Internatuonal Security*, Vol. 41, No. 3, p. 55; Amir Lupovici(2011) "Cyber Warfare and Deterrence: Trends and Challenges in Research". *Military and Strategic Affairs*, Vol. 3, No. 3, p. 54.

제3절 연구방법 및 범위

무기체계나 사회가 단순하였던 근대 이전의 시기에는 군사이론이 선행하고 그에 따라 무기체계가 발전하는 모습을 보였다. 그러나 과학문명과 기술의 발달 특히, 4차 산업혁명이라는 기술의 발전으로 촉발된 새로운 무기 기술들의 등장은 어떻게 이들을 효율적으로 운용할 것인가 하는 군사이론이 후속하여 발전하게 되었다.

특히, 사이버전쟁이 시작되었다고 할 수 있는 사이버 기술의 획기적인 발전은 새로운 국제분쟁의 가능성을 예시하고 있고, 2010년 경부터 사이버억지라는 이론적 개념이 발전되고 있다. 사이버전 기술의 발전은 사이버전 뿐만 아니라 전자전 기술과 연계성이 높아지면서 사이버전자전 기술로까지 발전된 상황에서 이제는 사이버전과 전자전 그리고 사이버전자전이라는 무기체계 기술을 어떻게 운용할 것인가 하는 군사교리와 군사전략이 요구되고 있는 것이다. 즉, 지금까지는 핵 및 재래식 무기를 중심으로 하는 살상적 군사전략이 발전되어 왔으며, 이제는 사이버전 기술을 중심으로 하는 비살상적 사이버 군사전략이 추가로 요구되고 있는 것이다.

본 연구는 바로 이러한 관점에서 사이버전 및 사이버전자전 기술을 기초로 한 사이버 군사전략을 도출해 보고자 하는 것이다. 따라서 그 연구대상은 크게 보아서, 첫째는 '네트워크마비전략'으로 제시하는 사이버 군사전략의 억지 효과, 둘째는, 네트워크마비전의 수단이 되는 '사이버전자전'이라고 하는 새로운 기술, 셋째는, 네트워크마비전략의 개념을 작전적인 측면에서 실천적으로 수행하는 '네트워크마비전'의 작전수행 개념 등을 그 대상으로 한다. 아울러 본 연구는 '네트워크마비전략'과 '네트워크마비전' 그리고 '사이버전자전'의 용어를 구분하여 사용한다. 네트워크마비전략(NPS: Network Paralysis Strategy)은 군사전략적 차원에서 최상위 개념으로 사용하는 의미이며, 네트워크마비전(NPW: Network Paralysis Warfare)은 군사전략적 최상위 개념을 구현하는 실천적 작전개념으로서 네트워크마비전략의 하위 개념으로 사용하는 의미이다. 사이버전자전은 실천적 작전개념인 네트워크마비전(NPW)의 개념을 구현하기 위한 군사적 수단으로서 최하위의 개념으로 사용한다.13)

연구방법은 첫째, 사이버안보의 개념과 일반적인 억지의 이론을 토대로, 둘째, 주요국들의 과거 사이버공격 사례, 그리고 셋째, 한반도의 안보환경의 특징 등을 종합하여 사이버 군사전략에 요구되는 능력을 도출하고, 이 요구능력을 충족할 수 있는 사이버 군사전략이 무엇인가를 도출하는 방법으로 '네트워크마비전략'의 개념을 제시하였고, 바로 이 네트워크마비전략의 적용방법들을 연역적 접근방법으로 연구 기술하였다.

연구범위는 첫째, 사이버안보의 개념으로부터 사이버안보를 위한 국제규범에 대한 논의들을 망라하였다. 둘째, 이러한 기존의 억지이론들을 토대로 '네트워크마비전략'이라는 한국형 사이버 군사전략을 도출하여 마비전략의 시대적 변천과정으로부터 이 네트워크마비전략 개념의 이론적 구성과 수행방법 및 수단까지 포함하였다. 셋째, 네트워크마비전략의 3대 수단 중에서 사이버전과 전자전에 관해서는 많은 연구가 되어 있기 때문에 본 연구에서는 새로운 기술로 소개하는 '사이버전자전'에 대해 별도의 장으로 편성하여 사이버전자전의 영역과 범위를 한정하고 사례를 소개하였다. 넷째는, 네트워크마비전략의 전략적 수행개념을 바탕으로 작전범주별 작전수행방안과 제대별 작전수행방안을 제안하며, 마지막으로 전투부대에서의 적용성을 위해 전투부대에 요구되는 편제와 무기체계 등 전투발전 분야별 요구능력까지도 망라하였다.

그러나 본 연구범위에서 포함하지 못하고 제외한 것은 첫째, 사이버전자전의 무기체계를 구현하는 핵심기술에 관해서는 간단한 소개만 하였고 깊이 있는 기술적인 연구는 배제하였다. 둘째, 북한을 포함한 주변국들의 사이버전자전 기술수준과 능력에 대하여 소개하되 공개자료의 제한 등으로 인해 깊이 있는 연구를 하지 못

13) '사이버전자전'에 대한 구체적인 개념 정의는 본 연구 3장 1절 참조, '네트워크마비전(NPW)'에 대한 상세한 설명은 4장 3절 참조.

하고 후속연구 과제로 남겨 놓았다.

이러한 연구범위와 과제를 망라하여 본 연구는 총 6장으로 구성하였으며 그 내용은 다음과 같다.

1장 서론에서는 국가의 사이버안보 차원에서의 사이버 군사전략에 대한 연구 필요성을 제기하고, 본 연구의 목적과 연구범위를 기술하였다.

2장에서는 이론적인 기반을 위해 사이버안보의 개념과 국제규범에 대한 논의 그리고 억지에 관한 이론 및 억지 효과 등을 소개하고, 새로운 과학기술의 발전에 따른 사이버전자전의 억지효과와 함께 그 필요성을 제시하였다.

3장에서는 2장에서 필요성을 제시한 사이버전자전을 중점적으로 다루었다. 사이버전자전의 영역 및 범위를 명확하게 설정하여 사이버전과 전자전이 중첩 및 공유하게 되는 구간에 대한 분석을 통해 사이버전자전 기본개념을 수립하고 무기체계 및 군사적 유용성을 제시하였다.

4장에서는 사이버전자전을 주요 수단으로 하는 '네트워크마비전략'의 개념을 도출하고 마비전략의 시대적인 변천과정과 네트워크중심전(NCW)과의 관계 그리고 네트워크마비전략 개념의 체계적인 구성 및 수행방법 등을 포함하였다.

5장에서는 한반도 환경에서의 네트워크마비전략의 전략적 수행개념을 바탕으로 작전범주별 작전수행 방안과 제대별 작전수행 방안을 수립하였다. 특히, 전술제대에 대해서는 구체적인 수행방안을 제시하기 위하여 전투부대에서의 편제 및 요구되는 무기체계를 중심으로 전투발전 분야별 요구능력을 구체화하였다.

마지막으로, 6장에서는 억지효과를 위한 한국형 네트워크마비전략 개념에 대한 연구 결론으로 한반도 환경에서 사이버 군사전략의 필요성과 네트워크마비전략 개념의 군사전략적 타당성을 재확인하였고, 사이버 군사전략의 발전을 위한 정책적 함의 및 추가적인 연구방향을 제시하였다.

Chapter Ⅱ

사이버안보와 사이버억지

Chapter Ⅱ 사이버안보와 사이버억지

제1절 기술의 발전과 사이버안보

1. 과학기술의 발전과 전쟁양상의 변화

전쟁의 모든 분야가 과학기술과 연결되어 있고, 과학기술의 모든 분야가 전쟁에 영향을 미친다. 그래서 전쟁은 과학기술의 지배를 받는다. 도로, 자동차, 통신수단 등과 같이 통상 군사적인 것으로 취급되지 않는 과학기술의 산물들이 전쟁의 모습을 만드는 데 있어서는 무기나 무기체계 만큼 중요한 역할을 하고 있다. 이러한 과학기술들이 소위 전쟁의 기반시설이라고 부르는 것을 지배하기 때문이다.[14]

전쟁양상의 변화에 기술력이 미친 영향은 무엇보다 전쟁에 사용되는 무기체계의 변화에서 잘 나타난다. 20세기 석유를 연료로 하는 내연기관의 등장은 탱크와 장갑차를 활용한 전격전(Blitzkrig)을 가능하게 했고, 제2차 세계대전 중에 등장한 핵물리학의 과학은 인류에게 원자력이라는 새로운 에너지를 가져다 주었지만, 이 역시 전쟁양상의 변화를 불러 일으켰다. 단 하나의 핵탄두만으로도 가공할 만한 파괴력을 초래하기 때문에 냉전시대 미국과 소련은 아이러니하게도 전쟁을 회피하는 공포의 균형(balance of terror)에 의한 핵억지 전략을 낳게 만들었다. 또한,

14) Martin van Creveld(1998) *Technology and War: From 2000 B.C. to the Present.* 이동욱 역(2006) 과학기술과 전쟁: B.C. 2000부터 오늘날까지. 도서출판 황금알, 서울, p. 372.

20세기 후반부에는 인공위성 기술과 컴퓨터 네트워크기술이 크게 발전하였고 인터넷을 통한 수많은 정보가 수집 및 전달되면서 전쟁수행의 공간을 지상과 해상뿐만 아니라 해저에서부터 우주, 더 나아가서 사이버공간으로까지 확장하였다.[15)]16세기 이후부터 몇 차례의 산업혁명을 거치면서 다양한 무기체계들이 개발되어 전쟁에 투입되면서 전쟁의 양상도 진지전→전자전→네트워크중심전 등의 형태로 변모하였다. 앞으로 미래의 전쟁은 자율무기체계들과 증강된 인간 전투요원들에 의한 지능화된 비선형전의 모습으로 진화할 것이다. 전장은 이미 사이버공간으로 확장되었다.[16)]

전장공간의 확대는 단순히 지・해・공 전투 책임구역의 확대만을 의미하는 것이 아니라 전투지역의 다차원화를 의미한다. 이러한 특징을 대표하는 것이 네트워크중심전, 사이버전이다. 3차원적인 세계를 초월하여 우주와 사이버 네트워크 영역까지 전투개념이 확대된다. 이미 해킹을 통한 사이버테러는 중요한 안보 이슈로 부각된 상태이며, 최근 증가되고 있는 우주개발에 대한 군비증강도 외교적 이슈가 되고 있다.[17)]

5G를 필두로 하는 차세대인터넷, 인공지능, 로봇의 등장이 세계경제는 물론 안보 및 전쟁양상의 변화라는 관점에서 보다 면밀하게 고찰하고 분석되어야 할 것이다. 인공지능 무기와 로봇이 실제로 전쟁에 배치되면 전투나 주요 결정 과정에서 인간의 역할이 점점 배제될 것이고, 전쟁에서 인터넷 인프라가 가장 중요한 전략적 자산이 될 것으로 예측된다. 미래에는 인공지능 무기나 로봇 배치에 시민이 관여하지 않은 채 일부 군사전문가 소프트웨어 엔지니어들이 전쟁을 주도하게 되면서 실용성이 전략적 도덕적 사고를 대신하게 될 것이다.[18)] 이와 같이 과학기술의 혁신은 민간부문에서 이루어지고, 정부가 민간부문의 상업적 활기를 끊임없이 군

15) 조한승(2012) "21세기 전쟁양상의 변화와 실제 - NCW 전쟁: 이라크 자유작전(2003)". 안보학술논집, 제23집 상, pp. 128-130.
16) 이수진(2017) "제5세대 전쟁: 개념과 한국 안보에 대한 함의". 한국군사, 제2호, p. 22.
17) 유정현(2020) "4차 산업혁명과 사이버전의 진화". 김상배 엮음, 4차 산업혁명과 신흥군사안보. 한울아카데미, pp. 86-87.
18) 배영자(2021) "과학기술의 세계정치 연구: 현황과 전망". 국제정치논총, 제61집 3호, pp. 178-179.

사부문에 활용하기 위한 노력 속에서 기술혁신이 강화된다. 즉, 민간이 혁신을 주도하지만, 정부가 협력적 관계 속에서 민간기술혁신을 국방에 끊임없이 활용하고 민간의 혁신을 독려하는 상호의존관계로 발전해 가는 것이다.[19]

이러한 기술과 전쟁의 상호의존 관계 속에서 4차 산업혁명을 주도하고 있는 핵심기술의 특징은 초연결 · 초융합과 자동화 플랫폼의 형태로 발현되고 있다. 특히, 4차 산업혁명은 ICT 기술 등에 따른 디지털 혁명에 기반을 두고 물리적 공간, 사이버공간의 경계가 희미해지는 기술융합의 시대로 간주된다. 범용기술로서 인공지능이 경제사회 전반의 구조변화를 주도하고 있으며, 지금까지 주로 산업부문의 혁신을 주도했던 이들 범용기술들이 이제 군사분야에도 직접적으로 영향을 미치고 있다. 특히, 4차 산업혁명의 기술이 발전시킨 사이버전은 컴퓨터 네트워크를 통해 디지털화된 정보가 유통되는 가상적인 공간에서 다양한 사이버공격 수단을 사용해 적의 정보체계를 교란, 거부, 통제, 파괴하는 등의 공격과 이를 방어하는 활동이다. 사이버전은 효과중심작전의 형태를 띠는 대표적인 전쟁방식이다. 전쟁수행을 위한 전장관리체계나 주요 무기체계의 통제체계를 무력화함으로써 상대방의 전쟁수행능력에 치명적인 피해를 입힐 수 있기 때문이다.[20] 사이버공격의 위력이 물리적 군사력과 완전히 통합되어 핵심적인 전력요소가 될 것이라는 기대, 그리고 향후 사이버공간이 지 · 해 · 공 · 우주에 이어 '제5의 전장'으로 자리매김할 것이라는 전망이 담겨있다.[21]

따라서 4차 산업혁명의 이러한 기술들, 즉, 차세대인터넷, 인공지능, 로봇의 등장, 사이버공격 기술의 발전 등은 미래의 전쟁을 변화시키게 될 것이다. 전투수행방법과 전쟁양상 및 전장공간에서 획기적인 변화가 있을 것이다. 2019년에 발간된 육군비전 2050에서는 미래 전쟁을 다음과 같이 전망하고 있다.[22]

---

19) 위의 논문, pp. 175-176.
20) 박무성(2019) "사이버 분야와 전자전 분야의 효과적인 융합". 19-1차 Korean Mad Scientist Conference 자료집, p. 235.
21) 김상배(2018) 사이버안보의 세계정치와 한국: 버추얼 창과 그물망 방패. 한울아카데미, pp. 120-121.
22) 육군본부(2019) 육군비전 2050. 육군본부, pp. 55-64 참조.

첫째, 초연결 기반의 전략적 중심 마비전이 될 것이다. 미래의 전쟁은 파괴력과 정확도가 극대화된 살상무기체계와 눈에 보이지 않고 은밀한 사이버무기, 기상무기, 전자·심리전 무기 등과 같은 비살상 무기들이 초연결되어 지상과 우주 등의 물리적 공간과 사이버공간에서 적의 전략적 중심을 대상으로 입체적으로 운용될 것이다. 정치, 경제, 외교, 사회기반시설 등 국가 차원의 전략적 영역과 지휘소, 핵심 군사시설 등 군사적 영역 모두에서 동시다발적인 공격이 있을 것이다. 전쟁 초기에 국가 중요시설에 대한 집중적인 정밀 타격과 사이버전을 통해 국가 기능을 마비시키고 상대국의 전쟁 능력과 의지를 조기에 무력화시키고자 하는 전략적 중심에 대한 마비전의 양상이 될 것이다. 또한, 미래의 전쟁은 사이버공간 활용의 비중이 커지면서 최소한의 물리적 파괴로 최대의 전투 효과를 거둘 수 있는 비살상 작전의 중요성이 부각될 것이다. 사이버·전자기 영역에서 이루어지는 작전은 크게 두 가지로 나타날 것이다. 하나는, 적의 네트워크를 파괴하고 나의 네트워크는 보호하는 네트워크전이 될 것이다. 이것은 아군의 초연결·초지능 기반의 전투체계를 보호하면서 상대방의 것은 마비시켜 전쟁수행에 차질을 빚게 하는 것이다. 또 하나는, 상대의 인지 영역에 영향을 미쳐 직접 중심을 공격하는 사이버심리전이 될 것이다. 인지 영역에 대한 작전은 대부분 사이버·전자기 영역에서 이루어질 것이며, 인터넷 기반의 미디어 콘텐츠나 정보가 공격과 방어수단으로 사용될 것이다. 이와 함께, 전자기파로 적군이나 적국민들에게 우울감과 피로감을 일으켜서 전쟁을 기피하도록 하는 전자·심리전 무기도 비살상전의 유용한 무기로 활용될 것이다.

둘째, 전·평시를 모호하게 만들고 전쟁행위자를 다양하게 만들 것이다. 첨단 군사기술의 민간 확산은 앞으로 국가의 통제를 벗어난 비국가 행위자들의 영향력을 더욱 증대시킬 것이다. 종교 무장단체나 범죄 및 테러리즘 단체 또는 개인에 의한 전쟁이나 안보위협의 가능성이 더욱 높아질 것으로 예상된다. 또한 은밀하게 전쟁이 수행되면 전투원과 비전투원의 구분도 모호해질 것이다. 앞으로 초연결사회가 더욱 심화되면서 비국가 행위자들의 활동이 사이버·전자기 영역에 집중될 것이다. 사이버 영역에서는 수행 주체가 군인인지 민간인인지 구별하는 것이 대단히 어려울 뿐 아니라 언제 공격행위가 시작되었는지, 어떤 공격행위가 군사적 공격행위인지 아니면 단순히 심각한 범죄인지 판단하기가 어렵게 될 것이다.

셋째, 우주와 사이버 영역으로 전장이 확대되고 있다. 사이버공간은 미래 전쟁의 핵심적인 무대가 될 것이다. 이미 2009년 유엔은 앞으로 3차 대전이 일어난다면 그것은 사이버전이 될 것이라고 경고한 바 있다. 민간 분야 뿐만 아니라 군사 분야에서도 전투원과 전투로봇, 전투장비들이 상호 네트워킹되고 클라우드에 모든 전장 정보가 집중되어 인공지능에 의해 처리되는 등 군사작전이 하나의 네트워크시스템 안에서 무선 온라인으로 진행될 것이다. 따라서, 네트워크나 단말기, 또는 클라우드 중 어느 한 곳으로만 접근하더라도 전체 시스템을 마비시키고 전투장비들의 기능을 정지시킬 수 있게 될 것이다.

따라서 이러한 배경하에서 사이버공간에서 등장한 새로운 위협양상은 전통적인 군사력의 개념 뿐만 아니라 군사전략과 안보의 개념 자체를 바꾸는 한편, 비대칭 전쟁의 효과를 극대화시키고 있다. 이러한 문제는 국가 간에 사이버공간에서의 위협에 대한 적절한 대응과 처벌, 그리고 예방을 위한 조치 등을 수립하기 어렵게 하고 있다. 따라서 사이버공격 또는 사이버전쟁에 관한 국제규범을 비롯한 사이버안보의 문제와 사이버수단에 의한 억지력을 향상시키고자 하는 시도 등 기존의 사이버안보 담론에 대한 광범위한 논쟁을 낳을 것으로 예상된다.

2. 사이버안보의 개념과 국제규범

1) 사이버안보의 개념

사이버 정보기술을 이용한 공격은 개인정보와 사생활 문제, 범죄와 테러 및 국가간 전쟁 등 매우 다양한 차원에서 발생하고 있다. 그중에서도 특히, 국가의 주요 기반시설에 대한 해킹이나 공격은 국가에 심각한 피해를 초래할 수 있기 때문에 각 국가는 사이버안보를 중요한 국가적 아젠다로 설정하고 적절한 사이버 안보전략을 마련하기 위해 고민해왔다.

그러면, 사이버안보는 무엇인가? 그 범위가 어디까지인가? 사이버전쟁은 어디부터인가? 일반적으로 사이버안보(Cyber-Security)는 다양한 사이버 위협으로부터 사이버공간을 방어하고 보호하는 능력을 의미한다. J. Nye에 의하면, 사이버안보는 구체적으로 사이버범죄(cyber crime), 사이버첩보(cyber espionage), 사이버테러(cyber terror), 사이버전쟁(cyber warfare)과 같은 4종류의 위협에 대항하는 것으로 규정하고 있다.[23] 또한, 국내 연구에서도 사이버안보는 해킹, 정보탈취, 사이버테러, 사이버전쟁 등 다양한 차원의 사이버위협으로부터 개인의 삶, 사회의 안정, 그리고 국가의 안전을 지키는 것이라고 정의하고 있다.[24] 사이버안보에 대한 이와 같은 정의는 사이버안보를 '광의의 개념'으로 규정하고 있다고 보여진다. 그러나 과연, 정보탈취, 해킹, 범죄 등의 사이버위협도 사이버안보의 문제인가에 대한 국제적 국내적으로 일치된 개념을 확보하지 못하고 있다.

사이버안보의 문제를 논의하는 데 있어 중요한 출발점 중의 하나는 '사이버공격'을 어떻게 개념화하는가이다. 이러한 사이버공격의 형태가 점점 다양해지고 위협주체의 성격도 복잡해지고 있기 때문에 개념 구분을 좀 더 체계적으로 설정할 필요가 있다. 이에 대해 서울대 연구에서 사이버공격의 개념을 이해하기 위한 분석틀을 마련했다. 사이버공격을 목적에 따라 ① 물리층에 대한 파괴행위 ② 논리층에 대한 시스템 교란행위 ③ 콘텐츠층에 대한 정보·지식 자원의 획득행위로 나눴다. 또한 사이버공격을 행하는 주체에 따라 ① 전통적인 국제정치 행위자로서 국가 행위자 ② 테러·범죄집단과 같은 비국가 행위자 ③ 개인차원에서 벌이는 행위자로 구분해 〈표 1〉과 같이 사이버공격을 사이버전쟁, 사이버테러, 사이버교란, 사이버간첩, 사이버범죄 등 다섯 가지 유형으로 대별했다.[25]

---

23) Joseph S. Nye(2011) "Nuclear Lessons for Cyber Security". *Strategic Studies Quarterly*, Vol. 5, p. 21.
24) 조화순(2017) "사이버안보와 안보화 경쟁". 김상배 엮음, 신흥안보의 미래전략. 사회평론, p. 186.
25) 김상배(2018) 버추얼 창과 그물망 방패: 사이버안보의 세계정치와 한국. 한울, 서울, p. 122.

〈표 1〉 사이버공격의 개념 구분

구 분	물리적 파괴	시스템 교란	자원의 획득
국 가	사이버전쟁	사이버교란	사이버간첩
집 단	사이버테러		사이버범죄
개 인			

출처: 김상배(2018) 버추얼 창과 그물망 방패: 사이버안보의 세계정치와 한국. 한울, 서울, p. 122.

그러면 이러한 사이버공격의 범주 중에서 사이버안보는 어디까지인가? 사이버안보 문제가 이슈화되기 시작한 것은 2007년 러시아의 에스토니아 디도스 공격, 2008년 러시아의 조지아 디도스 공격 그리고 2010년 미국과 이스라엘의 이란 원전에 대한 스턱스넷(Stuxnet) 공격이 발생한 이후라고 볼 수 있다. 이후부터 사이버안보 이슈는 정치화, 군사화, 안보화되기 시작하였고 점차 국가 안보정책과 대전략 수준에 통합되기 시작했다.[26] 그 이유는 이러한 사이버공격은 국가에 의해서 계획 및 주도되었고, 그 위협의 수준이 단순한 범죄수준을 넘어서 국가안보를 위협하는 사이버전쟁 수준이며, 그 양상도 새로운 국제분쟁의 가능성으로 보여졌기 때문이다.

이와 맥을 같이하여 사이버안보의 개념을 안보화의 과정으로 이해해야 한다는 주장이 설득력을 얻고 있다. 그러면, 사이버안보의 '안보화'란 어떻게 이해해야 할까? Fichtner에 의하면, 안보화란 첫째, 위협을 주는 주체가 있고, 둘째, 그 위협이 국가 또는 공공분야에 중대한 피해가 있거나 피해 위협이 있고, 셋째, 위협을 느끼는 행위자가 대응책을 강구하는 과정이라는 주장이다. 즉, '안보문제'로 인식한다고 함은 그 사회구성원이 위협의 존재를 확신하고 그에 대한 대응책을 강구한다는 것이다. 이러한 관점에서 Fichtner는 "사이버안보란 반사회적 파괴적인 조직에 의해서 네트워크컴퓨터를 이용하여 중요한 사회기반 인프라에 대한 통신 및 공

26) M. Baezner(2018) *Hotspot Analysis: Synthesis 2017: Cyber-conflicts in Perspective.* Center for Security Studies(CSS), p. 5.

격 위협으로 인해 야기되는 우려사항"으로 정의하고 있다.[27] 다시 말하면, 사이버 안보란 개인의 차원보다는 사회기반시설 또는 공공분야 이상의 차원에 대한 위협을 의미한다고 할 수 있다. 그런 면에서 M. Baezner는 〈표 2〉에서와 같이 사이버 안보를 사이버갈등과 사이버범죄로 나누고, 공격의 의도, 타겟의 전략적인 선택을 기준으로 구분하고 있다.

〈표 2〉 사이버갈등과 사이버범죄의 구분

분류 기준	사이버갈등(Cyberconflict)	사이버범죄(Cybercrime)
공격의 의도	정치적/국가안보적 의도 내포	정치적/국가안보적 의도 없음 (경제적 이득만을 고려)
타겟의 전략적인 선택	방대한 전략적 목표에 상응하는 타겟 설정	경제적 가치만을 고려하여 타겟 설정

출처: M. Baezner(2018) Hotspot Analysis : Synthesis 2017: Cyber-conflicts in Perspective. Center for Security Studies(CSS), pp. 5-6.

이렇게 본다면, 국가 차원의 사이버안보는 개인 또는 집단의 단순한 경제적 자원획득 목적의 사이버범죄와는 별도로 구분하고, 그 외 사회 및 공공분야 이상의 범주에서 사회구성원이 공통으로 느끼는 위협을 사이버안보라고 보는 것이 타당할 것으로 보인다. 즉, 사이버안보란 사이버전쟁, 사이버테러, 사이버교란 및 사이버 간첩 행위 등 다양한 위협으로부터 개인과 사회와 그리고 국가의 안전을 지키는 것이라고 정의할 수 있을 것이다. 쉽게 말해서, 우리 한국의 금융 · 철도 · 전력 · 통신 · 국방 등에 대한 북한의 사이버공격은 한국의 사회적 안정을 마비시켜 국가 기능 전체를 혼란에 빠뜨릴 수 있기 때문에 단순한 범죄의 문제가 아닌 국가안보 차원의 사이버안보 문제라는 것이다.

그러면, 사이버안보의 범주 중에서 국가안보에 가장 공세적인 위협이라고 볼 수

27) Laura Fichtner(2018) "What kind of cyber security? Theorising cyber security and mapping approaches". *Internet Policy Review*, 7:1-19, p. 2.

있는 '사이버전쟁'은 어디부터인가?

위에서 언급한 사이버 안보화의 개념으로 미루어 보면, 사이버전쟁이란, 첫째, 위협의 주체가 국가이고, 둘째, 피해범위가 사회기반체계 및 공공분야이며, 셋째, 그 위협에 국가가 대응하는 것이라고 볼 수 있다. 전쟁이란 기본적으로 국가와 국가간에 발생하는 충돌이기 때문이다. 그러나 사이버전쟁은 그 성격이나 수행 방식에 있어 과거의 물리적 전쟁과 동일하지 않다. 과거의 전쟁이 물리적 차원의 공격이라면, 사이버전쟁은 커뮤니케이션 시스템, 전력망, 석유화학공장, 핵발전소, 상하수도 시스템 등 중요 기간망에 대한 공격과 방어가 일어나는 경우에 해당한다. 따라서 '사이버전쟁'은 '한 나라가 의도적으로 다른 나라의 컴퓨터 시스템 또는 디지털 기간시설에 대하여 사이버공격을 가함으로써 정치적 이득을 얻거나 보복을 가하는 행위'로 규정할 수 있다[28].

그러나 이러한 사이버안보와 사이버전쟁의 개념은 국제정치적으로 적용하는 데 있어서 두 가지 큰 문제점이 있다. 하나는, 미국을 비롯한 유럽 등 서방국가들의 사이버안보에 대한 인식과 중국, 러시아 등 비서방국가들의 사이버안보에 대한 인식이 차이가 있다는 점이다. 미국과 유럽의 관점은 사이버공간을 자유롭고 열린 공간으로 인식하고 정보보안 정책에 대해서도 민간기업조직의 자율형 방식으로 유도하는 입장이지만, 중국과 러시아의 관점은 사이버공간은 국가에 의해 통제되어야 할 공간으로 인식하고 정보보안 정책도 국가에 의해 중앙집권적으로 통제되어야 한다는 근본적인 입장차이를 보이고 있다. 2012년, 부다페스트에서 열린 사이버스페이스 컨퍼런스와 두바이에서 열린 세계정보기술회의(WCIT: World Congress on IT)에서 각각 '국제공간에서의 정보 및 견해의 자유로운 교환'을 주장하는 유로대서양 합의와 '정보공간의 국가통제'를 주장하는 중국, 러시아 등이 주장하는 모델이 서로 상충한 이래 10년 가까이 지난 지금까지도 사이버안보에 대한 개념과 접근방법에서 합의된 개념을 도출하지 못하고 있는 현실이다.[29] 또 하나는, 바로

28) 민병원(2015) "사이버공격과 사이버억지의 국제정치". 국가전략, 제21권 3호, pp. 39-40.
29) Keir Giles and William II Hagestad(2013) "Divided by a common language: Cyber

그러한 양 진영간의 관점과 인식의 차이 때문에 국제사회는 아직도 국가간 사이버 전쟁에 관한 공통 국제규범이 부재하다는 사실이다.

바로 이러한 두 가지 큰 문제점 때문에 국제사회는 국가간 사이버전쟁에 관한 일치된 견해나 일치된 전쟁법을 갖지 못하고 국가마다 서로 다른 해석을 함으로써 사이버안보의 혼란을 경험하고 있는 중이다.

따라서 국제사회는 사이버 공격을 전쟁으로 간주할 수 있는가? 사이버공격으로 인한 물리적 피해나 사상자는 발생하지 않았지만, 네트워크에 대한 피해수준이 전쟁에 준한다고 할 경우 곧 전쟁으로 간주할 수 있는가? 공격당한 국가는 개시한 국가에 대해 무력을 사용하여 대응할 수 있는가? 다시 말해, 국제법상 국가의 정당한 권리로 인정되는 자위권이 사이버공격에도 적용할 수 있는가? 만약, 공격의 주체가 국가가 아니라 개인이나 단체에 불과하다면 이에 대한 응징을 어떻게 할 것인가 등에 대한 다양한 법적, 정치적 쟁점에 대해 국제규범을 정립하기 위해 노력중이다.

2) 사이버안보의 국제규범

사이버안보는 그 성격상 한 국가의 차원을 넘어서 이해해야 하는 초국가적 성격을 지닌 문제이다. 사이버위협이나 공격이 국경을 넘어 국가간에 위협이 증대되면서 국내법만으로는 이에 대응하기 어렵고 이를 통제할 수 있는 국제규범이 필요하다는 인식이 확산되어 왔다. 실제로 국제사회에서 양자 국가간 또는 지역 차원의 국가간 협력을 강화하고 국제기구에서도 국제규범을 도출하기 위한 논의가 활발하게 진행되고 있다.

현재 국제규범의 형성과정에 동원되고 있는 논의들은 프레임의 시각에서 보면 다음 세 가지 차원으로 전개되고 있다. 첫째, 국가간(Inter-national) 프레임으로,

---

definitions in chinese, russian and english". In K. Podins, J. Stinissen, and M. Maybaum, editors, *5th International Conference on Cyber Conflict*. Tallinn, NATO CCDCOE Publications, pp. 14-15.

이는 전쟁법과 같은 국제법을 원용하거나 유엔과 같은 전통 국제기구 모델을 원형으로 한다. 여기에는 ① 탈린매뉴얼과 ② 유엔정부전문가그룹(UNGGE) 활동이 있다. 둘째, 정부간(Inter-governmental) 프레임인데, 여기에는 정부간 협의체와 지역협력기구 모델을 원형으로 하며, ① 사이버공간 총회와 ② 유럽 사이버범죄협약 그리고 ③ 상하이협력기구 등이 대표적이다. 셋째, 글로벌 거버넌스(Global governance) 프레임으로, 이는 국가행위자 이외에도 민간기업, 학계, 시민활동가 등 다양한 비국가행위자들이 참여하여 만드는 글로벌 거버넌스 모델을 원형으로 한다. 여기에는 다중이해당사자 모델을 대표하는 ① 국제인터넷주소관리기구(ICANN)와 국가간 다자주의 모델을 대표하는 ② 국제전기통신연합(ITU), ③ 세계정보사회정상회의(WSIS), ④ 인터넷거버넌스포럼(IGF) 등이 대표적이다.[30]

이러한 사이버안보 국제규범을 논의하는 세 가지 프레임 속에서 가장 주목되는 논쟁의 이슈는 다음 두 가지로 요약할 수 있다. 첫째는, 사이버공간에서 국가주권을 인정할 것인가의 문제와 둘째는, 사이버공격을 규율하는 데 있어서 별도의 법체계가 필요한가의 문제이다. 이 두 가지 문제를 둘러싸고 미국을 위시한 서방측과 러시아 및 중국 등 비서방측의 대립이 지속되고 있다. 미국과 유럽 등 서방국가들은 사이버공간에서는 국가주권이 개입하여 통제하기 보다는 자유로운 의사표현과 활동을 보장하는 '인터넷자유'를 보편적인 규범으로 강조하고 다양한 위협이나 국가간 갈등에 전쟁법 등 기존의 법을 적용할 것을 주장하고 있다. 반면, 러시아와 중국 등 비서방국가들은 사이버공간에서도 국가주권이 인정되어야 하며, 사이버공간의 특성을 반영하여 국가간 사이버갈등을 규율하기 위해서는 별도의 새로운 법체계가 필요하다고 맞서고 있는 것이다.[31]

---

30) 김상배(2019) "사이버안보의 국제규범과 한국외교". 김상배 엮음, 사이버안보의 국가전략 2.0. 사회평론, 서울, pp. 28-29.
UNGGE: UN Group of Governmental Experts(유엔정부전문가그룹), ICANN: The Internet Corporation for Assigned Names and Numbers(국제인터넷주소관리기구), ITU: International Telecommunication Union(국제전기통신연합), WSIS: World Summit on the Information Society(세계정보사회정상회의), IGF: Internet Governance Forum(인터넷거버넌스포럼)

31) 배영자(2017) "사이버안보 국제규범에 관한 연구". 21세기정치학회보, 27(1), p. 106.

이러한 논의는 국가중심으로 진행되고 있으며 현재 사이버안보 국제규범 마련을 위한 중요한 노력들 가운데 특히 부다페스트 사이버범죄협약, 탈린매뉴얼, 사이버스페이스총회는 미국 및 서유럽국가 주도로 발전해 왔고 유엔정부전문가그룹(UNGGE), 상하이안보협력기구의 국제정보안보협약은 러시아와 중국이 주도하고 있다.[32]

세계 주요국들은 서방 및 비서방 진영의 이해관계가 갈등을 빚고 있는 이러한 틀 속에서 자국의 이해관계를 반영하기 위해서 경쟁을 벌이고 있다. 그러면, 한국의 선택지는 무엇이 되어야 할까? 우선, 이러한 프레임 속에서 양 진영간의 경쟁양상을 정확히 파악하는 일은 한국과 같은 중견국에 있어서 무엇보다 중요한 사안이다.

가) 부다페스트 사이버범죄 협약

유럽국가들이 주도가 되어 유럽평의회[33]라는 조직을 활용하여 사이버공간에 대한 위협을 '사이버범죄'로 규정하고 이에 대한 규제를 강화하고자 하는 결과물이 부다페스트 사이버범죄협약이다.

부다페스트 사이버범죄협약[34]은 인터넷을 이용한 범죄행위에 대하여 규정하고 처벌하도록 한 최초의 국제조약이며 유일하게 법적 효력을 가진다. 컴퓨터상의 바이러스 개발 및 유포, 컴퓨터상의 지적재산권의 침해, 데이터에 대한 불법 접속, 특히, 아동 포르노그래피 배포 등을 사이버 범죄행위로 규정하고 조약 참가국들이 국내법으로 이를 금지하도록 의무화하고 있다. 또한, 컴퓨터 네트워크를 통한 돈세탁, 테러리즘에 대한 모의 등의 행위도 사이버범죄로 규정하고 이에 대한 국가

---

32) 위의 논문, p. 110.

33) 유럽평의회(評議會, Council of Europe)는 1949년 1월, 브뤼셀 조약 기구회의에서 유럽의 경제사회적 발전을 촉진하기 위해 회원국의 긴밀한 협조에 의한 공동의 이상과 원칙을 옹호하고 유럽의 점진적 통합을 목적으로 채택되어 당시 회원국 10개국으로 출범한 기구이다. 현재 회원국은 47개국이고 사무국은 프랑스 스트라스부르에 있다. EU와는 별개의 기구이다.

34) 유럽평의회 사이버범죄협약 홈페이지 참조 http://www.coe.int/en/web/conventions/full-list/-/conventions/treaty/185 (검색일: 2021.8.6)

간 공조를 위하여 핫라인 설치를 명시하였다.

조약 내용에서 드러나듯 여기에서는 사이버안보가 '사이버범죄'라는 프레임으로 이해되고 있다. 사이버안보에 대해 강제력을 가지는 국제규범의 필요성이 증대되면서 미국과 유럽국가들은 본 협약에 주목하고 이를 사이버안보 국제법으로 공식화될 수 있다고 주장하면서 이를 확장하기 위해 노력해왔다 이에 반하여 러시아는 물론 중국, 인도, 브라질 등은 본 협약이 국경을 초월한 데이터 접근을 인정하여 개별 국가의 주권 침해 소지가 있으며 피싱, 봇넷 등 새로운 범죄양상을 다루지 못한다는 입장으로 가입에 반대하고 있다.[35]

이 협약에는 2017년 현재 59개국이 가입되어 있고 그중 55개국이 비준했다. 한국은 아직 가입하지 않고 있다. 따라서 사이버범죄 관련정보 공유 등 여러 가지 면에서 제약을 받고 있다. 미가입의 가장 큰 원인은 사이버범죄의 감청문제 등이 국내 기존 법제와 상충되기 때문인 것으로 알려지고 있다. 사이버범죄를 예방하기 위해서 감청을 허용할 것이냐 또는 해킹이 감청을 허용할 정도로 중범죄이냐 하는 문제에 대해 이견이 존재하는 것이다. 최근 외교부를 중심으로 법무부, 대검찰청, 경찰청, 과기정통부 담당자들이 2017 사이버범죄협약 총회에 참석하는 등 가입을 주장하는 목소리가 높아지고 있다.[36]

나) 탈린매뉴얼

탈린매뉴얼(Tallinn Manual)[37]은 미국, 영국 등 서방국가들이 주도하여 NATO 산하 사이버방위협력센터(CCDCOE : Cooperative Cyber Defense Centre Of Excellence)라는 조직을 기반으로 '사이버작전(Cyber Operation)'이라는 이름으로 국가간 사이버위협에 적용 가능한 국제법을 모색하기 위한 노력의 결과물이다.

탈린매뉴얼은 기존의 국제법 체계를 적용하여 새로운 사이버 안보문제를 다루려

35) 배영자(2017) 앞의 논문, p. 111.
36) 김상배(2019) 앞의 논문, pp. 55-56.
37) 탈린매뉴얼(Tallinn Manual on the International Law Applicable to Cyber Warfare)은 2012년에 북대서양조약기구(NATO)가 사이버테러에 관한 조항들을 성문화한 최초의 사이버 교전규칙이다.

는 대표적인 사례로서 일종의 사이버전쟁 교전수칙이다. 2012년에 발표된 최초의 탈린매뉴얼 1.0은 사이버전과 관련된 국제법을 정의하는 것이 매뉴얼의 주요 목적이었고 사이버첩보나 지적재산권 침해, 사이버범죄 등은 포함하지 않는 한계점이 나타남에 따라 2017년에 개정된 탈린매뉴얼 2.0에서는 평화시에 이루어지는 일상적인 사이버범죄 문제도 포함하는 것으로 확장되었다.[38]

미국과 유럽국가들은 본 매뉴얼이 법적 효력을 가지지 못하지만 향후 사이버안보 국제법의 중요한 준거틀이 될 것으로 기대하고 있다. 그러나 이는 2007년 러시아의 에스토니아에 대한 사이버공격이후 미국과 유럽국가들이 중심이 되고 러시아의 사이버위협에 대응하는 성격을 띰으로써 탈린매뉴얼의 시도는 러시아나 중국과 같은 사회주의권 국가들의 외면을 받고 있다. 중국과 러시아 측은 기존 전쟁법의 사이버공간 적용을 반대하면서 본 매뉴얼을 받아들이지 않고 있다.[39]

그러나 여러 가지 한계에도 불구하고 탈린매뉴얼은 사이버안보에 대하여 자세하고 구체적으로 지침을 제공하고 있어서 향후 사이버 공격에 관한 국제규범을 마련하고자 할 때 중요한 준거틀이 될 것으로 인정되고 있다. 이러한 서방 대 비서방 국가들의 갈등속에서 한국은 미국과 유럽중심의 탈린매뉴얼 체제에 동참할 것인지, 아니면, 새로운 국제레짐이나 국제규범을 창출하는 노력에 더 집중할 것인가에 대한 국가전략적 입장을 설정할 필요가 있다.

다) 사이버스페이스총회

러시아 주도로 진행되는 UNGGE를 견제하기 위해 미국과 영국 등은 사이버스페이스총회라는 별도의 국제회의체를 신설하여 포괄적인 인터넷 거버넌스의 이슈로 사이버안보에 관한 국제규범 논의를 진행하고자 기획하였다.

중국과 러시아측은 UN과 같은 국제기구에서 국가 중심으로 사이버안보 국제규범을 논의하고자 하였음에 반해, 미국, 영국 등 서방국가들은 정부, 국제기구, 민

38) 배영자(2017) 앞의 논문, pp. 112-114.
39) 김상배(2019) 앞의 논문, p. 51.

간 등 다양한 이해관계자가 참여하는 다자외교의 장에서 사이버안보와 관련된 제반 국제규범을 논의하고자 하였다. 사이버스페이스총회는 국가, 기업, 시민사회 등 다양한 사이버공간 행위자가 모두 참여하는 회의체로 기획되었다. UN이나 NATO에서 진행되고 있는 사이버안보에 관한 논의는 참여자도 국가 중심이고 의제도 주로 안보적 측면에 제한되어 사이버안보를 포괄적으로 다루지 못하고 있다는 문제의식에서 출발하였다. 영국이 주도하여 2011년에 세계 사이버스페이스총회를 창설하고 제1차 사이버스페이스총회를 런던에서 개최하였다. 이어서 2차 회의를 2012년에 헝가리 부다페스트에서, 3차 회의를 2013년에 서울에서, 4차 회의를 2014년 네덜란드 헤이그에서, 5차 회의를 2017년에 인도 뉴델리에서 개최하였다.

1차 런던과 2차 부다페스트 총회에 각각 약 60개국이 참가하였던 것에 비해, 2013년 3차 서울 총회[40]에는 총 87개국, 18개 국제기구 및 지역기구, 연구소 및 기업이 참가하여 가장 큰 규모로 진행되었다. 서울 회의에서는 2013년 제3차 UNGGE가 처음으로 합의에 이른 성과를 이어받아, 사전 조율과 논의를 통해 '개방되고 안전한 사이버공간을 위한 서울 프레임워크(Seoul Framework for and Commitment to Open and Secure Cyberspace)'라는 포괄적인 합의결과를 도출하였다.

5차에 걸쳐 회의를 진행하는 동안 참여자들도 늘고 논의도 활발하게 이루어지고 있지만, 공식적인 국제기구가 아닌 포럼 형식이라는 점, 뚜렷한 주관자가 없이 그때그때 주최국의 구성에 따라 회의가 진행된다는 점 등이 본 회의의 위상을 다소 모호하게 만들고 있다.[41]

라) 유엔정부전문가그룹(UNGGE)

UNGGE[42]는 러시아가 기획자로서 사이버안보 국제규범 논의를 주도해 왔다.

40) 서울 사이버스페이스총회 홈페이지
http://www.mofa.go.kr/trade/arms/2013cyber/cyber07/index.jsp. (검색일: 2021.8.7.)

41) 배영자(2017) 앞의 논문, pp. 118-120.

42) 유엔정부전문가그룹(UNGGE)은 사무총장의 요구에 따라 각국의 전문가들로 구성된다. GGE는 안전보

이 유엔정부전문가그룹(UNGGE)에서 사이버안보는 정보통신 인프라의 안전성뿐만 아니라 국가주권을 중시하자는 러시아 입장을 반영해서 국경을 넘는 정보를 통제하고자 하는 정보안전(information security)이라는 프레임으로 논의가 진행되어 왔다.

현재 UNGGE는 미국, 중국, 유럽국가 등 서방, 비서방 국가들이 모두 참여하여 사이버안보 국제규범을 마련하고자 하는 중심적인 역할을 하고 있다. UNGGE에서 양측은 두 가지 이슈가 팽팽하게 대립하고 있다. 하나는, 사이버공간의 국가주권 인정 문제이고, 다른 하나는, 기존 전쟁법의 사이버적용 문제이다. 그러나 양측의 논의가 진행되면서 부분적으로 합의점을 찾아가고 있다.

UNGGE는 2004년부터 현재까지 6차에 걸쳐 회의를 개최하였다.[43] 초기 1, 2차 회의에서는 별다른 성과를 내지 못하다가 3차 회의에서부터 큰 변화를 보이고 있다. 러시아 및 중국 측은 기존 전쟁법의 사이버공간 적용에는 반대하지만 유엔헌장 등 국제법의 기본원칙이 사이버공간에 적용된다는 점에 합의하였고, 다른 한편 서방측은 사이버공간의 국가주권성에 명백히 동의하지는 않지만 국가의 책임성에는 합의한 점이 큰 변화로 볼 수 있다. 여전히 양측의 입장이 대립되고 있는 것은 사실이지만 특히 3차 회의 이후 사이버공간의 안보위협이 가시화되고 점차로 증가하는 상황에서 양측의 협력과 합의점을 찾아가는 노력이 일정한 성과를 내고 있음을 볼 수 있다.[44]

한국의 주 관심사는 북한의 사이버공격을 막고 북한의 공격이 경유국으로 거치는 국가, 특히, 중국의 협조를 확보해야 하는 상황이다. 따라서 한국은 북한발 사

장이사회 상임이사국과 지역적 구성을 염두에 둔 회원국 정부 대표로 구성되어 사무총장에게 자문을 제공한다. 현재 군축, 군사물자거래, 우주군비경쟁 등 10여개 분야에서 운영되고 있다.

43) 1차 회의 2004/2005, 2차 회의 2009/2010, 3차 회의 2012/2013, 4차 회의 2014/2015, 5차 회의 2016/ 2017, 6차 회의가 2019/2021년에 개최되었고, 6차 회의시 GGE 회원국은 25개국으로 호주, 브라질, 중국, 에스토니아, 프랑스, 독일, 인도, 인도네시아, 일본, 요르단, 카자흐스탄, 케냐, 모리셔스, 멕시코, 모로코, 네덜란드, 노르웨이, 루마니아, 러시아 연방, 싱가포르, 남아프리카, 스위스, 영국, 미국, 우루과이다.
https://dig.watch/processes/un-gge (검색일: 2021.8.10.)

44) 배영자(2017) 앞의 논문, pp. 115-117.

이버공격의 주요 피해국으로서 국제법 적용에 있어 피해국의 권리를 보장하기 위한 국제법의 상세화가 필요하다는 기본입장을 취하고 있다.[45]

마) 상하이협력기구와 국제정보안보협약

중국과 러시아 등 비서방국가들은 상하이협력기구를 활용하여 사이버안보를 '정보안보(Infomation Security)'라는 프레이밍으로 접근하고 사이버공간에서의 국가주권을 강조하는 국제정보안보협약의 제정을 주장하고 있다.

서방국가들이 주도하고 있는 부다페스트 사이버범죄협약에 반대하면서 러시아, 중국, 타지키스탄, 우즈베키스탄 등 상하이협력기구(SCO) 회원국은 국제정보안보 행동규약(International Code of Conduct for Information Security)을 2011년에 유엔총회에 회람한 이후 이를 개정하여 새로운 안을 2015년 1월 총회에 제출하였다. 이 규약은 사이버공간에서 국가 주권을 우선시하고 국가 중심의 다자적인 인터넷 거버넌스 체제가 수립되어야 하며, 이를 위해 UN이 사이버공간 국제규범 마련의 구심점이 되어야 한다는 내용을 담고 있다. 따라서 본 협약에서는 사이버공간에 대해 개별 국가의 주권을 강조하고, 국가 주도로 정보 흐름을 통제하고 차단하고자 하는 내용을 명시하였다.

비서방국가들은 사이버공간의 가장 중요한 요소를 정보로 인식하면서 사이버공간이나 사이버안보 대신 '정보공간', '정보안전'이라는 프레임을 사용한다. 즉 사이버공간을 구성하는 물리적 실체인 기반시설과 네트워크에 대한 보호를 우선시하고 정보에 대한 국가의 통제를 중요시하고 있다.

여기에서 사이버안보 및 인터넷 거버넌스를 포괄하는 형태의 새로운 국제법 창출을 지속적으로 주장하고 있으며, 국제법 적용시 사이버공간은 본질적으로 국가주권이 미치는 통제 가능한 공간으로 인식하고 있어서 미국 및 유럽 국가들과의 갈등이 지속될 것으로 예상된다.[46]

---

45) 김상배(2019) 앞의 논문, p. 52.
46) 배영자(2017) 앞의 논문, p. 121.

이러한 사이버 국제규범을 둘러싼 경쟁의 밑바닥에는 글로벌 질서의 미래상과 관련하여 서방진영과 비서방진영간의 근본적인 상이한 관념이 자리잡고 있음을 주목해야 한다. 서방진영은 사이버공간에서 표현의 자유, 개방, 신뢰 등의 기본원칙을 존중하면서 개인, 업계, 시민사회, 및 정부기관 등과 같은 다양한 이해당사자들의 의견이 수렴되는 방향으로 글로벌 질서를 모색해야 한다고 주장한다. 이에 대해 러시아, 중국으로 대변되는 비서방진영은 사이버공간은 국가주권의 공간이며, 필요시 정보통제도 가능한 공간이라는 주장이며, 이에 동조하는 국가들의 국제연대담론을 내세우고 있다. 다시 말해, 전자의 입장이 민간영역의 인터넷전문가들이나 민간행위자들이 전면에 나서야 한다는 이른바 '다중이해당사자주의'의 관념으로 요약될 수 있다면, 후자는 인터넷 분야에서도 국가행위자들이 나서서 합의의 틀을 만들어야 한다는 '국가 다자간주의' 프레임으로 요약해 볼 수 있다.[47]

따라서 이러한 국제질서의 복잡한 이해관계속에서 우리는 중견국으로서 어떠한 국가전략을 선택할 것인가는 매우 중요한 문제이며, 이러한 경쟁에 적응하기 위해서는 전통적인 국가간 프레임에만 갇혀 있을 것이 아니라 좀 더 현실적인 시각에서 이 분야의 국제규범 형성을 보는 노력이 필요하다.

3. 사이버 융합기술과 사이버안보 개념의 진화

과학기술이 발달할수록 전장은 점차 작전 시간과 물리적 공간은 압축되고, 사이버공간은 확장될 것이다. 이에 따라 인간의 역할은 물리적 환경에서의 물리적 활동을 무인체계로 대체하고 사이버공간을 통해 물리적·비물리적 영향범위를 확장해 나갈 것이다.[48] 네트워크를 통한 사이버전과 병행하여 사이버 공간과 물리적 공간을 교차 사용하고자 하는 융합기술이 지속 발전하고 있다. 사이버 인공지능

47) 김상배(2019) 앞의 논문, p. 62.
48) 김성도 · 고건(2019) "워리어플랫홈의 미래를 위한 기술기획의 중요성과 극복과제". 기술로 품질로, Vol 51. p. 39.

(Cyber-AI) 모듈화, 사이버공간과 실제 전장이 결합된 사이버전투 기술, 초소형 생체모방 드론을 활용한 사이버 무기체계, 그리고 사이버전자전(CEW) 무기체계 등이 현재 연구 개발 중에 있는 사이버 융합기술들이다.

먼저, 사이버 영역에서 특정 기능에 특화된 다수의 인공지능(AI)을 모듈화 설계하여 운용할 수 있다. 초연결 네트워크는 수많은 하부 네트워크 및 사물들과 연결되어 복잡하고 복합적인 구조를 띠고 있어서 인력만으로는 적시적절한 대응이 제한되기 때문이다. 사물 인터넷이 계속 새로운 기기를 추가함에 따라 AI 해킹의 가능성도 기하급수적으로 커지고 있다. SpaceX와 Tesla CEO Elon Musk는 AI가 우리 사회에 가장 큰 위협이라고 말하면서 AI의 위험성에 대해 여러 차례 말했다. AI가 공격에 대한 최선의 방어수단이 될 수 있지만 AI의 가용성이 증가하면 더 고급 해킹 기술로 이어질 가능성이 높다. AI는 많은 양의 데이터를 빠르게 처리할 수 있으므로 데이터베이스에 대한 공격을 더 빠르고 쉽게 수행할 수 있어서 사이버 공격에 맞서 방어하는 인간은 AI에 압도되며 AI가 작동하는 속도를 따라가지 못한다는 것이다.[49]

또한, 사이버공간과 실제 전장을 연결시키는 사이버전투 개념이 발전되고 있다. 초고속 데이터 송·수신 및 가상현실 기술(AR, VR, MR) 등이 발달하여 사이버공간과 실제 전장을 연결할 수 있게 된다. 디지털 트윈(Digital Twin)기술[50]을 활용하여 실제 전장의 모습을 가상 모의전투센터에 묘사하고, 시뮬레이터안에서 움직이는 인간 전투원의 행동에 따라 실제 전장에 투입된 무인체계를 원격으로 조종할

---

49) Kyree Leary(2017) "Experts Warn That AI-Enhanced Cyberattacks Are An Imminent Threat". https://futurism.com/experts-warn-that-ai-enhanced-cyberattacks-are-an-imminent-threat. (검색일 : 2021.12.13)

50) 디지털 트윈 기술은 제네럴 일렉트릭(General Electric)에서 2016년에 발표한 개념으로, 현실 세계의 기계나 장비, 사무 등을 컴퓨터 속 가상세계에 구현한 기술을 말한다. 즉, 디지털 트윈 기술로 가상공간에 실물과 똑같은 물체(쌍둥이)를 만들어 다양한 모의시험(시뮬레이션)을 통해 자산 최적화, 돌발사고 최소화, 생산성 증가 중 설계부터 제조, 서비스에 이르는 모든 과정의 효율성을 향상시키는 기술을 말한다. 육군본부(2019) 육군비전 2050. p. 123.
디지털 트윈 기술에 관해서는 정득영 · 김상태 · 김연배(2021) "디지털 트윈의 기술적 정의와 세부적 발전 5단계 모델". 주간기술동향, 정보통신기획평가원, 2021.2월; Michael Grieves(2016) "Origins of the Digital Twin Concept". Florida Institute of Technology 참조.

수 있게 된다면 사이버전투의 구현이 가능하게 된다. 이와 같은 사이버전투 개념이 발전된다면 시·공간을 초월한 작전수행이 가능해지며, 무엇보다 최소의 희생으로 최대의 전투효과를 달성할 수 있게 된다.[51]

아울러, 군사적으로 물리적 공간에서 식별 가능한 적의 지휘통제시설, 무기체계, 통신장비의 네트워크를 대상으로 사이버전을 전개할 수 있는 기술이 지속 연구되고 있다. 그 이유는 적의 초연결된 네트워크 또한 아군의 사이버공격에 대비하기 위하여 다양한 방호수단을 강구할 것이기 때문이다. 그럴 경우 적 네트워크를 활용한 사이버공격은 지체되거나 오히려 아군의 사이버공격 원점이 노출되어 적의 사이버 공세행동을 허용할 수 있게 된다. 이런 측면에서 적의 네트워크화된 지휘통제망이나 무기체계 및 통신장비들에 대한 사이버전을 전개할 수 있어야 하고 그 방법의 일환으로 초소형 드론을 이용한 사이버전 무기체계들이 연구되고 있다. 즉, 초소형 생체모방 드론을 운용하여 적이 통신중계기에 흡착시킨 후, 적의 네트워크로 사이버 AI를 침투시켜 적이 정보를 탈취하거나, 거짓 정보를 흘려보내 적을 기만하거나, 적 부대 위치로 아군의 초정밀 화력을 유도할 수 있게 되는 것이다.[52]

더 나아가서, ICT 기술의 발전과 사이버공간과 물리적 공간의 경계가 희미해지는 융합기술의 발전은 사이버전과 전자전 기술이 융합된 사이버전자전 기술까지 발전되고 있다. 미군들은 사이버공간과 전자기스펙트럼은 상호교차 영역이 확대되고 있다고 보고 사이버전과 전자전을 결합하기 위한 노력을 기울이고 있다.

미군들은 적들이 점점 더 지능화되고 있고, 군 작전용 시스템은 인터넷과 독립된 유선 네트워크(독립망, 또는 폐쇄망)로 운용하여 쉽게 엑세스할 수 없기 때문에 사이버 작전에서 'RF-enabled Cyber'(무선주파수 사용 사이버)[53]의 역할이 점점

51) 육군본부(2019) 육군비전 2050. p. 123.

52) 위의 책, pp. 122-123.

53) RF-enabled Cyber(Radar Frequency - enabled Cyber)는 무선주파수 사용이 가능한 사이버의 의미이다. 즉, 사이버공간이 아닌 전자기스펙트럼(무선) 공간 내에서 전파에 악성코드와 같은 사이버전 데이터를 탑재하여 적의 시스템에 전파를 이용하여 접근하고, 접근 후에는 탑재된 악성코드 등 데이터에 의해서 사이버전 효과를 구현할 수 있는 전자전+사이버전의 융합기술을 의미하는 것이다. 즉, 본 연구에서 표현하는 사이버전자전의 기술과 동일한 개념이다.

더 큰 구성 요소가 되고 있다고 보고 있다. 허드슨 연구소(Hudson Institute)의 국방개념 및 기술센터(Center for Defense Concepts and Technology)에 의하면, 유선 네트워크(독립망)에 대해서는 적의 레이더 시스템 또는 전파방해 수신 안테나가 사이버 효과를 위한 액세스 지점이 될 수 있으며, 이러한 독립시스템에 대한 사이버 효과를 위해서는 적의 시스템에 대하여 전자기스펙트럼을 통해서 소프트웨어를 인코딩할 수 있어야 한다고 지적한다. 또한, 미 해군 대서양 사령관 존 마이어(John Meier) 소장은 이제 위상 배열, 고급 전파방해 기술을 수행할 수 있게 되면서 사이버전과 기존 전자전 사이에 경계가 흐려지기 시작했다고 지적하고, 'RF-enabled Cyber'로 알려진 전자전 시스템에서 더 많은 사이버전 기능이 가능하다고 언급하였다.[54)]

따라서 기존의 사이버전 기술은 인터넷망 교란을 통한 사이버공격 또는 적의 사이버공격에 대한 방어에 초점이 맞추어져 있었으나 'RF-enabled Cyber' 기술 즉, 사이버전자전 기술은 인터넷망을 넘어서 폐쇄망에 대한 공격까지도 가능하게 되었다.[55)] 즉, 인터넷과 분리된 폐쇄망이라 하더라도 무선공간에서 전자파를 이용하여 접속하고 여기에 악성코드 등을 탑재하여 사이버전에 의한 무력화를 시도할 수 있다. 특히 군의 전장운용체계에서 컴퓨터 네트워크에 의해 운용되는 지휘체계(C4I체계) 또는 무기체계의 경우는 범용 인터넷으로 연결되어 있지 않고 독립망, 즉 폐쇄망으로 운용된다. 폐쇄망에 대한 사이버공격은 USB 또는 CD를 이용하여 사람에 의해서 직접 접속하지 않고는 네트워크에 침투하기 어렵다. 그러나 전자전 방식에 의해서 무선공간에서 안테나를 통해 접속하고 여기에 사이버전의 악성코드 기술 등으로 폐쇄망에 대한 사이버공격이 가능한 것이다.

앞에서 언급한 뉴욕타임즈 보도(2017.3.4.일자)에서 '발사의 왼편작전'과 관련하여 미 합참의장 뎀프시(Martin E. Dempsey) 장군의 발표를 인용한 내용을 보

54) Mark Pomerleau(2021) "US military to blend electronic warfare with cyber capabilities". https://www.c4isrnet.com/electronic-warfare/2021/04/14/us-military-to-blend-electronic-warfare-with-cyber-capabilities/ (검색일 : 2021.12.12)

55) 사이버전자전 기술에 관한 자세한 내용 및 사례에 관해서는 본 논문의 제3장 1절 참조.

면, 미군들의 사이버 융합기술에 대한 노력과 의지를 잘 알 수 있다. "펜타곤은 '발사의 왼편작전(Left of Launch)'이라고 이름붙인 프로그램을 개발하기 시작했는데, 이는 미사일이 발사되기 전에 미사일을 무력화하기 위한 프로그램으로, 그 미사일을 파괴할 수 있는 가능성을 강화하는 것이 목표다. 합참의장인 마틴 뎀프시 장군이 이 프로그램(발사의 왼편작전)을 발표했는데, 그는 악성소프트웨어(malware), 레이저(lasers), 그리고 신호교란(signal jamming) 등을 의미하는 사이버전(cyberwarfare), 에너지(energy) 및 전자공격(electronic attack) 이라는 표현을 썼다"고 보도함으로써 전자공격과 에너지 및 사이버전 기술의 통합, 즉 사이버전자전 기술에 의한 작전임을 시사하였다.[56] 국내 연구에서도 이는 사이버전이나 전자전 각각의 능력만으로는 불가능하며, 두 가지 기술을 통합해야만 임무달성이 가능한 '사이버전자전' 능력으로 평가하고 있다.[57] 따라서 사이버전과 전자전 기술의 장점을 취합하여 물리적 무선 전자기스펙트럼 공간과 사이버공간에서 공격 시너지 효과 창출을 할 수 있는 사이버전자전 기술로 무선 공간에서 수십-수백km 밖의 위협(敵 종심에 위치한 지휘통제체계 등)에 대해 사이버공격을 할 수 있게 되는 것이다.[58]

그런데 위에서 제시한 미 합참의장 뎀프시 장군의 언급내용을 보면, 사이버전(cyberwarfare) 및 전자공격(electronic attack) 만이 아니다. 지향성에너지(directed energy)까지 포함하고 있다는 점을 주목할 필요가 있다. 그 수단으로 악성소프트웨어(malware), 신호교란(signal jamming) 외에도 지향성에너지전(DEW)[59]의 수단인 레이저(lasers)까지 언급하고 있다는 점이다. 즉, 미군은 사이

56) David E. Sanger and William J. Broad(2017) "Trump Inherits a Secret Cyberwar Against North Korean Missiles". https://www.nytimes.com/2017/03/04/world/asia/north-korea-missile-program-sabotage.html. (검색일 : 2021.12.12)
57) 손태종(2019) "사이버전자전, 개념과 운용방향을 정립해야". 국방논단, 제759호, p. 3.
58) 김소연 외 6명(2021) "사이버전자전 기술 및 발전방향". 한국전자파학회지, Vol. 32, No. 2, p. 3; 김성표(2017) "미래 능동적 사이버전 수행개념". 한국군사과학기술학회 추계학술대회 발표자료 참조.
59) '지향성 에너지(directed energy)'의 사전적 의미는 빛이나 전자기파 등의 세기가 방향에 따라 변하는 성질을 이용하여 생성된 에너지다. 예를 들면 레이저(laser)나 마이크로파(microwave) 등을 들 수 있

버전 및 전자전 뿐만 아니라 지향성에너지까지 융합하는 기술을 개발하고 있는 것으로 추정된다. 그러나 아직은 미군들도 이 세 가지 기술이 구체적으로 어떻게 융합되는지에 대한 기술적인 설명은 없다. 그러나 분명한 사실은 '사이버전+전자전+지향성에너지전'의 결합을 미 합참의장이 직접 언급했다는 점을 주목하지 않을 수 없다.

이와 같이 사이버전의 기술은 사이버 인공지능(Cyber-AI) 모듈화, 사이버공간과 실제 전장이 결합된 사이버전투 기술, 초소형 생체모방 드론을 활용한 사이버 무기체계, 그리고 사이버전자전(CEW) 무기체계까지 융합기술이 발전되고 있고, 더 나아가서 미국의 경우는 사이버전+전자전+지향성에너지전(DEW)까지 기술개발이 확대될 수 있는 가능성을 내포하고 있는 것으로 보인다.

이러한 사이버 융합기술의 발전은 사이버공격의 양상을 변화시키고 있다. 즉, 인터넷과 같은 사이버공간의 전장화 뿐만 아니라 인터넷과 분리된 독립망 또는 폐쇄망으로 운용되는 군사 네트워크에 대해서도 마비 또는 무력화할 수 있기 때문에 군사적인 측면에서의 사이버공격의 대상이 적의 지휘통제(C4I)체계나 미사일망, 방공망 등 전장관리체계나 무기체계의 통제체계에 이르기까지 확대되는 결과를 가져왔다. 또한, 사이버전자전 공격 기술은 물리적인 피해를 유발하지 않고 공격주체의 불명확성으로 인해서 즉각 보복을 실행하기 어렵게 함으로써 물리적인 전면전쟁의 가능성보다도 비살상전 또는 테러 등과 혼재된 다양한 하이브리드전의 양상이 확대될 가능성이 높다. 더 나아가서, 이러한 사이버공격 또는 사이버전자전 공격 기술 그리고 지향성에너지전까지 결합될 수 있는 기술은 사이버공간과 물리적 공간을 초월하여 우주 공간까지 위협이 발생할 수 있다는 점이다.

따라서 이러한 배경에서 사이버공간에서 등장한 사이버전의 개념은 이제는 좁은

는데, 이런 지향성 에너지를 한 곳에 집중시켜 출력을 높인 것을 '지향성 에너지 무기(DEW: directed energy weapon)'라고 부른다. 레이저 무기는 빛의 직진성과 특성을 이용하므로 시스템의 파괴를 목표로 개발되며, 마이크로파 무기는 전자기의 특성을 가지고 있으므로 사람의 생명이나 유해 화합물에는 별다른 영향을 미치지 않고 무기나 구조물 내부의 전자 시스템에만 영향을 주게 됨으로써 시스템의 무력화를 목표로 하는 특성을 가지고 있다.
https://www.sciencetimes.co.kr/news/차세대-전장-누빌-지향성에너지-무기는/ (검색일: 2021.12.13)

의미에서의 사이버공격 또는 사이버안보의 개념을 보다 폭넓게 변화시키고 있다. 즉, 새로운 사이버 융합기술의 발전과 새로운 위협양상은 다음과 같은 몇 가지 변화의 특성을 보이고 있다. 첫째, 사이버 공격의 범위가 사이버공간 뿐만 아니라 물리적 공간까지 확대되고 있다. 둘째, 사이버 공격의 수단이 순수한 사이버 수단 뿐만 아니라 사이버 AI(인공지능) 수단, 사이버전자전 수단, 심지어는 사이버 및 초소형 드론에 의한 수단 등 다양한 수단으로 확대되고 있다는 점이다. 셋째는 사이버 공격의 대상이 기존의 사이버공간 속의 인터넷망 뿐만 아니라 별도의 독립망으로 구성된 군사 지휘통제망이나 무기체계망 등으로까지 확대되고 있다는 점이다. 따라서 이러한 사이버 공격의 범위와 수단과 대상의 변화를 여전히 사이버 공격의 범주라고 할 수 있는지, 아니면 새로운 공격방식이라고 해야 하는 것인지, 또한 여전히 기존의 사이버안보의 개념으로 설명이 가능한지 아니면 사이버안보 개념의 변화인지 등에 대한 논쟁이 불가피할 것으로 보인다.

우선, 사이버공격 및 사이버안보의 개념을 좁은 의미에서 보면, 사이버공간 내에서의 공격행위 및 사이버공간 내에서의 안보문제를 사이버안보의 개념으로 인식하는 경향이 있다. 그러나 사이버공간과 물리적 공간의 교차영역이 확대되고, 사이버 융합기술의 발전추세를 고려하면 좁은 의미의 사이버공격과 사이버안보의 개념은 새로운 기술의 발전과 충돌될 수밖에 없다. 2011년 미국 합참은 사이버공격을 '컴퓨터 관련 네트워크나 시스템을 이용하여 적국의 주요 사이버시스템, 자산, 또는 기능을 무력화하거나 파괴할 목적으로 이루어지는 적대행위'로 폭넓게 규정하고 있다. 또한 상하이협력기구(SCO: Shanghai Cooperation Organization)에 따르면, 사이버공격이란 포괄적인 맥락에서 사이버 '수단'에 의한 위협으로 정의되고 있다. 기존의 이러한 접근을 감안할 때 '사이버공격'은 '정치 또는 안보의 목적을 위해 컴퓨터 네트워크 기능을 저해하기 위해 취하는 행동'으로 볼 수 있다.[60] 이렇게 본다면 사이버공격의 필요조건은 두 가지로 볼 수 있다. 하나는, 사이버 수

60) 민병원(2015) "사이버공격과 사이버억지: 국제정치적 의미와 대안적 패러다임의 모색". JPI 정책포럼 2015-19, p. 5.

단에 의한 공격이라는 것이고, 다른 하나는, 그 대상이 컴퓨터 네트워크 기능이라는 점이다. 즉, '사이버 수단으로 적의 컴퓨터 네트워크 기능을 저해하기 위해 취하는 행동'이라고 볼 있다. 그러면 여기서 두 가지 문제가 제기된다. 하나는, 사이버수단 이외에 사이버 융합기술에 의해서 발전되고 있는 사이버+AI 또는 사이버+전자전 또는 사이버+초소형드론 등은 사이버 수단으로 봐야 할 것인가 아니면 별개의 수단으로 봐야 할 것인가, 둘째는, 적의 인터넷망과 분리된 독립망 또는 폐쇄망의 컴퓨터 네트워크에 대한 공격은 사이버공격이 아닌 것으로 봐야 하는가 아니면 사이버공격으로 봐야 할 것인가의 문제가 제기된다.

사이버 기술의 급격한 발선에 따라 다양한 사이버 융합기술이 확대된다고 하더라도 그것은 모두 사이버 기술을 중심으로 확대되어 이루어지는 것이다. 또한, 인터넷망과 분리된 폐쇄망이라고 하더라도 폐쇄망내에서의 컴퓨터 네트워크에 대한 공격행위이면 그 역시 사이버공격으로 볼 수 있을 것이다. 따라서, 사이버 융합기술의 발전을 고려하여 사이버공격의 기준을 사이버공간으로 한정하기 보다는 사이버 '수단' 에 두고, 또 그 대상을 인터넷망으로 한정하지 않고 독립된 폐쇄망이라 하더라도 '컴퓨터 네트워크'를 대상으로 하는가에 기준을 둔다면, 사이버 융합기술이 아무리 확대 발전하더라도 '진화되는 사이버공격'의 개념으로 포함할 수 있을 것이다. 그렇지 않으면, 새로운 사이버 융합기술이 발전될 때마다 새로운 사이버 공격 개념이 만들어져야 할 것이기 때문이다.

사이버안보의 개념 역시 마찬가지이다. 사이버안보의 개념은 기술의 개념이라기 보다는 포괄적인 개념이다. 즉, 사이버안보의 개념은 사이버첩보, 사이버범죄, 사이버교란, 사이버테러, 사이버전쟁의 개념까지도 포괄하는 광범위한 개념이다.[61] 사이버 공격기술이라는 용어는 사용하지만, 사이버 안보기술이라는 용어는 적절하지 못한 표현인 것처럼, 사이버안보의 개념은 기술의 한계점을 내포하고 있는 개념은 아니다. 사이버안보의 개념은 고정된 개념이 아니라 첨단 ICT 융합기술의 발

61) 김상배(2018) 버추얼 창과 그물망 방패: 사이버안보의 세계정치와 한국. 한울, 서울, p. 122.

달과 작전영역의 확장, 전쟁수행 개념 및 방법의 발전에 따라 함께 발전하는 진화하는 개념이다. 따라서 사이버안보의 개념은 사이버공간 내에서 사이버 수단만으로 이루어지는 좁은 의미의 안보문제가 아니라 사이버공간과 물리적 공간의 교차영역이 확대되고, 사이버융합 기술이 확대되고 있는 사이버 인공지능(Cyber-AI) 모듈화, 사이버 공간과 실제 전장이 결합된 사이버전투 기술, 초소형 생체모방 드론을 활용한 사이버 무기체계, 그리고 사이버전자전(CEW) 무기체계 등의 사이버 공격 기술의 변화와 발전까지 아우르는 진화의 개념으로 적용해야 할 것이다. 그렇지 않으면, 사이버 융합기술이 발전될 때마다 새로운 사이버안보의 개념이 만들어져야 할 것이기 때문이다.

따라서 사이버공격 및 사이버안보의 개념은 새로운 사이버 융합기술이 발전될 때마다 새롭게 추가로 만들어지는 개념이 아니라 새로운 기술의 변화와 발전을 아우르는 폭넓은 변화와 진화의 개념이다.

제2절 억지의 이론적 고찰

1. 억지의 개념

정치학과 군사학에서 억지(Deterrence) 개념은 다양하게 설명될 수 있지만,[62] 일반적 의미에서 억지란 ‘어떤 일이 일어나지 않도록 하거나 누군가에게 무언가를

62) 예를 들어, 냉전시기 미국 억지전략을 분석한 조지(A. George)와 스모크(R. Smoke)는 억지 개념이 정책결정자의 행동개념으로서의 억지, 일반적 전략이론으로서의 억지, 국제체계의 성격 차원에서의 억지, 갈등완화 대안으로서의 억지 등 최소한 4가지 의미로 구분될 수 있다고 설명하고 있다. Alexander L. George and Richard Smoke(1974) *Deterrence in American Foreign Policy: Theory and Practice*. Columbia University Press, New York, p. 11 참조.

하지 못하게 하는 것'이다. 즉, 억지는 자신의 행동 비용이 얻을 수 있는 이익을 초과할 것이라는 것을 믿게 만들어서 나쁜 행동을 하지 못하게 사람들을 설득하거나 가능성을 감소시키는 것이다. 따라서 억지는 행위자와 목표에 대한 인식과 의사소통 능력에 의존하는 심리적 과정으로 보는 것이 일반적인 견해이다.[63] 조금 더 자세히 보면, 우리가 어떤 행위자에게 피해를 가할 수 있다는 위협을 이용하여 그 행위자로 하여금 우리가 원치 않는 일을 하지 못하게 하는 것을 뜻한다. 토마스 쉘링(Thomas Schelling)에 따르면, 억지는 대비를 해놓고, 예를 들어, 인계철선, 지뢰 등을 설치하고, 이를 알리고, 이 선을 넘을 경우 책임을 발생하게 하겠다는 보복경고를 보내면서 기다리는 개념이다. 즉, 행동의 시작은 상대방에게 달린 것이다. 이러한 특성을 일컬어, 쉘링은 억지의 상태는 행동의 주도권을 상대방에게 넘기는(relinquishing the initiative) 것이라고 표현하였다.[64]

일반적으로, 억지를 위한 위협이 실현되는 시간은 한정되어 있지 않다. 상대방이 우리 측에서 억지하고자 하는 행동을 했을 때에야 비로소 우리의 위협이 실현되는 것이다. 그러나 억지의 가장 이상적인 상황은 우리 측에서 공약한 위협이 실현되지 않는 것이다. 따라서 억지는 현 상태(status quo)를 보존하려는 의도와 관련이 있는 개념이다.

억지의 개념은 강요(Compellence) 혹은 강압적 외교(Corecive Diplomacy)의 개념과는 구분된다. 강요는 적이 어떤 행동을 취하도록 위협을 사용하는 개념인 반면, 억지는 적이 바람직하지 않은 행동을 취하지 않도록 하는 것이다.[65] 다시 말해, 강요는 상대방으로 하여금 어떤 행동을 취하도록 하거나, 행동에 변화를 가져오도록 만드는 것이 목적이다. 예를 들어, 상대방의 행동이나 노력을 멈추게 하는 경우나 이미 실시한 행동의 결과를 철회(예를 들어, 점령한 지역을 포기하고

63) Joseph S. Nye(2017) "Deterrence and Dissuation in Cyberspace". *Internatuonal Security*, Vol. 41, No. 3, p. 53.
64) Thomas C. Schelling(1977) *Arms and Influence*. New Haven and London, Yale University Press, p. 71.
65) Amir Lupovici(2011) "Cyber Warfare and Deterrence: Trends and Challenges in Research". *Military and Strategic Affairs*, Vol. 3, No. 3, p. 50.

후퇴)하도록 강요하는 상황을 생각해 볼 수 있다. 이 모든 경우, 억지와 가장 다른 부분은 상대방의 행동에 영향을 주기 위해 내가 먼저 행동을 해야 하고, 그 행동은 일반적으로 상대방 행동이 내가 원하는 방향으로 변화했을 때까지 계속된다. 이러한 이유로 강요는 억지와는 달리 언제까지 우리가 원하는 행동을 해야 한다는 '기한'의 개념을 포함하게 된다. 결국, 강요는 현 상태(status quo)를 변화시키려는 의도와 관련이 있는 개념이다.[66)]

억지와 방어에도 개념적 차이가 있다. 방어는 물리적인 것으로서 전쟁이 발발하면 작동하는 반면, 억지는 심리적인 것으로서 대부분 전쟁 발발 이전에 작동한다. 전쟁이 발발하면 억지는 실패한 것이 되며, 방어가 주된 역할을 하게 된다. 방어는 상대방의 의도와 행위에 무관하게 자력으로 안전을 확보하는 것이고, 억지는 상대방의 공격의도를 좌절시켜야만 안전을 획득할 수 있다고 본다. 전통적으로 미국은 억지에 중점을 둔 반면, 구소련은 방어에 큰 비중을 두었다. 방어목적의 무기는 억지와 방어의 기능을 함께 수행하지만 가공할 파괴력을 가진 핵무기는 억지용일 뿐, 유사시 사용할 수 있는 방어무기는 아니라는 지적도 있다.[67)]

억지의 개념은 또 재래식 억지와 핵 억지로 구분할 수 있는데, 재래식 무기를 이용한 억지를 재래식 억지로, 핵무기 출현 이후 핵을 이용한 억지를 핵억지로 분류할 수 있다. 억지라는 개념이 이론적으로 체계를 잡고 국가전략의 한 부분으로서 집중적인 연구와 실천의 대상이 된 것은 핵무기가 출현하면서 부터이다. 특히 핵시대가 미국과 소련이라는 초강대국을 중심으로 출범해서 반세기간 전개되어 왔기 때문에 억지이론도 주로 양자관계의 맥락에서 발전되어 왔다. 그러나 억지이론이 핵무기를 중심으로 발전되어 왔다고 해서 재래식 분야에서의 억지이론 연구가 없었던 것은 아니다[68)]. 재래식 억지와 핵 억지의 가장 큰 차이는 억지에 사용하였던

66) 이상엽(2017) "북 핵 · 미사일 시대의 억제전략 : 도전과 나아갈 방향". STRATEGY 21, 통권 41호, Vol. 20, No. 1. p. 235.
67) 전성훈(2004) "억지이론과 억지전략에 대한 소고". 전략연구, p. 126.
68) 예를 들어, John Mearsheimer(1983) *Conventional Deterrence*. Ithaca, Cornell University Press; Richard Harknett(1994) "The logic of conventional deterrence and the end of the Cold War". *Security Studies* 4, pp. 86-114. 전성훈(2004), 앞의 논문, p. 127.

무기체계를 억지가 실패했을 때 방어용으로 사용할 수 있는가 하는 점이다. 재래식 억지에서는 재래식 무기체계가 억지 실패시 바로 방어에 투입될 수 있다. 그러나 핵 억지에서는 핵무기의 가공할 파괴력으로 인해 핵의 사용이 곧 상대방의 핵 보복을 초래하는 자살행위로 인식되기 때문에 억지용 무기체계가 방어용으로 전환되기 어렵다는 특징이 있다.[69]

억지의 신뢰성을 높이기 위한 수단의 하나가 군비증강이다. 억지전략에 바탕을 둔 군비증강은 핵전력의 구성을 공중, 지상, 해상으로 다원화하고, 장거리 무기체계를 개발하는 등 다양한 방법으로 진행되어 왔다. 나의 억지가 실패하더라도 상대에게 감당할 수 없는 보복을 가할 것임을 상대가 믿도록 만드는 것이 바로 군사력이기 때문이다. 예를 들어, 상대의 핵전력을 효과적으로 제압할 수 있는 공격력을 확보하기 위하여 핵무기의 대량생산이나 ICBM의 다탄두화 등에 주력하였다. 또한, 탐지 및 선제공격이 어려운 잠수함 탑재 SLBM 전력은 상대의 선제공격을 견디어 낼 수 있는 2차 공격력으로 간주되어 전력 구축에 집중적인 투자가 있었다.

억지는 상대방을 공격하겠다는 것은 아니지만 내가 적절한 힘을 보유함으로써 상대가 나를 얕보거나 침략하려는 의도를 사전에 봉쇄하고, 설령 침략을 받더라도 이를 단호히 격퇴하겠다는 전략개념이기 때문에 적절한 군사력이 뒷받침이 되어야 성공할 수 있다. 하지만 군사력을 과다하게 보유함으로써 군비경쟁을 유발하는 것이 억지전략이 갖는 문제점 가운데 하나이다. 바로 이 부분에서 군비통제 또는 군축의 필요성이 제기된다. 군사력의 보유를 통해 견제와 균형을 유지하되 보유 군사력의 종류와 규모 및 운용전략을 제한해서 상대방에게 줄 수 있는 위협의 정도를 줄이고 우발적 전쟁의 가능성도 낮추는 것이 바람직하기 때문이다. 따라서, 군비통제는 억지전략하에서 견제와 균형을 통해서 평화를 달성하되 군사적 긴장과 충돌의 가능성을 낮춤으로써 평화의 질을 높이고자 하는 안보전략의 주요 수단으로 볼 수 있다.[70]

69) 전성훈(2004), 앞의 논문, p. 127.
70) 위의 논문, p. 128.

국제정치학에서 억지이론은 일반적으로 행위자의 합리성(rationality)을 전제로, 게임이론의 틀을 활용하는 합리적 억지이론(Rational Deterrence Theory)을 의미하는데, 이에 대한 비판적인 견해들도 적지 않지만, 냉전 기간을 통해 이를 기반으로 하는 많은 연구들이 나왔으며, 기간 중 미국 안보전략의 근간을 이룬 개념적 틀이 되기도 했다. 사실상, 이러한 억지 개념이 현대 국제체제에서 주요한 군사전략으로 자리잡기 시작한 것은 미국과 소련 두 강대국이 대치하던 냉전시대였다. 서로를 멸망시킬 수 있는 엄청난 양의 핵무기를 보유하고 있었고, 이들을 사용함으로써 얻게 되는 고통에 대한 두려움을 이용하여 서로에 대한 공격을 막는 것이 국가안보의 핵심적인 개념으로 자리잡게 되었던 것이다. 이때부터 군사전략은 더 이상 군사력을 이용하여 전투에서 승리하는 데 국한된 것이 아니라, 어떻게 폭력의 잠재적 영향력을 이용하여 외교적 목표를 달성할 것인가에 관련된 개념이 된 것이다.[71]

2. 억지의 다양한 형태

억지의 개념은 제2차 세계대전 이전에도 존재했지만 그 정교한 이론화는 핵전략의 발전과 밀접한 관련이 있다. 이제 핵무기가 탄생하여 국방 · 안보정책의 목적 또는 군 조직의 역할은 '전쟁을 승리'하는 것에서 '전쟁을 일으키지 않는 일'로 변화했기 때문이다. 이런 사정도 억지라고 이해하면 냉전으로 상징되는 보복을 시사하면서 상대방의 행위를 단념케 하는 '보복적 억지'가 충분히 상상될 수 있는 것이다. 그러나 핵무기든 사이버 무기든 억지는 반드시 복잡하고 단순한 보복(retaliation)보다 많은 것들을 수반하게 된다.[72]

안보정책에서 예상되는 억지는 보다 더 넓은 개념이다. 억지는 상대에게 부정적

71) 이상엽(2017) 앞의 논문, p. 236.
72) Joseph S. Nye(2011) "Nuclear Lessons for Cyber Security?". *Strategic Studies Quarterly*, Vol. 5, No. 4, p. 33.

인 메시지를 보내는 것으로 상대가 본래 의도한 행위를 단념하게 하는 것이다. 억지력을 이렇게 정의한다면 그 형태는 실로 다양하다. 억지의 구분은 예를 들어, 누구를 억지하느냐에 따라 자국억지(central deterrence)와 동맹국을 포함한 확장억지(extended deterrence), 언제 억지하느냐에 따라 긴급억지(immediate deterrence)와 일반억지(general deterrence) 등으로 구분할 수 있다.[73)]

냉전기간에 발전된 미국의 억지정책에 해당되는 내용으로서, 누구를 억지하느냐에 따라 자국중심억지(central deterrence)와 확장억지(extended deterrence)로 구분한다. 자국중심억지는 자국의 영토에 대한 직접적인 공격이 있을 때, 즉 핵심적인 국익이 손상을 입었을 때, 핵을 이용하여 대응한다는 개념이며, 확장억지는 미국의 동맹국들에 대한 공격이 있을 때에도, 핵을 이용하여 보복한다는 것으로서, 흔히, 핵우산(nuclear umbrella)이라고 불리는 개념으로 볼 수 있다. 물론, 모든 동맹국들이 확장억지의 대상이라고 볼 수는 없으며, 서부 유럽, 일본, 그리고 한국 등이 대표적인 미국의 확장억지의 보호를 받고 있다.[74)]

또한, 패트릭 모건(Patrick Morgan) 박사의 가장 고전적인 분류로서, 언제 억지하느냐에 따라 긴급억지(immediate deterrence)와 일반억지(general deterrence)를 들 수 있는 데, 이는 억지가 사용되는 안보상황과 행위자의 의도에 따른 분류로 볼 수 있다. 먼저, 긴급억지는 어떤 국가가 상대 국가에 대해 군사력을 이용한 공격을 심각하게 고려하고 있으며, 그 상대 국가는 이를 예방하기 위해 공격이 시행되는 경우 즉각적인 군사 보복조치가 이루어질 것이라는 위협을 이용하는 상황과 관련된다. 일반억지는 상대 국가들이 서로에 대한 즉각적인 공격을 고려하지 않는 상황이지만, 군사력을 유지하면서 관계를 유지하는 상황에 적용된다.[75)] 따라서, 긴급억지 상황에서는 행위자들의 억지를 위한 보다 적극적이고 긴급한 행위가 이루어지고 그에 따른 효과나 결과가 바로 드러나는 특성이 있다. 반면, 일반억지는

73) Lawrence Freedman(2004) "Deterrence". *Polity*, London, pp. 6-25.
74) Ibid. p. 36.
75) Patrick M. Morgan(1977) *A Conceptual Analysis. Beverly Hills, Saga Publications*, p. 19.

물리적인 적대행위는 위험하다는, 즉 전략적인 상황평가를 서로에게 인식시킴으로써 실제 무력사용을 예방하는 특징이 있다. 냉전기간 중 유지되었던 미국-소련 간의 '긴 평화(long peace)'는 이러한 일반억지가 유지되었기 때문으로 볼 수 있다.76)

후스와 러셋에 의하면, 전쟁의 위험이 긴박한가에 따라서 동맹국을 포함하는 확장억지를 '확장 일반억지'(extended general deterrence)와 '확장 긴급억지'(extended immediate deterrence)로 나눈다. 확장 일반억지는 잠재적인 공격국가와 대결하는 국가 사이에 군사적·정치적 경쟁과 갈등이 존재하지만, 긴박한 공격이나 전쟁이 벌어지지는 않는 상황을 말한다. 반면, 확장 긴급억지는 잠재적 공격 국가가 방어국의 보호국(동맹국)에 대해 군사력의 사용을 적극적으로 고려하고 있는 상황을 말한다. 이러한 국가 안보적인 시급성 때문에 확장 긴급억지는 미국 외교의 실제 적용과정에서 매우 중요하게 여겨진다. 학자들과 정책결정자들은 왜, 그리고 어떤 경우에 억지가 실패하며, 어떤 상황에서 억지가 성공하는지에 주목한다. 확장 억지에서 방어국의 신뢰성과 군사력은 억지의 성공과 실패의 가장 중요한 요인으로 간주한다.77)

3. 억지의 수행방법과 성공요인

핵무기 시대의 냉전기의 억지전략은 억지의 수행방법 측면에서 볼 때, 크게 '보복(punishment)에 의한 억지'와 '거부(denial)에 의한 억지'로 구분된다. '보복에 의한 억지'는 예상되는 적의 공격에 대하여 이익보다는 비용이 더 클 것이라는 부담을 줌으로써 공격을 사전에 차단하는 경우이다. 예를 들어 적국이 핵공격을 가할 경우 그에 상응하는 핵무기로 보복하겠다는 메시지를 전달함으로써 공격을 억

76) 이상엽(2017) 앞의 논문, p. 237.
77) Paul Huth and Bruce Russett(1988) "Deterrence Failure and Crisis Escalation". *International Studies Quarterly*, Vol. 32, No. 1, pp. 16-17; 김일수·유호근(2019) "미국의 국가안보와 핵억지 전략의 변화: 트루먼-트럼프 행정부까지". 세계지역연구논총, 제37집 4호, p. 12에서 재인용.

지할 수 있다. 이 경우 핵공격을 당하더라도 이에 대한 '보복'을 가할 수 있는 '2차 핵공격 능력'이 필수적이다.78)

이에 비해 '거부에 의한 억지'는 예상되는 공격에 대한 '방어'와 '복원력'을 강화함으로써 적의 공격 자체가 성공하지 못할 것이라는 확신을 주는데 주안점을 둔다. 즉, 예상되는 공격에 대한 '방어'를 강화함으로써 공격자가 공격을 가하더라도 기술적인 요인이나 고도의 방어력으로 목표를 달성할 수 없다는 것을 인식하도록 하여 공격을 단념시켜서 억지력을 높이는 방식이다.79) 잠재적인 적국의 공격이 실패할 수 밖에 없기 때문에 공격을 하지 말도록 설득하는 효과를 노리는 것이다. 이때 적국의 공격을 무력화하는 '시스템'의 구축이 중요한데, 1980년대의 '전략방위구상(SDI: Strategic Defense Initiative)'나 2000년대의 '미사일방어계획(MD: Missile Defense)' 등은 거부에 의한 억지 개념을 구현한 대표적인 사례라고 할 수 있다.80)

일반적으로 거부에 의한 억지는 응징에 의한 억지보다 큰 비용이 든다. 왜냐하면, 잠재적인 적국이 방어국이나 방어국의 보호국에 대해 미사일을 발사할 경우 중간에 격추해서 공격 의지를 단번에 꺾기에는 기술적으로 어렵기 때문이다. 또한, 적국이 동시에 여러 발의 미사일을 발사할 경우 방어국은 거부에 의한 억지를 성공시키기 어렵다. 반면, 보복에 의한 억지는 적국으로 하여금 방어국의 보복을 방어하기 위해 상당한 비용을 들이게 만드는 장점이 있다.81)

이러한 억지전략이 성공하기 위해서는 다음 세 가지의 요건이 충족되어야 한다는 것이 일반적인 견해이다. 첫째, 억지능력의 확보, 둘째, 억지위협의 신뢰성, 그리고 셋째, 억지위협의 전달이다.82)

먼저, 억지능력의 측면에서 보면, 억지전략이 효과를 발휘하기 위해서는 실질적

78) 민병원(2015) "사이버공격과 사이버억지의 국제정치". 국가전략, 제21권 3호, p. 50.
79) Amir Lupovici(2011) "Cyber Warfare and Deterrence: Trends and Challenges in Research". *Military and Strategic Affairs*, Vol. 3, No. 3, p. 50.
80) 민병원(2015) 앞의 논문, p. 51.
81) 김일수 · 유호근(2019) 앞의 논문, p. 11.
82) Amir Lupovici(2011), op. cit. pp. 52-53.

인 보복능력을 갖추고 있어야 한다. 적대세력의 공격에 대해 응징할 수 있는 수단이 없다면 상대국가는 응징위협을 사전에 심각하게 고려하지 않을 것이다. 공격국가와 방어국가간 군사적 균형은 억지전략에 대한 방어국가의 신뢰도와 공격국가의 효용구조에 중요한 결정요인으로 작용한다. 그러나 억지력의 수단이 반드시 군사력으로 한정될 필요는 없다. 군사력, 정치력, 외교력, 국제법적인 어떠한 수단이라도 공격국가에 치명적인 피해를 줄 수 있으면 억지능력은 있다고 본다. 이러한 관점에서 최근의 이란 원전을 무력화하고 피해를 입혔던 Stuxnet이나, 미사일 등 폐쇄망에 대한공격이 가능한 사이버전자전은 실제로 그 능력은 상대방이 받아들이기 힘든 정도의 치명적인 억지능력을 가지고 있는 것으로 볼 수 있다. 따라서, 핵억지뿐만 아니라 사이버전에서의 억지력도 보복 수단이 반드시 사이버 수단 및 사이버 공간으로 한정될 필요가 없다는 것이다. 방어국가가 경제적이든, 군사적이든, 사법시스템이든 어떤 수단을 통해서도 보복할 수 있다고 보는 것이 일반적인 견해이다.[83)]

둘째, 억지위협의 신뢰성은 방어자의 억지전략에 따른 응징이 반드시 이루어질 것이라는 믿음이다. 억지의 신뢰성은 방어자의 억지의지로써 공격자가 방어자의 보복선언을 의심하지 않는 것이다. 이러한 신뢰성을 높이기 위해서 방어자의 공격능력을 가시적으로 보여주어 노출시키는 것이다. 이것은 보복에 의한 억지이든, 거부에 의한 억지이든 마찬가지 효과를 가진다. 공격자가 공격했을 때, 어떤 보복조치가 있을 수 있다는 것을 인식하게 함으로써 공격을 하지 못하게 하는 효과를 갖게 된다.[84)] 이러한 억지의 신뢰성이 억지전략의 안정성을 담보한다. 즉, 공격자의 공격과 그 공격에 대한 반격, 그리고 재반격으로 분쟁이 격화되는 것을 서로 피하도록 하는 것이다. 따라서 핵 강대국은 국제안보구조의 주변지역에서 발생한 분쟁에 과도하게 개입하는 것을 자제하도록 하거나 파국적인 무기를 사용하거나 공격하는 행위를 삼가도록 자제한다.

83) Joseph S. Nye(2017) "Deterrence and Dissuation in Cyberspace". *Internatuonal Security*, Vol. 41, No. 3, p. 55; Amir Lupovici(2011) op. cit. p. 54.

84) Amir Lupovici(2011) op. cit. p. 55.

셋째, 억지위협의 전달의 효과를 높이기 위해서는 억지전략을 대외적으로 천명하는 것이 중요하다. 억지전략의 효과는 특정 공격자의 위협유형에 맞춘 실질적인 억지력(capability)과 의지(resolve)를 갖추고 있어야 하며, 그 의지가 상대방에게 전달(communicate)이 되어야 하기 때문이다. 억지전략은 잠재적인 공격자가 방어자의 응징역량과 의지가 확고하다는 것을 믿어야 성공한다. 다시 말해서, 억지전략을 천명한 국가는 자신의 역량과 의지를 잠재적인 공격자에게 확실하게 전달함으로써 공격자의 행위에 영향을 미칠 수 있다.[85] 세계에서 가장 먼저 핵전력을 갖추고 핵을 통한 안전보장과 핵 억지를 통한 국제관계의 독점적인 영향력을 확보해왔던 미국이 냉전시기부터 핵억지 전략으로 '대량보복전략', '유연반응전략', '상호확증파괴전략' 등 핵억지 전략을 대외적으로 천명해 온 이유도 바로 이러한 억지위협을 전달하기 위한 것이다.

제3절 사이버억지의 개념과 논쟁

1. 사이버억지의 이론적 개념

'사이버억지'라는 표현은 1990년대 초 데어 데리안(James Der Derian)에 의해 사용되기 시작했는데,[86] 상호의존적 네트워크화의 추세 속에서 상대방을 통제하기 위한 새로운 전략적 패러다임이 필요하다는 인식을 기반으로 한 것이었다. 핵무기 시대의 억지전략과 마찬가지로 전쟁을 하지 않으면서 상대방을 굴복시키거나, 또

85) 장노순 · 한인택(2013) "사이버안보의 쟁점과 연구 경향". 국제정치논총, 53(3). p. 594.
86) James Der Derian, "Cyber-Deterrence". *Wired*. Vol. 2, No. 9. 1994, https://www.wired.com/ 1994/09/cyber-deter.

는 전쟁을 하더라도 신속하고 결정적인 승리를 거둘 수 있는 대안의 전략이 사이버공간에서도 절실하게 필요했던 것이다.[87)]

사이버 억지전략은 적의 사이버 공격을 사전에 단념하도록 하는 응징과 보복을 과시하거나 신호를 보냄으로써 상대방이 사이버 공격의 의지를 포기하게 하는 전략이다.[88)] 즉, 적의 사이버공격에 대하여 사이버 수단으로 응징 및 보복하는 것을 의미한다. 그러나 사이버억지의 개념을 좀 더 광의의 개념으로 해석하는 학자들도 있다. 즉, 억지는 자신의 행동 비용이 이익을 초과할 것이라는 것을 믿게 만들어서 나쁜 행동을 하지 못하게 사람들을 설득하거나 가능성을 감소시키는 것으로 폭넓게 해석하고, 사이버공격은 공격의 진정한 원인을 찾기 어렵기 때문에 억지가 반드시 사이버 수단에 국한될 필요가 없다고 주장하고 있다. 즉, 사이버공격에 대하여 반드시 사이버 수단이 아니더라도 외교, 경제, 군사 등 다양한 수단을 활용할 수 있다고 주장한다.[89)] 이를 역으로 해석하면 굳이 사이버 공격이 아니고 물리적인 테러 또는 핵·미사일 위협이라 하더라도 사이버 수단에 의해서 공격 및 보복 능력을 보유하고 억지하는 것도 사이버억지의 광범위한 개념으로 볼 수 있을 것이다.

이와 같은 맥락에서 사이버억지의 범위를 다음 세 가지를 모두 포함한다는 견해가 인정되고 있다. 첫째, 적의 사이버공격에 대하여 사이버 수단으로 보복 및 억지할 수 있고, 둘째, 적의 사이버공격에 대하여 사이버 수단 이외에도 경제, 외교, 군사적 수단 등 다양한 수단으로 보복 및 억지할 수도 있으며, 셋째, 적의 사이버공격 이외 다른 군사적인 위협 및 공격이라고 하더라도 이에 대해서 사이버 수단으로 공격 및 억지하는 것도 모두 사이버억지로 볼 수 있다는 것이다.[90)] 즉, 2010년 미국과 이스라엘에 의한 이란의 폐쇄망인 원자력시설에 대한 Stuxnet 공격, 그리고 2017년 미국의 북한 폐쇄망인 미사일망에 대한 '발사의 왼편작전(Left of Launch)'

87) 민병원(2015) "사이버공격과 사이버억지의 국제정치: 규제와 새로운 패러다임을 중심으로". 국가전략, 제21권 3호, p. 50.
88) 장노순 · 김소정(2019) "미국의 사이버전략 선택과 안보전략적 의미". 정치정보연구, 19(3), p. 63.
89) Joshep S. Nye(2017) op. cit. p. 47; Amir Lupovici(2011), op. cit. p. 54.
90) Stefan Soesanto(2020) Cyber Deterrence: The Past, Present, and Future, Netherlands Annual Review of Military Studies 2020 참조.

등에서 보는 바와 같이, 사이버공격은 단순히 상대방의 사이버 공격에만 대응한 것이 아니라 원자력발전소 또는 핵·미사일시스템 등의 위협수단에 대해서도 이루어지고 있다. 따라서 군사적인 관점에서의 사이버억지 전략은 일반적인 의미의 사이버억지와 같이 상대방의 '사이버 공격'만을 대상으로 하는 억지전략이 아니라 미사일공격 등에 대해서도 사이버 수단으로 공격 및 보복할 수 있는 능력을 갖춤으로써 폭넓은 억지력을 발휘할 수 있다.

이러한 의미에서 본 고에서는 사이버억지의 개념을 좀 더 폭넓게 정의하고자 한다. 일반적인 의미의 사이버 억지는 적의 '사이버 공격'을 사전에 단념하도록 하는 응징과 보복을 과시하는 개념이다. 즉, 사이버공격에 대한 대응전략이다. 그러나 군사적인 관점에서의 사이버억지의 개념은 "적의 사이버공격 또는 미사일공격 등에 대해 사이버전 수단에 의한 응징과 보복을 과시하거나 신호를 보냄으로써 적이 공격의 의지를 포기하게 하는 전략"이라고 폭넓게 정의하고자 한다. 즉, 비단 상대방의 사이버공격만이 아니라 미사일 또는 다른 무기체계에 의한 위협 및 공격이라고 하더라도 사이버전 수단으로 대응 공격 및 무력화가 가능하면 군사적 차원에서의 사이버억지의 범주에 포함된다고 볼 수 있다는 의미이다.

그러면, 사이버공간에서도 핵억지와 같은 억지이론이 적용될 수 있을까? 국제정치 영역의 이러한 억지이론은 행위자의 합리성(rationality)을 전제로 한다. 행위자는 분쟁 상황에서 자신의 이익과 손해를 합리적으로 판단할 것이라는 가정이다. 이러한 가정하에서 방어국은 분쟁 상황에서 자국의 행동에 대한 기대효용을 합리적으로 계산하여 상대국에 어떤 전략을 통해 대응할지 결정한다. 잠재적 공격국도 마찬가지로 합리적 손익계산을 통해 공격 여부를 결정한다.[91] 따라서 냉전기에 보복을 통한 억지전략이 성공하기 위해서는 앞에서 언급한 것처럼, 억지능력의 확보, 억지위협의 신뢰성, 그리고 억지위협의 전달 등 세 가지의 요건이 충족되어야 한다. 그러나 사이버공격의 경우 이와 같은 냉전식 논리를 그대로 적용하기가 곤

91) 장준하 · 윤지섭(2020) "사이억지의 국방분야 적용: 무기체계 임베디드 소프트웨어 보증 방안". 한국군사학논집, 76(1), p. 351.

란하다. 사이버공격의 진입비용이 매우 낮기 때문에 상대적으로 열세인 국가 또는 비국가행위자들의 공격이 빈번하게 일어나며, 그에 대한 보복 가능성이나 억지 효과도 크지 않기 때문이다.[92]

2. 사이버억지의 제한성 및 기존 핵억지와 차이점

소수의 강대국들만이 참여하던 냉전기의 억지게임과 달리, 사이버공간에서는 수많은 행위자들이 동시에 공존한다. 또한, 냉전기의 초강대국들이 유사한 수준의 물리적 파괴력을 보유함으로써 메시지의 교환과 기대의 수렴을 통한 억지전략이 가능했던 반면, 오늘날의 사이버공간에서는 심각한 비대칭으로 말미암아 과거와 같은 예측 가능한 억지효과를 기대하기 어렵다. 특히 공격자의 정체를 파악하는 문제, 피해규모에 대한 파악, 억지의 신뢰성 문제 그리고 보복의지 전달의 문제 등이 사이버억지의 극복해야 할 제한사항들이다.[93]

첫째, 공격자의 정체를 파악하기 어렵다는 점이다. 사이버위협은 공격자의 신원을 파악하는 것이 현실적으로 어렵고, 기술적으로 제3자를 통해 공격하는 방법이 있으며, 개인이나 집단이 공격의 주체가 될 수 있기 때문에 정체를 구체적으로 확정하는 것은 긴 시간이 소요된다. 사이버전의 대표적인 사례로 논의되는 에스토니아와 조지아에 대한 러시아의 사이버공격도 정부인지 아니면 애국적인 해커집단인지 확증하기 어려웠다. 이들의 공격에 관한 정보를 사전에 전혀 갖고 있지 못할 경우에 효율적인 응징의 수단과 방법을 갖추기가 제한된다.[94] 이를 밝혀낸다 하더라도 실제 보복공격을 수행하는 데 있어 여러 애로사항이 존재하는데, 예를 들어 비

92) Amir Lupovici(2011), op. cit. pp. 52-53.
93) 민병원(2015) 앞의 논문, p. 52.
94) 장노순 · 한인택(2013) "사이버안보의 쟁점과 연구 경향". 국제정치논총, 53(3), p. 591; Martin C. Libicki(2009) "Why Cyberdeterrence Is Different". *Cyberdeterrence and Cyberwar*. RAND Corporation, pp. 44-45; Will Goodman(2010) "Cyber Deterrence: Tougherin Theory than in Practice?". *Strategic Studies Quarterly* 4, pp. 110-118 참조.

국가행위자에 대한 보복행위는 불가피하게 행위자가 속한 국가의 주권을 침해하는 결과를 초래할 수 있다. 이와 더불어 사이버공간에서 이루어지는 보복행위가 선의의 제3자에게 '부수적 피해'를 야기할 가능성도 매우 크다[95]

둘째, 피해규모를 파악하기 어렵다는 점이다. 사이버 공격은 이런 재래식 무력공격과 비교하여 파급규모와 공격의 시점을 파악하기가 훨씬 어렵다. 발전소, 댐, 철도 통제소 혹은 공항 관제소 등 컴퓨터 시스템에 의해 통제되는 기간시설을 공격하여 인명살상과 사회혼란을 조성할 수 있다는 가능성이 제기되고 있지만, 현실적으로 인명피해는 없고 경제적 손실이나 사회적 불안을 조성하는 공격의 경우에 피해를 파악하는데 상당한 시간이 필요하다.[96]

셋째, 억지의 신뢰성을 확인하기가 어렵다는 점이다. 신뢰성은 억지전략에 따른 응징이 반드시 이루어질 것이라는 믿음이다. 억지전략의 신뢰성은 방어자의 억지의지로써 사이버 공격자가 방어자의 보복 선언을 의심하지 않는 것이다. 또한, 억지전략은 공격에 대한 반격 그리고 재반격으로 분쟁이 격화되는 것을 서로 피하도록 하는 안정성에 대한 믿음이 있어야 한다, 이 요소 역시 이득보다는 비용이 월등히 높아질 것이라는 원리가 작용하고 있으며, 또한, 공격소스의 신원을 파악하기 어려운 상황에서 즉각적인 보복이 곤란하다는 점 등이 신뢰성을 확신하기 어려운 점이다.[97]

넷째, 보복의지의 전달이 어렵다는 점이다. 억지전략을 천명한 국가는 자신의 역량과 의지를 잠재적인 공격자에게 확실하게 전달함으로써 공격자의 행위에 영향을 미칠 수 있다. 보복 역량의 확보 여부와 관계없이 보복 의지를 전달함으로써 상대방의 공격 계획을 바꾸는 것이 가능하다. 하지만 사이버억지 전략의 대상이 되는

---

95) Eric Sterner(2011) "Retaliatory Deterrence in Cyberspace". *Strategic Studies Quarterly* 5-1, pp. 65~67.

96) 장노순 · 한인택(2013) 앞의 논문, p. 593; Will Goodman(2010), op. cit. pp. 110-118.

97) Amir Lupovici(2011) op. cit. p. 52; Patrick M. Morgan(2010) "Applicability of Traditional Deterrence Concepts and Theory to the Cyber Realm". Proceedings of a Workshop on Deterring CyberAttacks: Informing Strategies and Developing Options for U.S. Policy. National Research Council, pp. 70-71.

세력이 물리적인 주소도 불분명한 익명의 개인일 수도 있고, 또 다른 국가의 경계선내에서 활동하는 개인이나 조직일 수도 있는 불분명한 안보구조에서 공격을 받을 경우 보복하겠다는 의사를 전달하는 것은 쉽지 않다. 사이버위협은 국가에 의해 체계적이고 조직적으로 실행될 수 있지만, 개인과 집단은 정치적 목적이 아니더라도 금전적 목적이나 개인적인 성취감을 위해 사이버공격을 가할 수 있다. 이런 무수한 공격자들을 대상으로 명확한 억지 의지와 보복 역량을 전달하는 것은 한계가 있다.98)

따라서, 이러한 사이버억지의 제한사항으로 인해 사이버억지와 기존 핵억지의 문제와 비교해 볼 때, 사이버억지의 문제는 국제규범 및 제도의 측면에서 큰 차이를 보인다. 핵무기를 보유한 나라들은 상대적으로 소수였기 때문에 이들 사이에 핵공격의 가능성에 따른 '보복의 균형'을 유지하기가 용이했고, 따라서 '상호확증파괴(MAD: Mutually Assured Destruction)'가 명확한 억지의 원칙으로 작동했다. 핵확산방지협정(NPT: Nuclear non-Proliferation Treaty)이라는 국제규범이 핵보유국들을 중심으로 하여 안정적으로 유지되어온 것도 이런 맥락에서 가능했다. 기존의 재래식 분쟁을 전제로 만들어진 국제법 규범이 핵 대결에도 큰 수정 없이 적용되어 왔다는 점은 재래식 무기와 핵무기를 막론하고 일정한 수준의 억지 전략에 대한 기대가 현실적으로 작동해왔음을 시사한다.

이러한 이유로 인해서 국가간 핵억지의 경우는 게임이론으로 그 정책이나 전략적 선택에 대한 설명이나 예측이 비교적 용이하다. 핵억지 이론이나 게임이론은 앞에서 언급한 것처럼, 모두 행위자의 합리성(rationality)을 전제로 하기 때문이다. 즉, 게임이론의 핵심 변수인 '참가자', '전략' 그리고 '보수(pay-off)' 등으로 볼 때, 핵억지의 경우는 게임참가자도 소수의 초강대국으로 비교적 분명하고, 게임의 전략적 선택도 공격, 방어, 현상유지 등으로 비교적 단순하며, 게임으로 인한 보수(pay-off)에 있어서도 전략적 선택에 따라 일정한 수치를 부여하기 용이해서

98) Amir Lupovici(2011), op. cit. p. 53; 장노순 · 한인택(2013) 앞의 논문, pp. 591-594 참조.

피해판단이 가능하다. 바로 이러한 특징으로 인해서 핵억지의 경우는 행위자의 합리적 선택을 전제로 할 수 있고 따라서 게임이론으로 설명이 용이하다.[99]

그러나 사이버억지의 경우는 성격이 좀 다르다. 즉, 게임참가자도 국가만이 아니라 집단이나 개인 등 불특정한 비국가행위자가 될 수 있고, 게임의 전략적 선택도 공격 뿐만 아니라 테러, 범죄, 교란, 첩보수집 등 다양한 대안이 있으며, 게임의 보수(pay-off)에 있어서도 전략적 선택에 따라 일정한 수치를 부여하기 제한된다. 따라서 사이버공격에 의한 그 피해판단이 쉽지 않을 뿐만 아니라 공격주체가 불분명하여 억지의 대상이 불명확한 경우가 많다. 바로 이러한 특징으로 인해서 사이버억지는 합리성(rationality)을 전제로 하기 어렵기 때문에 게임이론으로 설명하고 예측하기가 제한된다.[100] 따라서, 재래식 전쟁이나 핵전쟁을 예방하기 위한 전략이나 정책의 타당성을 설명하는데 활용되는 게임이론은 사이버전에 그대로 적용하기 어렵다. 합리적 선택을 전제로 하는 게임이론에서의 행위자의 선호도, 정책선택에 따른 결과 평가 등을 받아들인다고 하더라도 사이버전이 가지고 있는 구조적인 특성으로 인해서 게임이론은 사이버억지의 이론적 설명력에 한계가 있다.[101]

이런 이유로 핵억지 체계에서의 국제규범과 상호 기대의 프레임워크가 사이버억지에 그대로 적용되기는 어렵다는 평가가 지배적이다. 사이버공간의 공격행위는 확산이 용이하며 책임소재를 추적하기 어렵고, 기술적 진입장벽이 낮은 데 비해 이를 규제하기는 상대적으로 어렵다는 여러 난점이 존재하기 때문이다.[102]

3. 사이버억지의 실효성에 대한 논쟁

핵억지에 비해서 여러 가지 제한사항을 가지고 있는 사이버억지는 그러면 어떻

99) 이상구(2013) 국제정치학 논강: 사상과 이론 편, 인해출판사, 서울, pp. 134-135.
100) 위의 책, pp. 134-148 참조.
101) 장노순(2001) “합리적 억지이론의 한계”. 국제정치논총, 41(4), p. 44.
102) 민병원(2015) 앞의 논문, p. 41.

게 해야 억지력을 발휘할 수 있는 실효성을 가지게 될까?

위에서 살펴본 바와 같이, 억지(Derrrence)에는 두 가지 방법이 늘 논쟁의 대상이 되고 있다. 즉, '보복(Punishment)에 의한 억지'[103]와 '거부(Denial)에 의한 억지'의 실효성에 대한 논쟁이다. 공격국이 군사공격을 시도하면 방어국은 공격국에 대해 참을 수 없는 손상을 초래할 정도로 보복을 받을 것이라는 것을 인식하게 함으로써 공격을 하지 못하게 미연에 방지하고자 하는 접근방식은 이른바 '보복에 의한 억지'라고 부른다. 반면에 보복의 위협에 의하지 않는 또 다른 억지 형태가 소위 '거부에 의한 억지'이다. 이것은 어떤 이득을 얻기 위해 행동을 일으키려고 하는 공격국 상대에게 그러한 행동에 의한 이득을 허용하지 않을 수 있는 능력을 가짐으로써 억지를 달성하려고 하는 것이다. 즉, 군사적 수단과 같은 예로 말하면 공격국의 군대가 이곳의 영토를 점령하는 것을 방지할 수 있는 군사력을 보유함으로써 원래 공격국의 공격을 스스로 포기하게 만드는 것이 '거부에 의한 억지'에 해당한다.[104]

그중에서 보복에 의한 억지가 성립하는 데 있어서는 다음의 3가지 요건이 충족될 필요가 있다. 첫째, 억지의 대상이 되는 공격이 발생했을 경우에 그것이 어떤 국가나 조직에서 온 것인지를 특정할 수 있어야 한다. 이것을 귀속문제(attribution problem)라고 한다. 즉, 공격 주체가 누구인가를 식별하는 것이다. 그런데 정작 공격이 발생하더라도 누가 공격했는지 그 정체를 알 수 없다면 억지자 측은 위협에 대한 보복을 이행할 수 없게 되고, 피억지자측, 즉 잠재적인 공격자에게 공격을 단념하게 하여 그 억지력이 작동하게 하지 못하는 상태가 연출될 것이다. 둘째, 신뢰성(credibility)의 문제가 있다. 억지가 성립하는지 여부는 궁극적으로는 공격자(피억지자) 측의 결정에 의해 결정되기 때문에 정작 공격이 실패할 경우에는 방어

---

103) Deterrence of Punishment는 징벌적 억지 또는 처벌에 의한 억지를 의미한다. 그러나 본 고에서는 Punishment(처벌)의 주체와 대상이 현실주의적인 시각에서 보면 '국가' 간의 문제라는 관점에서 징벌 또는 처벌이라는 용어보다는 '보복'이라는 용어로 사용하고자 한다.

104) Glenn H. Snyder(1960) "Deterrence and Power". *Journal of Conflict Resolution*, Vol. 4, No. 2, p. 163.

자(억지자) 측이 무시무시한 보복을 이행할 의사와 능력이 있는 것을 공격자(피억지자) 측이 믿어야만 억지는 성립되게 된다. 셋째, 의사전달(signaling)의 문제가 있다. 억지를 위한 메시지로 억지하려고 하는 측이 무엇을 단념시키려 하고 있는지, 만일 억지하려는 측의 경고를 무시하고 공격을 단행한 경우에 어떤 보복을 초래하게 될지 피억지자 측에 명확한 형태로 전달되어야 하고, 또한 그 메시지를 피억지자가 이해할 수 있어야만 억지가 성립된다.105)

1) Lynn의 거부적 억지론과 적극적 방어

2010년 말까지 사이버 억지에 관한 미 국방부의 견해를 보면, 사이버공간의 억지에 대한 정책연구의 대부분은 냉전기의 '보복에 의한 억지' 모델은 사이버공간에서 더 이상 기능이 작동하지 않는다는 견해를 나타내고 있다.

오바마 정권에서 국방차관직을 수행한 윌리엄 린(William J. Lynn, III)은 다음과 같이 언급하면서 보복에 의한 사이버억지에 부정적이다. "첫째, 사이버공격은 근원을 파악하는 데 필요한 수사는 수개월이 소요된다. 거의 실시간으로 사이버 공격자를 특정하지 않으면 보복적 억지 프로그램은 어렵다. 둘째, 미사일은 "회신"을 명확히 밝히고 찾아오지만, 사이버 공격의 대부분은 그렇지 않다. 이러한 이유로 억지에 대한 기존의 모델은 사이버공간에서는 전혀 맞지 않는다"106)라는 주장이다.

억지이론을 연구하는 패트릭 모건(Patrick M. Morgan)도 "냉전시기의 억지의 가장 두드러진 특징의 대부분은 오늘날 거의 쓸모없다"고 한다. 왜냐하면 현재 사이버 공격의 문제는 규모와 특징 면에서 이전과 전혀 다르기 때문이다. 냉전기의 억지에서 가장 잘 적용될 수 있는 몇 가지 교훈은 본질적으로 부정적인 것이다.

---

105) Clorinda Trujillo(2014) "The Limits of Cyberspace Deterrence". *Joint Force Quarterly*, Issue 75, p. 45.

106) William J. Lynn III, Deputy Secretary of Defense, Remarks at STRATCOM Cyber Symposium, Omaha, Nebraska, May 26, 2010; 김종호(2016) "사이버 공간에서의 안보의 현황과 전쟁억지력". 법학연구, 16(2), p. 129에서 재인용.

즉, 억지는 적용하지 않아야 하고 피해야 하는 이유나 근거 같은 것이라는 주장이다.[107]

미국 사이버사령관 케이쓰 알렉산더(Keith B. Alexander) 장군도 2010년 9월 상원청문회에서 "사이버 분야의 억지는 다른 분야와는 다른 것이다. 냉전기의 보복에 의한 전쟁억지 대신 강조하고자 하는 것이 거부에 의한 억지력이다. 즉, 사이버공간에서는 보복에 의해 사이버 공격자에게 비용을 부과하는 보복에 의한 억지력은 어렵지만, 사이버 공격자의 이익을 부정하는 거부에 의한 억지력은 실현 가능하다."라고 언급하면서 사이버 억지의 어려움에 대해 솔직하게 언급했다.[108]

Lynn 국방차관을 비롯한 미 국방부 주요 인사들의 이러한 거부에 의한 억지에 대한 인식은 미 국방부 정책문서 내에서 '적극적 방어(active defense)'라고 표현되어 있다. 미 국방부의 '사이버공간에서의 작전행동에 대한 국방부 전략' 자료에 따르면 미 국방부는 "국방부의 네트워크와 시스템에 대한 적의 침입을 예방하고 침입한 적대행위를 타파하는 적극적인 사이버방어(active cyber defense)를 전개하겠다"고 한 후 적극적인 사이버방어를 "위협과 취약점을 발견하고 감지하고 분석하고 피해를 줄이기 위한 동기화된 실시간 능력"이라고 정의한다.[109]

즉, 미 국방부의 적극적 방어는 사이버공격을 사전에 탐지하며 실시간으로 분석·탐지하고 네트워크를 방어할 수 있는 능력을 확보하고자 하는 것으로써, 공격국 상대에게 그러한 행동에 의한 이득을 허용하지 않을 수 있는 능력을 가짐으로써 억지를 달성하려고 하는 '거부에 의한 사이버억지'의 개념을 표현한 것이다.

2) 패네타 국방장관의 연설과 보복에 의한 억지력

2012년 10월의 레온 패네타 미 국방장관(Leon E. Panetta)의 연설은 사이버 억지를 생각하는데 있어서 큰 전환점이 되었다. "국방부의 네트워크를 방어하기

---

107) Patrick M. Morgan(2010) op. cit. pp. 75-76; 김종호(2016) 위의 논문, p. 129에서 재인용.
108) William J. Lynn, III(2010) "Defending a New Domain: The Pentagon's Cyberstrategy". *Foreign Affairs*, Vol. 89, No. 5 (Sep./Oct. 2010), pp. 99-100.
109) Department of Defense(2011) *Department of Defense Strategy for Operating in Cyberspace.* July 2011, p. 7.

위해 우리는 공격자에 대한 억지조치를 지원한다. 우리가 사이버 공격자를 추적할 수 있다거나 혹은 사이버공격은 강력한 보복능력에 의해 반드시 실패한다는 것을 공격자가 인식하고 있으면 그들이 우리를 공격할 도구성은 낮아진다."라는 주장을 통해 보복에 의한 억지의 필요성을 역설하였다.[110]

실제로 미 국방부는 사이버공격의 억지를 복잡하게 하고 있는 문제, 즉 공격의 출처를 확인하는 문제를 해결해야 한다는 점에서 매우 의미있는 진전을 계속하였다. 미 국방부는 공격자 특정 문제를 해결하기 위한 컴퓨터 포렌식(forensics)에 많은 투자를 해왔다. 그리고 그들은 투자에 걸맞는 성과를 얻어가고 있었다. 구체적으로는 공격의 실제 출처를 추적하는 방법 및 작동을 기본으로 한 알고리즘(behavior-based algorithms)에 의한 공격자의 평가를 사이버공격이 행해진 경우 컴퓨터나 네트워크 등의 로그를 통한 증거보전과 공격전 조사를 통한 사이버 포렌식(cyber forensics)으로 해결하고, 정보공동체(intelligence community)와 사이버사령부를 중심으로 하는 전문가 육성, 국토안보부와의 연계 등을 통한 실효성 있는 임무의 수행 등이다.[111]

미국은 이러한 사정을 기초로 특정 공격의 출처에 대한 대응능력을 갖춘 징벌적 억지력이 모색되어 왔다. 당시 합동참모본부 부의장 제임스 카트라이트(James E. Cartwright) 해병대 대장을 비롯해 그 이전부터 미국은 계속해서 징벌적 억지와 공격 옵션의 필요성을 호소 해왔다. 그에 따르면 "21세기의 전쟁억지는 그것이 핵무기든, 생물무기든, 사이버전이든 넓은 의미에서는 익명성(anonymity)과 귀속(attribution)에 관한 것"이다. 그리고 효과적인 억지능력은 방어적인 옵션만으로는 불충분하며 공격적인 옵션이 필요하다.[112] 이러한 견해가 지배적인 입장으로

---

110) Secretary of Defense, Leon E. Panetta, Remarks on Cybersecurity to the Business Executives for National Security, New York City (Oct. 11, 2012). 김종호(2016) 위의 논문, p. 140에서 재인용.

111) Department of Defense(2011) "Department of Defense Cyberspace Policy Report". A Report to Congress Pursuant to the National Defense Authorization Act for Fiscal Year 2011, Section 934(Nov. 2011), pp. 4-5.

112) Developments in China's Cyber and Nuclear Capabilities, Hearing Before the U.S.-China

점점 많은 지지를 받아가고 있다. 미 국방부가 의회에 제출한 '사이버공간 정책보고서'(2011.11)에서는 사이버공간에서 2개의 실효성 있는 억지 메커니즘을 강조했다. 즉, 사이버공간에서의 억지는 다른 영역(domain)과 마찬가지로 2가지 기본 메커니즘에 입각한다. 즉, 적의 목적을 부정하는 것이며, 필요하다면 침공하는 적에게 상응한 비용을 부과한다.[113] 종래 초미의 과제였던 '귀속문제'에 대해서도 이제 일정한 방향성이 보이면서 보복에 의한 억지의 가능성이 높아지고 있는 것 같다.

또한, 미 국방부는 사이버공간의 억지력은 사이버공간에 국한되지 않고 공격에 대한 보복과 징벌행위도 포함하는데, 이는 '교차영역(cross-domain)'에 해당한다. 이미 사이버공간은 물리영역, 정보영역, 인식영역에 공히 중첩적으로 구성되어 있고 육·해·공군의 전투영역과 상호의존적으로 중첩이 되어 있기 때문이다. 실제로 미국은 사이버공격에 육·해·공·우주에서 복합적인 방법에 의한 보복을 시사하고 있다. '국방부 사이버공간 정책보고서'에서는 다음과 같은 견해를 제시하고 있다. "사이버공간의 악의적인 행위에 대해서 미국, 동맹국, 파트너의 국익을 보호하기 위해 미국 대통령은 모든 필요한 수단(all necessary means)을 이용하여 해당 권한을 가진다. 대통령의 지시에 따라 임무를 수행하되 해당 옵션은 국방부에서 제공하는 사이버 능력과 물리적 능력(kinetic capabilities) 중 하나 또는 모두를 포함해야 한다."[114]라고 명시하고 있다.

그러나 이렇게 보복 및 거부에 의한 억지로 이분법적으로 구분하는 관점은 사이버공간의 특성상 한계가 있다. 중요한 것은 보복에 의한 억지력이나 거부에 의한 억지력이나 상당부분 겹치는 부분이 많다는 점이다. 사이버공간에서는 공격과 방어를 명확하게 나눌 수는 없다. 사이버공간에서의 억지는 공격적이고 동시에 방어적이며, 정보공작(intelligence operations)으로 이들을 융합할 수도 있는 것이다. 사이버공간은 '이중의 위험'(doubly dangerous)을 안고 있기 때문이다.[115]

Economic and Security Review Commission, One Hundred Twelveth Congress Second Session (Mar. 26, 2012), pp. 11-13.

113) Department of Defense(2011) op. cit, p. 2.

114) Ibid. p. 4.

따라서, 거부에 의한 사이버억지를 옹호한 린(Lynn) 국방차관조차도 "사이버공간에서는 '요새주의의 사고방식'(a fortress mentality)은 통하지 않는다"[116]고 인정한 것처럼, 오직 방어만을 위해 무력을 사용하는 '전수방위'에 근거한 사이버안보의 정책체계는 전혀 통용되지 않을지도 모른다. 결국, 공격우위의 사이버 세계에서 사이버억지는 그 만큼 어려운 과제이다.

4. 사이버억지의 실효성에 대한 평가

사이버억지의 이러한 실효성에 대한 논쟁을 볼 때, 핵억지론에 비교하여 사이버억지론의 제한성에도 불구하고 사이버억지론은 군사전략적으로 실효성을 가지고 있다고 평가되고 있다.

첫째, 공격자의 정체식별을 해결하기 위한 사이버 기술이 빠르게 발전하고 있다는 점이다. 미 국방부의 발표처럼, 적 컴퓨터 포렌식(forensics)에 많은 투자를 해왔고 그들은 투자에 걸맞는 성과를 얻어가고 있다. 사이버공격이 행해진 경우 컴퓨터나 네트워크 등의 로그를 통한 증거보전과 사이버 포렌식(cyber forensics)으로 해결하고, 정보공동체와 사이버사령부를 중심으로 하는 전문가 육성 등을 통한 실효성 있는 기술의 발전을 보이고 있다.[117] 특히, 특정 개인의 소규모 사이버해킹 수준을 넘어서 사회 및 국가적 수준의 공공의 이익을 침해하는 사이버공격에 대해서는 그 공격자의 정체식별이 가능하다. 2016년 2월 방글라데시 중앙은행에서 8,100만 달러가 탈취당하는 사건이 발생했을 때도 북한이 2014년에 수행했던 미국 소니픽처스와 우리 금융・언론기관을 해킹할 때 쓴 것과 유사한 코드가 발견됨으로써 북한의 소행이라는 공격자의 정체가 식별되었다.[118] 또한, 지난 2011년

115) Robert Jervis(1978) "Cooperation Under the Security Dilemma". *World Politics*, Vol. 30, No. 2 pp. 167-214.

116) William J. Lynn, III(2010) op. cit. p. 99.

117) Department of Defense(2011) op. cit, pp. 4-5.

118) 조선일보, "北, 사이버테러 통해 자금 탈취 가능성". 2016.6.24.일자 기사 참조; 김재광(2017) 앞의

부터 2020년까지 10년 동안 발생한 세계 10대 금융 해킹 공격의 절반 이상이 북한에 의해서 거의 유일하게 국가 단위로 금융 해킹 공격이 이루어졌다는 사실이 식별됨으로써[119] 사이버공격의 정체가 식별될 수 있음을 보여주고 있다.

둘째, 핵억지의 수단인 핵무기는 억지에 실패했다고 했을 때 실제로 사용할 수 없는 수단이지만 사이버억지의 수단은 억지에 실패하여 도발 또는 전쟁이 전개된다면 방어 또는 공격용 무기로 사용이 가능하다는 점이다. 이란의 원자력 시설의 폐쇄망을 뚫었던 Stuxnet 공격기술이나 2017년의 북한의 무수단 미사일에 대한 미국의 사이버전자전에 의한 '발사의 왼편작전(Left of Launch)'은 인터넷망이 아닌 폐쇄망이라고 하더라도 시스템을 무력화시켜 기능을 수행하지 못하게 만들었다는 점에서 사용불가인 핵무기보다 더 실질적인 '보복에 의한 억지력'을 과시한 것이라고 볼 수 있다. 특히, 보복에 의한 사이버억지 전략은 억지와 분쟁이 공존하는 경우에 더 유용한 수단이 될 수 있다. 사이버공격이 억지를 위한 도구가 되면서 동시에 억지가 실패하는 경우라도 분쟁의 효과적인 공격수단이 될 수 있기 때문이다.[120] 이런 점에서 사이버억지력은 분쟁이 발발하더라도 쉽사리 사용할 수 없는 핵무기와는 다른 오히려 더 실질적인 억지력을 가지고 있다. 다만 그 수단이 상대방에게 억지력을 발휘할 수 있을 만큼 억지수단으로서의 치명적인 능력을 가지고 있느냐 하는 것이다. 따라서, 상대방의 네트워크를 교란 또는 마비시킴으로써 합동작전을 지원하는 핵심수단으로서 고도의 사이버전자전 능력이 개발되어야 하는 이유가 바로 여기에 있다.

셋째, 사이버억지의 신뢰성이 경험적으로 검증되었다는 점이다. 2014년 북한의 미국 소니픽쳐스 영화사에 대한 사이버공격시 미국은 공격의 정체가 북한이라는 사실을 식별하였고 이에 대한 사이버 보복공격으로 북한의 인터넷체계에 대해 장

논문, p. 154.

119) VOA(미국의 소리방송), 2021.4.8.일자, https://www.voakorea.com/korea/korea-politics (2021.7.18.일 검색)

120) 민병원(2017) "군사전략론으로 보는 사이버안보". 김상배 엮음, 사이버안보의 국가전략. 사회평론, p. 30.

기간 동안 사용불가하게 만들었던 사례가 있다. 또한, 2016~17년 북한의 무수단 미사일 시험발사에 대해 미국은 '발사의 왼편작전(Left of Launch)'을 수행하였고 이로 인해 8회에 걸친 무수단 미사일 시험발사 중에서 7회를 실패하게 만드는 결과가 나타났다는 것은 사이버전자전을 통한 사이버공격이 실제로 가능하다는 것을 보여준 것이다. 따라서 이러한 사이버 보복공격의 성공사례들은 사이버억지의 신뢰성이 있다는 것을 증명한 것이다.

넷째, 국가간의 사이버억지는 보복의지의 전달이 가능하다는 점이다. 2021.3월, 미 바이든 정부는 대북정책을 구체화하는 과정에서 2017년 오바마 정부 당시 북한 미사일에 대해 수행했던 '발사의 왼편작전'을 더욱 강화하겠다는 의지를 언론을 통해 공개하였다.[121] 이는 북한 미사일에 대해 사이버공격 방식으로 대응하겠다는 사이버억지 전략의 의지를 공개한 것이며, 동시에 미사일을 발사하기 전에 선제적으로 대응하겠다고 하는 능동적 억지의 의지를 전달한 것으로 볼 수 있다. 뿐만 아니라 불특정 공격자라고 하더라도 미디어를 통한 보복의지의 공개는 가능하다고 볼 수 있다. 바로 이러한 관점에서 사이버억지를 위한 보복의 의지의 전달은 가능하다고 평가된다.

따라서, 요약하면, 첫째, 공격자의 정체식별을 해결하기 위한 사이버 기술이 빠르게 발전하고 있다는 점과 둘째, 핵억지 수단과 달리 사이버억지 수단은 억지에 실패하더라도 공격 또는 방어무기로 사용 가능하다는 점, 셋째, 사이버억지의 신뢰성이 경험적으로 검증되고 있다는 점, 넷째, 국가간의 사이버억지는 보복의지의 전달이 가능하다는 점 등으로 미루어 볼 때, 사이버억지는 공포의 균형을 의미하는 핵억지와는 또 다른 의미에서 억지의 실효성이 있다고 평가된다.

121) 중앙일보, 2021.3.3.일자, "발사 전 격멸시킨다. 오바마 이어 바이든 꺼낸 대북전략"

5. 기존의 사이버억지 군사전략

재래식 억지전략은 사이버위협을 방지하기 위한 안보전략으로 그대로 적용하기 어려운 근본적인 한계는 있지만, 기본적인 접근 시각은 억지전략이 냉전시기 안보전략으로써 가치를 인정받았기에 사이버 안보전략으로도 채택될 수 있을지 여부에 대한 것이다. 하지만 다양한 유형의 사이버공격은 사이버무기, 공격행위자, 공격의 방식, 공격의 피해, 국제안보구조 등의 측면에서 핵공격이나 재래식 무력공격과 다르기 때문에 전통적인 억지전략의 효용성에 대해 비판적인 시각도 있고, 수정된 억지전략의 필요성이 강조되고 있다.[122]

앞에서 언급한 것처럼, 보복 및 거부에 의한 사이버억지가 너무 이분법적이라는 한계가 있다면, 사이버억지의 군사전략은 어떤 시각으로 보아야 할까? 이를 극복하기 위해 현재 국제정치학자들 사이에 사이버억지에 관한 다양한 전략들이 논의되고 있다. 이 중에는 보복에 의한 억지의 전략도 있고, 거부에 의한 억지의 전략도 있으며, 이 두 가지를 혼합한 전략도 있다. 또한, 보복 또는 거부 이외에도 협력을 통한 상호이익을 바탕으로 자발적인 억지를 유도하는 전략 등 다양한 전략들이 제시되고 있다. 이러한 관점에서 ① 사이버 상호확증파괴에 의한 억지전략과 ② 응징적 사이버 억지전략, ③ 누적적 사이버 억지전략, 그리고 ④ 보증에 의한 사이버 전략 등으로 분류하여 살펴본다.

1) 사이버 상호확증파괴에 의한 억지전략(Cyber MAD)

사이버공간에서 공격이 방어에 비해 압도적으로 유리하다는 사실로 인해 사이버억지의 개념이 '공포의 균형'이라는 극단적인 모습으로 바뀔 수 있다. 사실 완벽한 사이버방어 시스템을 구축한다는 것은 가능하지도 않고 합리적이지도 않다. 이런 상황에서 사이버공격의 가능성에 대비하는 최선의 방법은 공격가능성에 대한 공포

122) 장노순 · 한인택(2013) "사이버안보의 쟁점과 연구 경향". 국제정치논총, 53(3), p. 594.

가 공유되는 '상호억지' 시스템을 구축하는 것이다. 이처럼 사이버공간에서 이루어지는 공포의 균형을 '사이버 상호확증파괴'라고 부른다.[123]

냉전시기에 핵억지 전략의 효과는 반격 능력에 기반을 두는 것이 아니라 핵갈등에 관여한 국가는 모두가 파국적인 결과에 직면할 것이라는 공포로 달성될 수 있었다. 핵의 재앙적인 파괴 논리를 사이버 억지전략에 적용하는 것이다. 즉, 한 국가가 압도적으로 사이버공간을 지배하기보다 주요 국가들 사이에 상호억지가 이루어지는 시스템이 더 안정적인 균형을 유지할 수 있기 때문이다.

자유로운 인터넷 접근은 국가를 공격하는 데 유리하지만, 동일한 이유로 공개적인 사이버 상호확증파괴전략은 강대국 상호의 반격 역량을 허용하는 것이고, 비국가 행위사의 사이버위협 역시 보복의 대상이 될 수 있음을 명확하게 한다. 사이버 상호확증파괴전략으로 공격 수단과 범위는 공격자의 심리적 동기 뿐만 아니라 물리적 타격을 포함한다.

이와 유사한 논리가 적용된 '맞춤형 억지전략(Tailored Deterrence)'은 사이버 공격의 목적, 방법, 수단 그리고 절차를 규정함으로써 공격자의 공격의지와 심리에 영향을 주려는 것이다. 맞춤형 억지전략은 공격자가 부담해야 할 비용을 확실하게 위협하는 것이다. 이런 목표를 달성하기 위해서는 정확하고 명확한 전략적 내용을 제시하여 불확실성을 제거해야 한다.[124]

2) 응징적 사이버 억지전략(bits-for-lives)

응징적 사이버 억지전략도 보복에 의한 사이버억지의 성격의 전략이다. 재래식 무력분쟁 혹은 전쟁에서 응징수준의 범위는 비례성에 기초한다. 하지만, 만약 사이버억지 전략이 비례성에 입각하여 사이버공간을 교란하거나 동등한 정보손실을 가하는 것은 현실성이 없다. 사이버 보복의 정확한 대상을 찾기도 어렵고 설령 찾

123) Matthew Crosston(2011) "World Gone Cyber MAD: How 'Mutually Assured Debilitation' Is the Best Hope for Cyber Deterrence". *Strategic Studies Quarterly* 5, pp. 100-101.
124) 장노순 · 한인택(2013) 앞의 논문, pp. 597-598; Matthew Crosston(2011) op. cit. p. 101.

는다 해도 유사한 수단으로 공격하는 경우 효과도 확실치 않다. 결국은 응징에 의한 사이버억지 전략은 상대방이 공격에 따른 막대한 비용을 지불해야만 하는 안보구조가 되어야 한다. 이를 위해 사이버 공격자는 비록 상대국가가 인명피해를 초래하지 않았다 하더라도 가장 소중한 가치인 목숨을 잃을 수 있는 응징이 필요하다.[125] 즉, 사이버공격에 비례한 응징만으로는 사이버 공격자의 위협의지를 줄이기 어렵다는 의미이다. 사이버 억지전략은 사이버 수단만이 아니라 정치적, 경제적, 군사적 수단에 의한 보복이 반드시 이루어져야 한다는 것이다. 따라서 사이버 국력은 물리적 측면과 가상공간의 측면이 결합된 것이고, 사이버공격 역시 정보수단과 물리적 수단이 혼합되어 나타날 수 있다.[126]

2007년 에스토니아에 대한 러시아의 사이버공격 이후 미국을 비롯한 NATO 회원국 전문가들이 모여서 사이버공격에 대응하는 교전규칙 성격의 '탈린매뉴얼'[127]을 만들었는데 이것이 응징적 억지전략의 성격을 갖는다. 즉, 사이버공간에서도 전통적인 교전규칙이 적용될 수 있으며, 사이버공격으로 인해 인명피해가 발생할 경우 군사적 보복이 가능하고, 사이버공격의 배후지를 제공한 국가나 업체에 대해서도 국제법과 전쟁법을 적용하여 책임을 묻겠다는 것이다.[128] 이러한 시도는 러시아의 사이버위협에 대응하는 NATO의 사이버동맹(Tallinn Process) 성격을 띠게 됨으로써 이후 서방진영과 비서방진영간의 사이버위협에 관한 시각의 차이와 대응방식의 충돌을 가져오게 된 계기가 되었다.

---

125) 장노순 · 한인택(2013) 위의 논문, p. 599; Eric Sterner(2011) "Retaliatory Deterrence in Cyberspace". *Strategic Studies Quarterly* 5-1, pp. 71-72.

126) Joseph S. Nye(2017) op. cit. p. 55.

127) 탈린매뉴얼(Tallinn Manual)은 NATO의 CCDCOE(Cooperative Cyber Defence Centre of Excellence) 총괄하에 20여 명의 국제법 전문가들이 2009년부터 시작하여 3년 동안 공동연구를 거쳐 2013년 3월에 발표한 총 95개항의 사이버전 지침서이다. 이는 전통적인 국제법(특히, 전쟁법)의 틀을 원용하여 사이버공간에서의 해킹과 사이버공격에 대응하려는 시도의 사례로서, 사이버공간에서도 전통적인 교전규칙이 적용될 수 있으며, 사이버공격으로 인해 인명피해가 발생할 경우 군사적 보복이 가능함을 명시한 것이다.

128) 김상배(2019) "사이버안보의 국제규범과 한국외교". 김상배 엮음. 사이버안보의 국가전략 2.0. 사회평론아카데미, 서울, pp. 30-31.

3) 누적적 사이버 억지전략

누적적 사이버 억지전략도 보복에 의한 억지의 성격을 가지고 있다. 다만, 억지의 개념이 일회성 사건이나 단순한 선택의 상황에만 적용될 필요가 없다는 점을 강조하려 한다. 일반적으로 분쟁이 일어나지 않으면 억지전략이 성공했다고 평가하는 반면, 분쟁이 일어날 경우에는 그것이 실패했다고 본다. 이와 같은 이분법적 사고는 냉전기의 산물로서, 오늘날 사이버공간의 복잡성은 그보다 한 단계 더 진화된 형태의 대응전략을 요구한다. 냉전기에는 분쟁과 억지 사이에 하나의 선택만을 요구했지만, 오늘날의 사이버분쟁에서는 이 두 가지 현상이 복합적으로 존재하는 경우가 빈번하다. 따라서 상황에 따라 억지전략을 구사하거나 아니면 억지를 포기하고 직접 분쟁에 개입하는 양면의 해결책을 구현할 수 있어야 한다. 이러한 복합전략을 효과적으로 구사하는 국가인 이스라엘은 분쟁이 발발할 경우 무력사용을 할 수 있다는 '위협'과 실제의 '무력사용'을 동시에 구사해왔다. 이는 장기간에 걸쳐 이스라엘의 전략적 입지를 강화시켜 왔는데, 이와 같이 억지와 무력사용을 중첩적으로 운용하는 전략을 '누적적 억지(Cumulative Deterrence)'라고 한다. 사이버공간에서도 공격과 억지의 두 전략을 동시에 구사하는 접근방법에 관한 개념화가 요구된다.[129]

또한, 이를 다른 표현으로 하면, 의심이 되는 공격자를 향해 지속적으로 보복을 가하는 '연속적 억지전략(Serial Deterrence)'이라고도 한다. 한 번으로 충분한 피해를 주지 않는다고 하더라도 장기간에 걸쳐 반복적으로 손실을 입히는 응징이다. 사이버 공격자가 일회적 보복으로 충분한 비용을 지불하도록 하지 못한 상황에서, 지속적으로 공격을 통해 누적된 피해를 높이는 것이다.[130] 사이버공간에서도 실제 공격과 억지의 위협 등 두 전략을 반복적으로 그리고 누적적으로 수행하는 억지전략의 접근방법에 대하여 연구가 필요하다.

---

129) 민병원(2015) "사이버공격과 사이버억지의 국제정치: 규제와 새로운 패러다임을 중심으로". 국가전략. 제21권 3호, p. 54; Eric Sterner(2011). op. cit. p. 70.

130) Amir Lupovici(2011). op. cit. p. 55.

4) 보증에 의한 사이버 억지전략

보증에 의한 사이버 억지전략은 '보복' 또는 '거부' 이외에도 '협력'을 통한 자발적인 억지를 유도하는 혼합전략이라고 볼 수 있다. 사이버억지의 관념이 지나치게 '갈등'의 상황을 전제로 하고 있다는 점을 고려하여 그 한계를 극복하기 위한 포괄적 대안으로서 '보증(assurance)'전략으로 전환해야 한다는 목소리가 높다. 보복에 의한 억지전략이 상대방으로 하여금 무력을 사용할 경우 값비싼 댓가를 치를 것이라는 점을 설득시키려는 반면, 보증에 의한 억지전략은 상대방이 무력을 사용하고자 하는 동기 자체를 약화시키고자 한다. 넓게 보면 이러한 전략은 공포, 오해, 불확실성을 줄임으로써 적대관계 자체를 완화하려는 목적을 지닌다.[131)]

냉전의 산물인 억지전략은 '받아들이기 어려운(unaccpetable) 피해'를 가하겠다는 위협을 상대방에게 전달함으로써 목표를 달성하려는 것이었다. 만약 이러한 관계의 이면에 존재하는 위협의 상호의존성을 쌍방이 인식한다면, 위협과 억지의 실패로 인한 분쟁가능성 대신 협력을 통한 상호이익의 가능성을 부각시킬 수 있을 것이다.

이와 같이 상대방에 대한 '동기' 부여를 통해 자발적인 억지를 유도하는 전략이 바로 보증전략이다. 억지전략이 기존의 권력관계를 유지한다는 전제하에 추진되는 전쟁 방지의 수단이라면, 보증전략은 상대방의 선호도와 취약성을 간파하여 선의의 규범을 지향하는 혼합전략이다.[132)] 그러나 이런 보증에 의한 억지도 항상 협의의 이해관계 증진을 목표로 한다. 이런 점에서 보증전략은 '자기억지'를 유도하고 협력에 대한 보상과 일방적인 자제를 지향하는 것은 아니며, 상대방이 일정한 한계를 넘어서는 경우에는 단호하게 대응하겠다는 의지도 중요한 요소가 된다.

---

131) 민병원(2017) "군사전략론으로 보는 사이버안보". 김상배 엮음, 사이버안보의 국가전략. 사회평론, 서울, p. 45.
132) 위의 논문, p. 56.

제4절 네트워크마비전 개념의 필요성과 억지 효과

1. 사이버 작전환경의 변화

사이버전 기술의 급격한 변화 속에 사이버억지를 위해 군사적으로 요구되는 능력을 도출하기 위해서 우선 과거의 사이버공격 사례들에 대한 분석을 통해서 사이버전의 변화되는 작전환경을 도출해 보는 것이 중요하다.

지금까지의 수많은 사이버공격 사례 중에서 일반적인 사이버범죄의 성격을 넘어서 국가 주도의 국제적인 사이버전쟁이라고 할 수 있는 사례를 보면, ① 2007년 러시아의 에스토니아에 대한 사이버공격, ② 2009년 러시아의 조지아에 대한 DDoS 공격에 이은 재래식 병행공격, 그리고, ③ 2007년의 이스라엘의 시리아 핵시설에 대한 공중공격 이전에 수행했던 사이버공격, ④ 2010년 미국과 이스라엘에 의한 이란의 폐쇄망인 원자력시설에 대한 Stuxnet 공격, ⑤ 2017년 미국의 북한 폐쇄망인 무수단 미사일망에 대한 '발사의 왼편작전(Left of Launch)' 등을 주목해 볼 필요가 있다.

우선, 약 85,000여 대의 컴퓨터가 동원되어서 3주간이라는 유례없는 장기간에 걸쳐서 58개의 에스토니아 주요 웹사이트 서비스를 중단시켰던 ① 2007년 러시아의 에스토니아 사이버 DDoS 공격이나, 2차에 걸쳐서 조지아의 정부와 민간 웹사이트를 DDoS 공격으로 기능을 마비시키고 이어서 재래식 공격을 감행하였던 ② 2008년 러시아의 조지아 사이버공격은 인터넷망을 대상으로 하는 전형적인 사이버공격이라고 할 수 있다.[133]

그러나 ③, ④, ⑤의 사이버공격의 경우는 상황이 다르다. 각각의 사이버전 공격

133) 장노순(2012) "사이버 무기와 국제안보". 제주평화연구원, JPI 정책포럼 세미나 발표자료(2012.10월), pp. 3-4.

방식이 상이하고 매우 진화적이다. 첫째, ③ 2007년 이스라엘의 시리아 핵시설에 대한 공중공격 작전은 이스라엘 공군이 F-15I, F-16I 전투기 10대와 전자전기 1대를 이용하여 시리아 방공망을 무력화하고 공군의 피해 없이 목표한 시리아의 핵시설을 파괴한 일명 '오차드 작전(Operation Orchard)'이라는 군사작전이었다.[134] 그런데 여기에는 두 가지 특징이 있다. 하나는, 시리아의 핵시설을 공중공격으로 파괴하기 전에 이스라엘의 전자전기가 이용됐으며, 이 전자전기에는 'SUTER 3'라는 전자전 프로그램을 탑재하여 시리아의 방공 네트워크시스템에 오작동을 일으켜 이스라엘 공군기의 접근을 감지하지 못하게 하는 전자전을 선행했다는 점이다. 또 하나는, 이 전자전 수행방식이, 나중에 알려진 바에 의하면, 공습전에 미리 비밀리에 심어진 해킹장치를 시리아군의 레이다 전자장비내에 탑재케 하였다가, 이를 'SUTER 3' 프로그램으로 실시간에 작동시켜서 시리아 방공망 운용요원들이 엉뚱한 레이더 영상을 보게 만드는 방법으로 방공레이더 탐지능력을 무력화시켰다는 점이다.[135] 따라서, 이 작전은 단순한 사이버전의 방식을 넘어서 시리아의 방공망이라는 폐쇄망에 대하여 사이버전과 전자전 공격의 협조된 작전이었다는 점에서 진화된 사이버전의 최초의 사례가 되었다.

둘째로, ④ 2010년 이란의 원자력시설에 대한 미국과 이스라엘의 Stuxnet 방식의 사이버공격은 또 다른 형태의 진화된 사이버공격이다. 이 공격은 이란의 나탄즈 소재의 우라늄 농축시설을 파괴할 목적으로 시도되었으며, 농축시설을 제어하는 ICS(산업제어시스템)의 MS윈도우 기반의 응용프로그램을 공격하고 파괴한 사이버공격 작전이었다. 당시 6,000여대의 컴퓨터를 감염시키고 이란의 핵 활동을 2년 정도 지연시킨 치명적인 결과를 가져온 성공적인 작전이었다. 이 Stuxnet 방식의 사이버공격은 기존의 사이버공간에서의 인터넷 네트워크를 통한 공격 방식이 아니었다. 이란의 핵시설은 외부의 인터넷망과 차단된 독립망이자 폐쇄망이었기

134) https://ko.wikipedia.org/wiki/orchard operation (2021.10.21.일 검색)
135) David A. Fulghum(2007) "Why Syria's Air Defense Failed to Detect Israelis". *Aviation Week and Space Technology*. p. 10.

때문에 인터넷망을 통한 네트워크 침투는 불가능하였으므로 사람에 의해서 USB 또는 CD를 통해서 직접 접속하여 웜 바이러스를 침투시켰고, 나중에는 인터넷에 연결된 컴퓨터를 감염시켜 확산된 공격방식이었다.[136] 이 Stuxnet 사이버공격은 인터넷망이 아닌 독립된 폐쇄망에 대한 직접접속 방식에 의한 '세계 최초의 정밀 유도 사이버 무기'로 평가될 정도의 치명적인 사이버공격이었다.

셋째, ⑤ 2017년 미국의 북한 폐쇄망인 무수단미사일망에 대한 '발사의 왼편작전(Left of Launch)'은 또 다른 형태의 사이버공격 작전이었다. 북한이 2016년부터 무수단미사일을 시험발사 했는데, 8회 중 7회를 실패하는 결과가 되었으며,[137] 그 실패원인을 당시에는 알지 못하고 의문이 증폭되었다가 이듬해 2014년 3월, 뉴욕타임즈의 미국의 '발사의 왼편작전(Left of Launch)'에 대한 보도이후 의문이 어느 정도 해소되었다. 미국의 뉴욕타임즈는 "2014년 초 오바마 행정부가 북한의 핵·미사일 기술진전을 늦추기 위해 '발사의 왼편작전(Left of Launch)'이라는 작전명으로 사이버와 전자전 능력증강에 나선 이후에 북한 미사일 개발이 현저한 속도로 실패하기 시작했다"라고 소개하고, 더 나아가서 무수단미사일에 대해서는 "그 실패율이 88%에 달한다"라고 보도한 바 있다.[138] 미 국방성은 북한 미사일에 대해 '발사의 왼편작전'을 시행했다고 공식적으로 발표하거나 인정하지 않았다.

그러나 뉴욕타임즈의 이러한 보도로 인하여 비공식적으로 그 시행여부를 추정할 수 있는 것이다. 즉, 보도 내용에 따르면, 미사일 발사 직전에 사이버전+전자전 기술에 의해서 미사일 네트워크에 침투하여 기능을 무력화함으로써 발사를 실패하게 만든 비살상 사이버공격 작전을 수행한 것임을 시사한 것이다. 따라서 이 작전의 특징은 미사일망 역시 폐쇄망이므로 인터넷망을 통한 사이버공격은 불가능한 작전 환경이므로, 그렇다고 이란 원자력발전소에 대한 Stuxnet 방식의 직접접속 방식

136) 장노순(2012) 앞의 논문, pp. 5-7.
137) 조선일보, 2017.3.6.일자.
138) New York Times, 2017.3.4.일자, "Trump Inherits a Secret Cyberwar Against North Korean Missiles (북한 미사일 대응에 관한 트럼프가 물려받은 비밀 사이버전)" 보도 기사 참조. https://www.nytimes.com/2017/03/04/world/asia/north-korea-missile-program-sabotage.html. (검색일: 2021.6.15.)

이 아니라, 무선 전자파에 사이버 프로그램을 탑재하고 전파를 이용하여 원격으로 접속한 사이버전자전 방식의 사이버공격작전의 형태라는 점이다. 즉, 사이버전과 전자전의 각각의 능력으로는 불가능하며 시너지 효과를 발휘할 수 있도록 통합된 사이버전자전 능력인 것이다.

이와 같은 세 가지의 사이버공격 사례를 도표로 비교해보면 〈표 3〉과 같다.

〈표 3〉 주요 사이버공격 사례 비교 분석

구 분	시리아 핵시설 공중공격 (2007년)	이란 핵시설 Stuxnet 공격 (2010년)	북한 미사일 '발사의 왼편작전' (2017년)
사이버공격 대상	시리아 방공망	농축시설 ICS (산업제어시스템)	미사일 통제 네트워크
공격 수단	공중전자전기 SUTER-3 프로그램	USB, CD	원격 전자공격
공격 방식	사전에 침투시킨 악성코드 프로그램을 전자공격으로 실행시킨 방식	폐쇄망에 대해 사람에 의해 직접 USB 또는 CD 접속	전자파에 사이버 악성코드 탑재후 무선공간에서 원격접속
공격 결과	방공망 무력화로 이스라엘 공군기 접근 미인지	농축시설 ICS시스템 기능 무력화 및 컴퓨터 6,000여대 웜 바이러스 감염	미사일 시험발사중 수회 실패
종합 평가	전자전, 사이버전	사이버전	사이버전자전

따라서 〈표 3〉에서 제시된 사이버공격의 세 가지 사례에서만 보더라도 사이버공격의 진화되고 발전된 형태를 알 수 있다. 이러한 사이버공격의 진화된 형태로 미루어 보면, 기존의 사이버공간 속에서의 사이버공격을 넘어서 사이버공격의 작전 환경이 다음과 같이 확대되고 있다.

첫째, 사이버공격이 이루어지는 대상이 상대방의 사이버공격에만 대응하는 것이 아니라 원자력발전소 또는 핵 · 미사일시스템 등 사회기반시설과 군사적인 위협수단에 대해서도 이루어지고 있다는 점이다. 둘째, 인터넷망 뿐만 아니라 폐쇄망 또는 독립망에 대해서도 사이버공격이 이루어지고 있으며, 셋째, 따라서, 사이버전쟁이 비단 사이버공간에서만 이루어지는 것이 아니라 무선공간, 즉 전자기스펙트럼 공간에서도 이루어지고 있다는 점이다.

2. 새로운 사이버 작전환경과 네트워크마비 개념의 필요성

이와 같은 사이버 작전환경의 변화를 고려하면 성공적인 사이버공격을 위해서는 어떤 능력이 요구될까? 그러한 성공적인 사이버공격 능력을 사이버억지라고 할 수 있을까?

일반적인 의미의 사이버억지는 적의 사이버공격을 사전에 단념하도록 하는 응징과 보복을 과시하거나 신호를 보냄으로써 상대방이 사이버 공격의 의지를 포기하게 하는 전략이다.139) 그러나 군사적인 관점에서 보면, 비단 상대방의 사이버공격 뿐만 아니라 미사일 또는 다른 네트워크화 된 무기체계에 의한 위협 및 공격이라고 하더라도 사이버전 수단으로 대응공격 및 무력화가 가능하다는 것이 이미 인정되어 있다. 그렇다면 이러한 폭넓은 사이버공격 능력을 사이버억지의 범주에 포함될 수 있는가에 대한 논란이 있을 수 있지만, 최소한 사이버억지의 효과가 있다는 것은 분명한 사실이다. 이러한 관점에서 앞에서 언급한 바와 같이, "사이버억지 군사전략이란 적의 사이버공격 또는 미사일공격 등에 대해 사이버전 수단에 의한 응징과 보복을 과시하거나 신호를 보냄으로써 상대방이 공격의 의지를 포기하게 하는 전략"이라고 폭넓게 정의할 수 있다는 문제를 제기하였고, 새로운 사이버 작전환경속에서 성공적인 사이버억지 효과를 위해서는 어떤 요구능력이 필요한가에 대해 검토해 볼 필요가 있다.

---

139) 장노순 · 김소정(2016) "미국의 사이버전략 선택과 안보전략적 의미". 정치정보연구, 19(3), p. 63.

일반적으로 억지가 성공하기 위해서는, 과거 냉전기의 핵억지의 성공요인으로 제시된 것처럼, 다음 세 가지의 요건이 충족되어야 하며, 사이버억지에서도 마찬가지로 이러한 요건이 충족되어야 한다는 것이 공통적인 견해이다. 첫째, 억지능력의 확보, 둘째, 억지위협의 신뢰성, 그리고 셋째, 억지위협의 전달이다.[140] 이러한 핵억지의 성공요인을 사이버억지 영역에서도 적용해보면 충분한 타당성이 있다고 보여진다.

먼저, 억지능력의 측면에서 보면, 이란 원전을 무력화하고 피해를 입혔던 Stuxnet이나, 미사일과 같은 폐쇄망에 대해 발사직전 교란을 목표로 하는 미국의 '발사의 왼편작전'을 통한 사이버전자전은 실제로 그 능력은 상대방이 받아들이기 힘든 정도의 치명적인 피해라고 할 수 있다. 즉, 상대방이 받아들이기 힘든 정도의 치명적인 피해가 있는 보복능력을 가질 때 억지능력이 있다고 볼 수 있는 것이다. 그러나, 사이버전에서의 보복 수단이 반드시 사이버 수단 및 사이버공간으로 한정될 필요가 없다는 것이다. 방어국가가 경제적이든, 군사적이든, 사법시스템이든 어떤 수단을 통해서도 보복할 수 있다고 보는 것이 일반적인 견해이다.[141]

둘째, 억지위협의 신뢰성을 높이기 위해서 방어자의 사이버 공격능력을 노출시키는 것이다. 미국이 폐쇄망인 미사일 네트워크에 대해 '발사의 왼편작전'을 연구하였고, 그 사실을 언론을 통해서 은연중에 공개함으로써 그러한 능력이 사실이라는 것을 믿게 만든 것은 신뢰성을 제고하는 효과를 가지게 된 것이다. 미국이 사이버전을 관리하고자 하는 사령부를 설립하고, 여기에 필요한 예산 자원 인력의 범위를 공개하는 것도 신뢰성을 높이는 데 도움이 된다. 따라서, 공격자가 사이버 공격을 했을 때, 어떤 보복조치가 있을 수 있다는 것을 인식하게 함으로써 공격을 하지 못하게 하는 효과를 갖게 되는 것이다.

셋째, 억지위협의 전달의 효과를 높이기 위해서는 억지전략을 천명하는 것이 중

140) Amir Lupovici(2011) "Cyber Warfare and Deterrence: Trends and Challenges in Research". *Military and Strategic Affairs*, Vol. 3, No. 3, pp. 52-53.
141) Joseph S. Nye(2017) "Deterrence and Dissuation in Cyberspace". *Internatuonal Security*, Vol. 41, No. 3, p. 55; Amir Lupovici(2011) op. cit. p. 54.

요하다. 억지전략의 효과는 특정 공격자의 위협유형에 맞춘 억지력과 의지를 갖추고 있어야 증대된다. 사이버 억지전략은 잠재적인 사이버 공격자가 사이버 방어자의 응징역량과 의지가 확고하다는 것을 믿어야 성공한다. 다시 말해서, 억지전략을 천명한 국가는 자신의 역량과 의지를 잠재적인 공격자에게 확실하게 전달함으로써 공격자의 행위에 영향을 미칠 수 있다.[142] 이러한 관점에서 지난 3월 미국의 바이든 정부가 출범하여 대북 전략을 검토하는 과정에서 북한의 핵·미사일에 대한 오바마 정부 당시의 '발사의 왼편작전'을 강화하겠다고 언급한 내용을 언론을 통해서 대외적으로 노출[143]한 것은 바로 이러한 사이버억지 전략의 의지를 전달하기 위한 의도적인 조치로 볼 수 있다.

그러나, 이러한 억지의 세 가지 성공요인은 넓은 의미에서의 일반적인 개념이다. 사이버수단에 의한 억지효과를 달성하기 위해서는 군사전략적인 관점에서 볼 때, 이러한 성공요인이면 충분할까?

앞에서 언급한 것처럼, 일반적인 사이버범죄 수준을 넘어서 군사시설과 장비에 대한 사이버공격, 인터넷망이 아닌 폐쇄망에 대한 사이버공격, 사이버공간이 아닌 무선공간에서의 사이버공격 등 진화된 사이버 작전환경을 고려할 때, 사이버수단에 의한 억지를 달성하기 위한 군사적인 수행전략의 관점에서 보면, 추상적인 성공조건만으로는 효과적인 억지 전략에 대한 설명이 부족하다. 진화하는 사이버 작전환경에 부합하는 보다 구체적이고 군사적인 능력이 요구된다.

따라서 이러한 국제적인 사이버전 작전환경을 고려하여, 사이버수단에 의한 억지 효과를 달성하기 위한 사이버 군사전략의 성공적인 수행을 위해서는 다음과 같은 능력이 요구된다.

첫째, 작전수행 대상 측면에서, 공격국의 사이버공격 뿐만이 아니라 핵·미사일 위협 또는 네트워크 무기체계에 대해서도 사이버수단으로 대응 또는 보복할 수 있어야 진정한 억지능력을 가지고 있다고 할 수 있다는 점이다.

---

142) 장노순 · 한인택(2013) "사이버안보의 쟁점과 연구 경향". 국제정치논총, 53(3). p. 594.
143) 중앙일보, 2021.3.3.일자, "발사 전 격멸시킨다. 오바마 이어 바이든 꺼낸 대북전략"

둘째, 작전수행 범위 측면에서, 사이버영역과 전자기스펙트럼 영역간의 공동사용 기술이 확대됨에 따라 단순히 사이버공간만이 아니라 무선공간에서의 전자기스펙트럼을 이용한 공격능력을 가져야 한다.

셋째, 작전수행 수단 측면에서, 단순히 사이버공간에서의 사이버전 수단만이 아니라 무선공간에서의 전자전을 통한 수단도 통합된 사이버전+전자전의 수단이 강구되어야만 인터넷망 뿐만 아니라 폐쇄망에 대한 공격 및 억지능력을 갖게 된다.

넷째, 작전수행 성과 측면에서, 단순히 공격국과의 전쟁에서 정보우세를 달성하거나 여건조성에 기여하는 정도의 작전성과가 아니라 잠재공격국이 위협 또는 공격 자체를 하지 못하고 포기하게 만들 수 있는 치명적인 피해를 줄 수 있는 정도의 작전성과 달성 능력을 보여줌으로써 억지에 대한 신뢰성을 가져야 한다.

다섯째, 작전수행 의지 측면에서, 전쟁시에 적의 전투력을 무력화시키기 위한 기동, 화력 등 타 전상기능과 통합전투력을 발휘하고자 하는 능력과 의지도 중요하지만, 전쟁 이전 평시에도 공격국의 테러 또는 도발 등을 시도하면 즉각 보복할 수 있는 능력을 갖추고, 필요시 선제자위권 측면에서 즉각 선제공격을 수행할 수 있다는 의지를 전달할 수 있어야 한다.

추가적으로 작전수행 방법 측면에서, 사이버억지를 위한 선제공격시에도 즉각적인 보복을 회피하려면 물리적인 파괴 방법보다 비파괴적이고 비살상적인 방법이면서도 그 기능을 무력화할 수 있는 수단과 방법이 고려될 필요가 있다. 그러나, 사이버억지를 달성하기 위한 수단이, 앞에서 언급한 것처럼, 굳이 사이버수단에 한정할 필요 없이 경제, 외교, 특히 군사적인 수단으로도 강구될 수 있다는 것이 학자들의 일반적인 견해인 점을 고려할 때, 반드시 비살상적인 방법을 성공조건으로 한정할 필요는 없을 것이다.

따라서, 요약하면, 사이버 군사전략의 요구능력은 첫째, 작전대상 측면에서의 다양한 위협에 대한 보복능력, 둘째, 작전범위 측면에서의 사이버영역 뿐만 아니라 전자전 영역과 교차영역에서의 작전수행 능력, 셋째, 작전수단 측면에서의 사이버전+전자전 능력, 넷째, 작전성과 측면에서의 상대방의 공격의지를 말살시킬 수 있는 수준, 다섯째, 작전의지 측면에서의 전·평시 자위적 선제공격 의지 등 다섯 가지 측면에서 억지의 능력과 억지의 신뢰성 그리고 억지의지의 전달이 보장되어야 할 것이다.

그러면, 이러한 새로운 사이버 군사전략의 요구능력을 충족할 수 있는 사이버 전략은 어떤 성격인가? 일반적인 사이버공격 또는 사이버억지라고 할 수 있을까? 위에서 언급한 것처럼, 그 위협대상에 있어서도 사이버공격만을 대상으로 하지 않으며, 그 범위도 사이버공간의 범위를 넘어서고, 수단에 있어서도 사이버 수단 그 이상의 수단이 요구되기 때문에 단순히 새로운 사이버공격으로 보기에는 적절치 않다고 보여진다.

바로 이러한 관점에서 새로운 사이버공격 능력이 요구되는 사이버 전략은 '네트워크마비전략' 이라는 명칭으로 개념을 설정하고자 한다. 즉, 네트워크마비전략이란 첫째, 상대방의 사이버공격에 대한 대응 뿐만 아니라 핵·미사일 네트워크 및 네트워크화 된 재래식 무기까지 그 대상으로 하며, 둘째, 사이버공간 뿐만 아니라 무선공간을 포함하고, 셋째, 사이버공격 뿐만 아니라 전자공격까지 포함하여, 넷째, 상대방의 공격의지를 말살할 수 있는 수준으로, 다섯째, 전시 뿐만 아니라 평시에도 자위권적 선제공격의 의지와 능력을 가질 수 있는 개념인 것이다.[144] 이러한 네트워크마비전략 개념이 사이버억지인가 하는 개념설정은 여러 가지 해석이 가능하므로 여기에서는 우선 네트워크마비전략 개념은 분명 억지 효과가 있음을 강조하고자 한다.

---

144) 네트워크마비전략에서 내포되어있는 네트워크의 의미는 광범위한 개념으로 사용하고 있다. 첫째, 사이버공간에서의 인터넷을 연결하는 유·무선 네트워크, 둘째, 인터넷과 단절된 폐쇄형의 인트라넷 유·무선 네트워크, 셋째, 인터넷망과 인트라넷망 등 상호연결된 지역개념의 네트워크 외에도 군사적인 독립된 무기체계 즉, 대포병레이더 또는 방공레이더 등 무선공간에서의 안테나로 연결되는 무선 네트워크 등을 모두 포함하는 개념이다. 즉, 군사부문의 전장관리체계 및 네트워크화 된 무기체계와 사회기반시설 등의 유·무선 네트워크 등 사이버공격 및 전자공격이 가능한 군과 사회의 모든 네트워크를 포함하는 광의의 개념이다.

3. 네트워크마비전략 개념의 억지 효과

사이버전자전 수행을 통해 상대방의 인터넷망 뿐만 아니라 폐쇄망인 무기체계 네트워크까지도 무력화시키고자 하는 네트워크마비의 개념은 어떤 억지효과가 있을까?

미국의 '발사의 왼편작전'은 그 자체는 억지라기 보다는 미사일 방어를 위한 작전이었다. 그러나 미사일 발사를 무력화시킨 공격능력과 실제 공격으로 실행에 옮긴다는 신뢰성 그리고 도발을 억지하기 위해 선제공격을 할 수 있다는 의지를 실제로 수행함으로써 억지의 효과를 가질 수 있다. 즉, 기존 사이버공간이 아닌 미사일망과 같은 폐쇄망이라고 하더라도 사이버전 수단으로 폐쇄망 전반에 대한 작전능력을 갖출 경우 보복에 의한 억지효과를 거둘 수 있다는 점을 보여준 것이다. 또한, 핵억지와 달리 억지에 실패하여 전쟁으로 전환된다고 하더라도 공격무기로 사용될 수 있다는 것을 증명한 것이다.

억지란, 앞에서도 언급한 것처럼, 실제 행동으로 얻는 이익보다 손실이 더 크기 때문에 공격이나 도발 등의 행동을 하지 못하도록 포기하게 만든다는 의미이다. 따라서 반복될 수 있는 적의 도발에 대해 언제든지 공격수단으로 사용할 수 있는 '발사의 왼편작전'의 경우는 그러한 능력을 실제로 증명함으로써 보복능력의 신뢰성을 가지고 억지의 효과를 얻게 되는 것이다. 즉, 적의 미사일 발사 네트워크를 마비시키는 능력을 발전시키는 것은 물리적으로는 공격력의 측면이지만 영향력의 측면에서는 억지효과를 거둘 수 있는 것이다.

이러한 의미에서 네트워크마비전의 개념 역시 작전수행 그 자체는 공격행위이지만 다음과 같은 억지효과를 가지고 있다고 할 수 있다. 첫째, 네트워크마비전을 통해 상대방의 사이버공격 뿐만 아니라 미사일 발사 등 네트워크화 된 무기체계의 일반적인 군사공격에 대해서도 선제적 공격 및 사후적 보복능력을 갖춤으로써 적이 도발하지 못하도록 억지하는 효과가 있다는 점이다. 즉, 평시 북한의 미사일 도발에 대비한 한국의 3축체계 전략 중 1축인 Kill-Chain 전략('전략목표타격'으로 용어 변경)[145] 처럼, 북한의 미사일 도발 임박징후가 높다고 판단될 때는 선제타격 할 수 있다는 전략을 공개함으로써 북한의 미사일 도발을 억지하려는 유사한 효과를 갖는다. 네트워크마비전의 개념은 그 Kill-Chain의 수단을 기존의 미사일에서 비살상 수단인 사이버전자전 수단으로 대체하는 개념이므로 보복을 최소화할 수 있다는 점에서 억지효과가 더 높은 방법이라고 할 수 있다. 둘째, 발사의 왼편 작전과 마찬가지로 설령 억지에 실패하여 전쟁으로 전환된다고 하더라도 공격무기로 사용될 수 있다는 점에서 기존의 재래식 무기에 의한 억지와 동일한 억지효과[146]를 가질 수 있다는 점이다.

그러면, 사이버억지와 네트워크마비전 개념의 억지효과는 어떤 유사점이 있고 어떤 차이점이 있을까? 우선, 유사점은 첫째, 동일하게 비살상적인 사이버 수단에 의해 수행되는 개념이라는 점이다. 네트워크마비전의 경우는 사이버전 수단 뿐만 아니라 사이버전자전 수단까지 포함하는 더 넓은 개념이지만 비살상 수단이므로 물리적인 피해를 주지 않음으로써 당장 보복을 받을 가능성은 적은 공격수단이라는 점에서는 동일하다. 둘째, 사이버억지와 네트워크마비전 개념은 공통적으로 핵억지와 달리, 억지에 실패하더라도 공격수단으로 사용될 수 있다는 점에서 기존의 재래식 무기에 의한 억지의 개념과 유사하다는 점이다.

그러나 사이버억지와 네트워크마비전의 억지효과와의 차이점은 작전수행 대상과 범위가 다르다는 점이다. 첫째, 사이버억지는 사이버공간에서 적의 사이버공격에만 대응공격하는 개념이지만, 네트워크마비전의 억지효과는 적의 사이버공격 뿐만 아니라 미사일망 또는 네트워크화 된 재래식 무기체계까지지도 공격할 수 있는 능력을 가지고 있다. 둘째, 사이버억지는 오픈된 인터넷망을 대상으로 하는 공격 및 억지 개념이지만, 네트워크마비전은 오픈된 인터넷망 뿐만 아니라 군 지휘체계망 또는 미사일망 등 폐쇄망에 대한 작전능력을 갖춤으로써 보복에 의한 공격의

145) 3축 체계 전략의 용어변경에 관하여 본 논문의 각주 4) 참조.

146) 전성훈(2004) "억지이론과 억지전략에 대한 소고". 전략연구, p. 127; John Mearsheimer(2018) "Conventional Deterrence: An Interview with John Mearsheimer". *Strategic Studies Quarterly*, Vol. 12, No. 4, p. 5 참조.

범위와 능력이 더 넓고 우세하다는 점이다. 즉, 북한과 같이 오픈된 인터넷망보다도 폐쇄망으로 국가 및 군 지휘체계를 가진 나라에 대해서도 도발억지 효과를 거둘 수 있다.

이렇게 볼 때, 네트워크마비전의 개념은 일반적인 의미의 사이버억지와 동일한 개념으로 보기는 어려우며 보다 더 확장된 개념이라고 할 수 있다. 그러나 사이버억지의 개념을 좀 더 광범위하게 해석하여, 앞에서 언급한 것처럼, 사이버공간에서의 사이버공격만을 대상으로 하는 것이 아니라 미사일망 또는 네트워크화 된 재래식 무기체계라고 하더라도 사이버전 수단에 의한 공격 및 보복능력을 갖는 것을 사이버억지의 범위에 포함하는 것으로 해석한다면 네트워크마비전의 억지효과를 사이버억지의 개념과 동일시할 수 있을 것이다.

4. 네트워크마비전략 수단으로서의 사이버전자전

네트워크마비전략은 앞에서 언급한 요구능력처럼 전시 및 평시 도발에도 적용되어 전쟁 확대를 방지하고 도발억지 능력을 가져야 한다. 평시 적용의 방법은 가급적 비파괴적 · 비살상적이며 그 수단과 방법이 불확실성을 갖는 것이 바람직하다. 따라서 요구되는 무기체계는 비파괴적 · 비물리적 · 비살상적 무기체계를 지향한다. 물리적인 파괴와 피해로 인한 상호보복을 유발하기 보다는 상대방의 물리적 피해를 최소화하면서도 더 이상의 도발이나 공격을 하고자 하는 의지를 꺾을 수 있을 만큼 그 능력을 상실하게 만드는 공세적인 무기체계를 의미한다.

이러한 공세적 무기체계로는 사이버전, 전자전 그리고 새로운 수단으로서 사이버전자전 등이 있다. 이 무기체계들은 공격주체를 불분명하게 할 수 있어서 눈에 보이지 않는 위협들이기 때문에 보복을 예방할 수 있는 무기체계인 동시에, 그 효과가 무기체계와 시스템의 기능을 마비시키기에 충분한 위력을 가지고 있기 때문이다. 이러한 무기체계에 대해서 그 능력과 특성을 구체적으로 파악해 볼 필요가 있다.

1) 사이버전과 전자전의 제한사항

가) 사이버전

사이버전(Cyber Warfare)과 전자전(Electronic Warfare)은 기존에 이미 널리 알려진 무기체계이다. 사이버전(CW)은 컴퓨터 네트워크 등을 사용하여 적의 정보체계 등을 공격하거나 방어하는 활동이다. 사이버영역에서 해킹, 컴퓨터 바이러스, DDoS, 악성코드, 피싱 등 해킹공격을 통해 국가정보통신망을 불법 침입, 교란, 마비, 파괴하거나 훼손하는 일체의 공격행위를 말한다.[147] 사이버전의 사이버공간 영역은 〈그림 1〉과 같이 컴퓨터시스템 및 통신네트워크로 구성된 정보통신망과 내장형 프로세서가 포함된 무기체계(UAV, PRE 등)가 포함되며, 소프트웨어 및 하드웨어 등을 이용하여 정보가 처리, 저장, 유통되는 공간이다.[148]

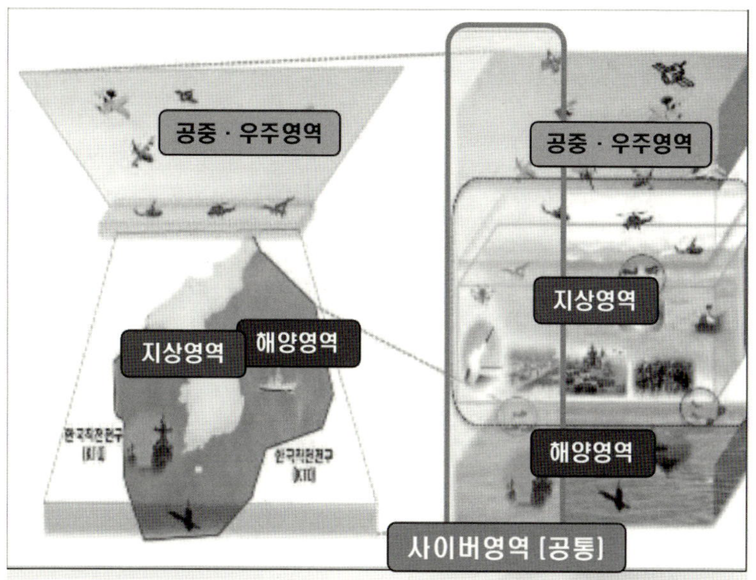

출처: 김영안 · 송운수 · 이종훈(2020) "사이버전자전 작전수행개념 및 핵심요구 능력". 육군교육사 · KRIS 편. 지상군 핵심능력 전투발전방향. 육군 2020 전투발전연구서, p. 12.

〈그림 1〉 사이버공간 영역 구분

147) 국군사이버사령부(2013) 사이버전. p. 52.
148) 합동참모본부(2017) 합동사이버작전. 합동교범 3-24 참조.

사이버공간은 지상·해상·공중·우주공간을 상호 연결하는 역할을 한다. 특히 군 내에서 운영하는 사이버공간을 국방 사이버영역이라 하는데 이는 크게 국방망, 전장망, 독립 무기체계망으로 구분할 수 있다.149)

사이버공간에는 개인, 기업 및 국가기관이 모두 혼재되어 있고, 국가간의 경계도 불명확하므로 방어자가 공격자를 식별하고, 역추적하여 보복하는 것은 매우 어렵다. 따라서 적국의 시스템이나 네트워크를 마비시키기 위한 가장 보편적으로 사용되고 있는 수단이다. 2014년 한국수력원자력 원전 해킹 사건과 2016년 우리 군 내부망 해킹 사고는 폐쇄망은 절대 뚫을 수 없다는 맹신마저 깨진 사례이다.

사이버작전(Cyber Operation)이란 사이버공간상에서 군사 목적 달성을 위해 사이버 관련 능력을 운용하는 작전을 의미하며 공세적 사이버작전, 방어적 사이버작전, 네트워크작전으로 구분한다. 공세적 사이버작전은 사이버 능력을 적에게 투사하여 적의 디지털 데이터를 조작·왜곡하거나 전장망을 마비시켜 적의 잘못된 지휘결심을 유도하는 작전이다. 방어적 사이버작전은 아군 사이버공간의 취약점을 파악 및 관리하여 아군의 사이버능력은 보장하고, 적의 사이버공격을 조기에 탐지 및 예방하여 무력화하기 위한 작전이다. 마지막으로 네트워크 작전은 컴퓨터를 통해 네트워크를 설계·구축·운영함으로써 국방 사이버영역을 창출하는 작전이다.

이러한 사이버작전은 사이버 기술이 더 발전되면서 사이버 공격양상이 점점 더 다양화되고 고도화되고 있다. 예를 들면, ① 타킷형, 서비스형 등 다양한 형태의 랜섬웨어 대량 유포, ② APT, 멀티바이징 등 다양한 악성코드 감염기법의 지능화, ③ DDoS 방법의 고도화, ④ IoT 기기 및 스마트 장비 해킹, ⑤ 사회기반시설 및 내부망 사이버 공격, ⑥ 모바일 서비스에 대한 위협, ⑦ 공용 소프트웨어를 이용한 표적 공격 등은 적국의 시스템 또는 네트워크를 마비시킬 수 있는 가장 일반적인 방법이 되고 있다.150)

그러나 사이버전은 기본적으로 인터넷처럼 유·무선 네트워크가 연결되어 있는

149) 합동참모본부(2017) 합동사이버작전. 합동교육회장 17-1 참조.
150) 육군본부(2019) 4차 산업혁명과 사이버전. p. 92.

사이버 공간내에서 IP 주소를 매개체로 이루어지는 활동이다. 즉, 유·무선 네트워크가 인터넷으로 연결되어 있지 않은 독립망이나 폐쇄망은 접속 자체가 불가한 제한점을 가지고 있다. 사이버공간은 컴퓨터와 네트워크뿐만 아니라 전자기스펙트럼을 이용하는 원격통신 및 전자기 장비도 포함되는데, 사이버공간에서 수행하는 사이버전과 전자기스펙트럼을 활용하는 전자전 사이에 공통점이 도출되었고, 사이버전에 전자기스펙트럼을 적극적으로 활용한다면 보다 효과적인 사이버작전이 가능하다.151)

따라서 현재는 사이버전과 전자전을 개별적으로 수행하는 범위에서 운영 중이나, 전자기스펙트럼을 활용하는 전자전과 사이버작전의 교차영역에서의 시너지효과를 창출하기 위해서 사이버전자전을 수행해야 한다.

나) 전자전

전자전(Electronic warfare)은 우군 전자무기체계의 효율적 운용을 보장하고, 적의 전자무기체계의 효율적인 운용을 저지시키기 위하여 전자파를 활용하는 제반 활동이다. 전자전은 전자기파 사용과 관련된 군사 활동으로 적의 전자기파를 탐지하여 징후 및 위치를 식별하고, 적의 지휘통신 및 전자무기체계 기능을 마비 또는 무력화시키며, 적의 전자전 활동으로부터 아군의 지휘통신 및 전자무기체계를 보호하여 기능 발휘를 보장하는 군사 활동이다. 전자기파는 전자기적 과정에 의해 복사되는 에너지이며, 〈그림 2〉와 같이 파장에 따라 분해하여 배열시킨 것이 전자기스펙트럼이다. 전자기스펙트럼을 활용하는 전자전은 임무 수행에 필요한 정보수집이나 작전통제 등 모든 군사작전에 활용된다.152)

전자전은 무기체계의 특징과 기능에 따라 전자공격(Electronic Attack), 전자보호(Electronic Protection) 그리고 전자전지원(Electronic Warfare Support)으

151) 송운수 · 조한승(2021) "사이버억지 수단으로서의 사이버전자전 작전수행개념". 한국군사학논집, 77(1), p. 501.

152) US Army(2017) FM 3-12, *Cyberspace and Electronic Warfare Operations*. p. 1-4.

로 구분할 수 있다. 전자공격은 적 무기의 기능저하나 무력화를 목적으로 사용하는 전자재밍, 전자기만 등 '소프트 킬'의 결과를 추구하는 비파괴적 전자공격과 대방사 미사일, 지향성 에너지 무기 등 '하드 킬'이라 표현되는 물리적 파괴능력에 초점을 맞춘 파괴적 전자공격으로 구분할 수 있다. 그러나 최근의 전자공격 능력은 적의 전투능력을 직접적으로 공격하기 위하여 전자기스펙트럼 또는 지향성 에너지의 공세적인 사용에 초점을 두어지는 추세이다. 즉, 전쟁수행 개념의 변화된 양상인 비접적 · 비선형 · 원거리전투, 네트워크중심전, 동시 통합 · 병렬 작전, 효과중심작전을 수행하는 가장 실효성 있는 방안으로 바로 전자전이 확대되고 있다.

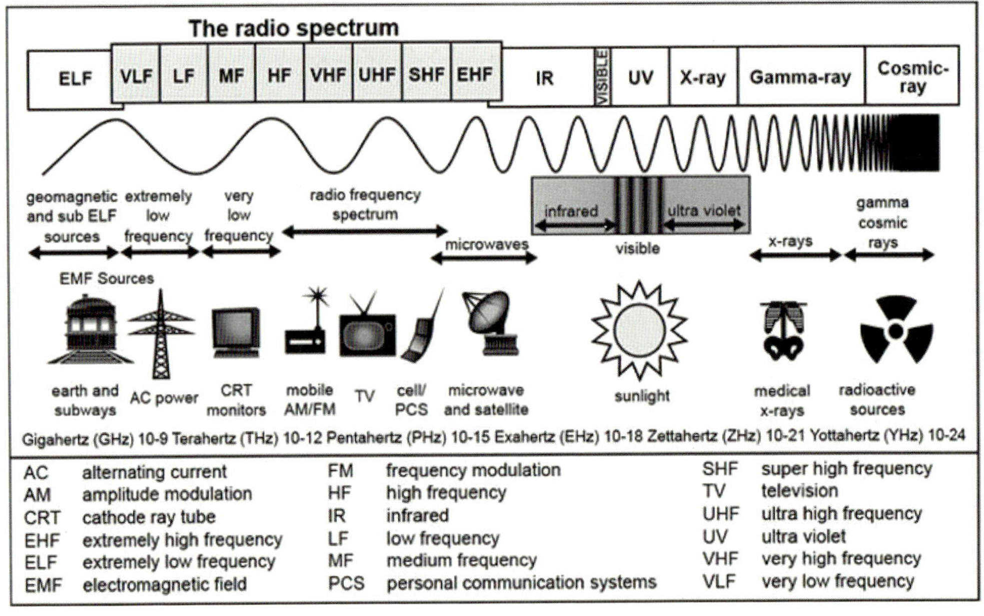

출처 : US Army(2017) FM 3-12, Cyberspace and Electronic Warfare Operations. p. 1-4.

〈그림 2〉 전자기파 스펙트럼

또한, 전자전 관련 사업들의 진전이 어루어짐에 따라 '복합전(Spectrum Warfare)'과 같은 새로운 개념도 등장하고 있다. 복합전에는 전통적인 전자전 이외에도 광학전(Optical Warfare), 항법전(Navigation Warfare), 사이버전

(Cyber warfare) 등이 추가되었다. 특히, 미래형 전자공격 무기체계로 평가받는 지향성 에너지 무기인 레이저 무기, 고출력 마이크로파 무기 등의 기술 확보와 아울러 공세적 전자전 무기체계는 스텔스 기술을 적용하여 디지털 전장 환경에서 생존율의 증가와 전장 주도권을 확보하기 위한 노력이 지속적으로 이루어지고 있으며, 또한, 적의 레이더 및 통신에 대한 전파방해를 위해 무선 주파수 송신기를 사용할 뿐만 아니라 적의 시스템에 바이러스 및 기타 파괴적인 컴퓨터 코드를 침투시켜 적의 시스템을 도용하거나 무력화시킬 수 있는 사이버전자전 기술이 발전하고 있다.[153]

미군들은 이라크전쟁에서 최초로 전자기펄스(EMP: Electro-Magnetic Pulse) 폭탄을 사용하여 이라크의 통신망, 지휘통제체계, 컴퓨터네트워크, 미사일체계를 전면적으로 마비시켰으며 미군의 피해를 최소로 한 물리적인 전쟁 수행을 가능하게 했다. 이처럼 전자기스펙트럼을 아군이 적절히 활용하면 적보다 유리한 작전상황을 만들어 갈 수 있지만 반대로 적이 이를 활용한다면 아군의 사이버공간과 무기체계시스템에 교란이 올 수 있다.

전자전은 IP 주소를 갖는 사이버공간이 아니라도 전파를 이용하여 안테나만 있으면 접속할 수 있는 장점이 있다. 다만 그 효과가 기능의 무력화 보다는 일시적인 방해 또는 교란으로 미약하다. 전자공격은 재밍 중에는 공격이 유용하나 재밍이 중단되면 재밍대상은 정상상태가 된다. 또한, 재밍대상이 재밍신호를 분석하여 공격자 위치를 역추적할 경우 역공격을 당할 수도 있다. 이에 비해 사이버전자전은 전자전에 비해 단발성 공격을 하더라도 시스템 마비를 통해 회복이 불가한 치명적인 효과를 얻을 수 있다. 따라서 사이버전자전을 통해 적의 전자전 수행으로부터 아군의 사이버공간은 보호하면서 적의 사이버공간을 전자기스펙트럼을 활용해서 사이버 공격할 수 있는 개념이 필요하다.[154]

---

153) 김권희 · 강경아(2013) "미국의 전자전 및 복합전 체계개발 동향". 국방과학기술정보, 42호, p. 118.
154) 김영안 · 송운수 · 이종훈(2020) "사이버전자전 작전수행개념 및 핵심요구 능력". 육군교육사 · KRIS 편. 지상군 핵심능력 전투발전방향. 육군 2020 전투발전연구서, p. 14.

2) 새로운 수단으로서의 사이버전자전의 필요성

사이버공간이 점점 확대되고 전자기스펙트럼의 사용이 늘어남에 따라 사이버공간과 무선 네트워크 공간이 중첩 또는 공유되기 시작했다. 시간이 흐르고 기술이 발전될수록 정보시스템과 네트워크의 무선 구간이 점차 확대되어 가고 있기 때문에 중첩되는 구간은 더욱 넓어지고 있다. 사이버공간 영역은 컴퓨터와 네트워크뿐만 아니라 무선통신 및 전자기 장비를 통해 연결되기 때문이다. 현재는 사이버전과 전자전이 각각 개별적으로 수행하는 범위에서 운영 중이나, 전자기스펙트럼을 활용하는 전자전과 사이버공간을 사용하는 사이버작전의 교차영역에서의 시너지 효과를 창출할 수 있는 여지가 있는 것이다.

이러한 환경에서, 위에서 언급한 바와 같이, 사이버전은 기본적으로 인터넷처럼 유·무선 네트워크가 연결되어 있는 사이버 공간내에서 IP 주소를 매개체로 이루어지는 활동이다. 즉, 유·무선 네트워크가 인터넷으로 연결되어 있지 않은 독립망이나 폐쇄망은 접속 자체가 불가한 제한점을 가지고 있다. 반면에, 전자전은 IP 주소를 갖는 네트워크 공간이 아니라도 안테나만 있으면 접속할 수 있다. 다만, 그 효과가 일시적인 방해 또는 교란으로 미약하다. 따라서 사이버전자전을 통해 적의 전자전 수행으로부터 아군의 사이버공간은 보호하면서 적의 사이버공간을 전자기스펙트럼을 활용해서 사이버 공격할 수 있는 개념이 필요하다.[155)]

한 국가의 무기체계와 관련된 네트워크는 폐쇄망으로 구성돼 침투 및 무력화에 제한사항이 많다. 인터넷망과 연결되어 있지 않은 폐쇄망으로 운영되는 네트워크에 침투하기 위해서는 인적요소에 의한 네트워크와의 접속이 이루어져야 한다. 즉, 내부자 혹은 특수작전 요원이 악성코드가 주입된 USB를 직접 네트워크에 접속하는 방법이 지금까지 가장 많이 사용된 방법이었다. 이런 인적요소에 의한 방법은 제한사항이 많아 실제 전시에 활용되기에는 어려움이 많은 것이 현실이다. 그러나 현대의 네트워크는 유선환경과 무선 전자기파를 연결하여 물리적 거리 제

155) 김영안 · 송운수 · 이종훈(2020) 앞의 논문, pp. 16-17.

약성을 극복하는 경우가 증가하고 있으며 이로 인한 무선 구간의 전자공격 취약성이 대두되고 있다. 적이 이용하는 전자기파의 무선 구간과 네트워크의 연결접점만 확보할 수 있다면 무선 구간을 통한 폐쇄 네트워크의 침입도 가능하게 될 것이며 궁극적으로는 적 전술통신망에 악성코드를 장입함으로써 공격자의 의도에 따라 동작을 수행하도록 네트워크 시스템의 제어권 탈취가 가능하다. 이러한 공격방법이 바로 사이버전자전 공격의 한 형태이다.156)

미 해군이 적용하고 있는 'RF-enabled Cyber'(무선주파수 사용 사이버)의 개념도 동일한 형태이다. 미 해군 대서양 사령관 존 마이어(John Meier) 소장은 이제 위상 배열, 고급 전파방해 기술을 수행할 수 있게 되면서 기존 전자전과 사이버전 사이에 경계가 흐려지기 시작했다고 지적하고, 'RF-enabled Cyber'로 알려진 전자전 시스템에서 더 많은 사이버전 기능이 가능하다고 언급하였다. 미군들은 적들이 점점 더 지능화되어서 군 작전용 시스템은 인터넷과 독립된 유선 네트워크(독립망, 또는 폐쇄망)로 운용하여 쉽게 엑세스할 수 없기 때문에 사이버 작전에서 'RF-enabled Cyber'(무선주파수 사용 사이버)의 역할이 점점 더 커지고 있다고 보고 있다. 유선 네트워크(폐쇄망)에 대해서는 적의 레이더 시스템 또는 전파방해 수신안테나가 사이버 효과를 위한 액세스 지점이 될 수 있으며, 이러한 독립시스템에 대한 사이버 효과를 위해서는 적의 시스템에 대하여 전자기스펙트럼을 통해서 사이버공격을 위한 소프트웨어를 인코딩할 수 있어야 한다고 인식하고 있다.157)

이와 같이 인터넷과 독립된 유선 네트워크(폐쇄망)에 대하여 직접 사람에 의해 접근해야 하는 인적요소에 의한 사이버공격의 제한사항을 극복하기 위하여 군사선진국은 'RF-enabled Cyber'(무선주파수 사용 사이버) 즉, 사이버전자전에 대하여 관심을 가지고 운영개념을 발전시켜 왔으며 실제 전장에 적용하고 있다. 미

---

156) 황성인(2020) "항공우주군 도약을 위한 사이버전자전 발전방안 연구". 공군사관학교, 군사과학논집, Vol. 71, No. 1, p. 42.

157) Mark Pomerleau(2021) "US military to blend electronic warfare with cyber capabilities". https://www.c4isrnet.com/electronic-warfare/2021/04/14/us-military-to-blend-electronic-warfare-with-cyber-capabilities/ (검색일 : 2021.12.12.)

육군에서는 사이버 · 전자기활동(CEMA)의 개념을 정립하고 교리화 하였으며 최근에는 사이버전자전을 수행하기 위한 5개의 전문 부대를 조직하였다. 사이버전자전을 담당하는 광범위한 조직을 편성하여 여단에서부터 구성군사령부에 이르는 모든 제대에 사이버전자전 작전을 계획, 조율, 통합하고 전자기파를 관리하는 사이버 · 전자기활동(CEMA) 조직을 구축한 것이다.

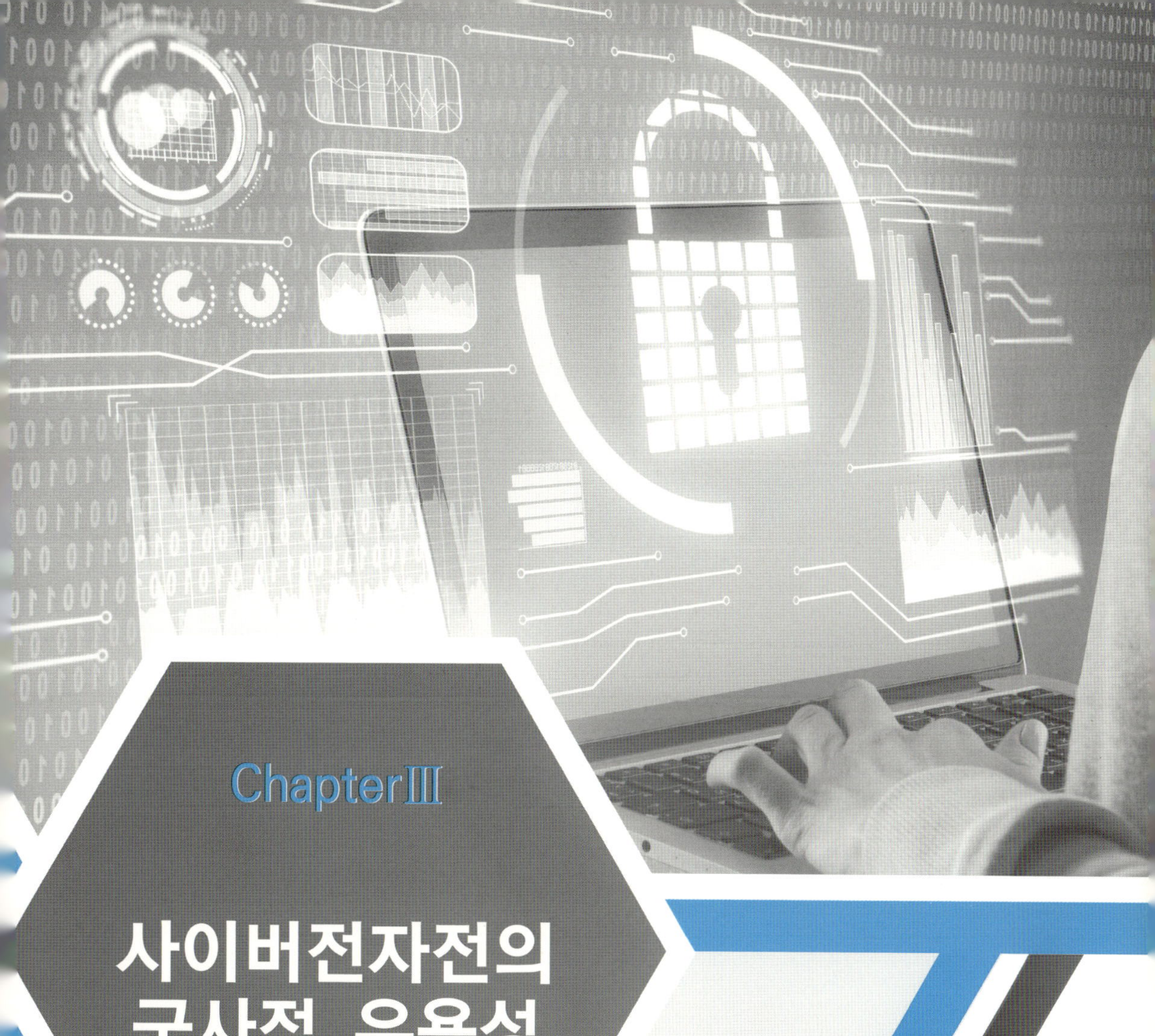

Chapter Ⅲ

사이버전자전의 군사적 유용성

사이버전자전의 군사적 유용성

제1절 사이버전자전의 개요

1. 기본 개념

우리가 사용하고 있는 사이버전자전의 개념과 용어는 미군이 사용하는 개념과 용어에서 부터 시작되었다. 미군들은 'CEW(사이버전자전)'라는 용어와 'CEMA(사이버 · 전자기활동)'라는 용어를 구분하여 사용하고 있고, 이러한 개념에 따라 우리는 '사이버 · 전자전'이라는 용어와 '사이버전자전'이라는 용어로 구분하여 사용하고 있다. 따라서 미군 개념으로부터 용어의 차이를 명확하게 인식할 필요가 있다.

1) 미 육군의 사이버 · 전자기활동(CEMA)의 개념

사이버전자전이 가장 발전한 미국의 경우 사이버전자전은 육군을 중심으로 발전하였다. 미군의 합동교리에는 사이버전자전에 대한 교리는 없고, 합동 사이버공간 작전에 대한 교리 JP 3-12[158]와 합동 전자전에 대한 교리 JP3-13.1[159]로 나누어져 있다. 미 육군에서는 '사이버전자전'이라는 용어를 사용하지는 않고, 사이버작전과 전자전을 병렬적으로 언급하면서 '사이버 · 전자기활동(CEMA)'[160]이라는 용

158) 미 합동교범 JP 3-12, 2018.6.
159) 미 합동교범 JP 3-13.1, 2012.2.

어를 통해 통합된 작전을 수행하는 개념으로 교범 FM 3-38에 정립하였다. 즉, '사이버 · 전자기활동(CEMA)'을 "사이버공간과 전자기스펙트럼 모두에서 적이나 상대보다 우월함을 확보, 유지 및 활용할 수 있도록 유익하게 함과 동시에 적이나 상대의 같은 활동은 거부하거나 약화시키고 임무지휘체계를 보호하는 활동"이라고 정의하고 있다.[161]

이러한 '사이버 · 전자기활동(CEMA)'에 대한 정의는 〈그림 3〉과 같이 사이버 영역과 전자기스펙트럼의 중요성과 이것이 통합 지상작전에 미치는 영향과 중요성 증대에 미 육군이 대비할 수 있도록 하는 것으로, 이러한 '사이버 · 전자기활동'은 사이버공간작전(CO : Cyberspace Operations), 전자기스펙트럼 관리작전(SMO : Spectrum Management Operations) 그리고 전자전(Electronic Warfare)을 동시통합 함으로써 수행된다는 개념이다.

출처: US Army(2014) FM 3-38, Cyber and Electromagnetic Activities. p. 2.

〈그림 3〉 사이버 · 전자기활동(CEMA) 개념도

160) CEMA : Cyber Electro-Magnetic Activities (사이버 · 전자기활동)
161) U.S. Army(2014) FM 3-38, *Cyber and Electromagnetic Activities*. p. 1.

FM 3-38(2014)을 개정하여 2017년에 발간한 미군의 FM 3-12『사이버공간과 전자전작전』교범에 의하면, 사이버전자전을 새로운 군사영역으로 구분하고 있다. 즉, 사이버공간의 유선부분을 통해 이루어지는 정보의 전자적 전송에 관한 모든 작전요소는 사이버공간 역량을 사용하고, 사이버공간의 부분 중 전자기스펙트럼을 이용하여 영향을 주는 것은 전자전 역량이며, 사이버공간에 연결되지 않고 전자기스펙트럼에 영향을 미치는 작전은 전자전으로 구분하고 있다.162) 즉, 전자전 능력으로 전자기스펙트럼을 통해서 사이버공간에 영향을 주는 것은 전통적인 전자전과 다른 영역이며, 사이버작전이 전자기스펙트럼을 이용해서 수행하는 경우에도 기존의 유선부분을 통해서 수행하는 전통적인 사이버작전과 다른 영역이다. 따라서 사이버전자전은 기존의 사이버작전과 전자전보다 더 확장되고 높은 수준의 사이버공간과 전자기스펙트럼에 관한 정보능력과 무기체계 발전이 요구되는 독립된 새로운 군사영역인 것이다.163)

즉, '사이버 · 전자기활동(CEMA)'은 전자전(EW: Electronic Warfare)과 사이버전(CW: Cyber Warfare)의 제한점을 극복하고, 사이버공간과 전자기스펙트럼 활용을 통해 적 시스템을 무력화하면서 동시에 적의 공격으로부터 아군의 시스템을 보호하는 일련의 군사활동이다. 미 육군의 이러한 개념이 2017년 같은 해에 발간된 미군 합동개념서에도 반영이 되어, 5대 전장영역(지상, 해상, 공중, 우주, 사이버 영역) 중에서 사이버 영역에서의 활동은 사이버와 전자기스펙트럼의 기술적 연관성과 상호의존적인 특성으로 인해서 사이버공간에서의 활동을 CEMA(Cyber & Electro-Magnetic Activities, 사이버 · 전자기활동)라는 이름으로 통합하여 독립 영역으로 분류하고 있다.164)

---

162) U.S. Army(2017) FM 3-12, *Cyberspace and Electronic Warfare Operations*. p. 1-1.
163) 김진용 · 최영준(2020) "육군 사이버전자전 발전방향". 군사평론, 제467호, p. 4.
164) U.S. Ministry of Defense(2017) "Future Force Concept". Joint Concept Note 1/17, pp. 20-21.

2) 미군의 CEMA 개념에 기초한 '사이버전자전' 개념 정립

미군이 사용하는 '사이버 · 전자기활동(CEMA)'이라는 용어를 여기서 우리는 사이버전과 전자전이 통합된 별도의 교집합의 영역으로 '사이버전자전(CEW)'이라는 용어로 사용하는 것이다. 미군들의 사이버 · 전자기활동(CEMA)라는 용어는 사이버전(CW: Cyber Warfare)과 전자전(EW: Electronic Warfare)의 합집합 개념의 '사이버 · 전자전(CEW: Cyber & Electronic Warfare)'이라는 용어와 혼동을 피하고 구분하기 위해서 사용하는 용어로 이해된다. 우리 국내에서는 2017년부터 사이버전자전(CEW: Cyber-Electronic Warfare)이라는 용어를 사용하면서 미군들의 사이버 · 전자기활동(CEMA)이라는 용어와 같은 의미로 처음부터 사용하고 있는 것이다.

즉, 사이버공간이 점차 확대되고 사이버공간 내 전자기스펙트럼 사용이 대폭 증가되며 전자전과 사이버전의 교차영역이 확대됨에 따라서 사이버전자전은 사이버전과 전자전이 가지고 있는 각각의 장점을 결합시켜 시너지 효과를 창출할 수가 있다고 보는 것이다. 따라서 우리 육군에서도 '사이버전자전(CEW)'은 적의 폐쇄망 및 전장망을 목표로 직접적인 사이버공격을 가능하게 하며, 기존 사이버전의 작전 반경을 광범위하게 넓히고 대량살상무기(WMD)에 효과적으로 대응할 수 있게 하는 등 전쟁 수행에 있어 잠재력이 무궁무진하므로 사이버전자전을 차세대 게임체인저로 선정해놓고 기술개발을 진행 중에 있다.[165] 즉, 사이버전자전을 통해 적의 사이버공간을 전자기스펙트럼을 활용해서 공격할 수 있는 개념이다.

그러나 아직은 사이버전자전에 대해 명확히 일치된 개념이 부족한 상태이다. 군사선진국에서도 현재는 연구 및 발전하고 있는 초기단계로 추정되고, 사이버전자전을 '사이버작전과 전자전의 교차영역에서의 활동' 또는 '사이버작전과 전자전의

165) 육군은 차세대 게임체인저로 다음과 같은 10개 분야를 선정하고 있다. ① 레이저 무기, ② 초장사정 무기, ③ 유 · 무인 전투체계, ④ 스텔스화, ⑤ 고기동화, ⑥ 양자기술, ⑦ 생체 모방기술, ⑧ 사이버전자전, ⑨ AI의 군사적 적용, ⑩ 차세대 워리어플랫폼이다. 육군본부(2019) 2030-2050 미래지상작전 수행개념. 참조.

통합' 등 개념 정의에 차이가 있다. 따라서 군사적으로 사이버전자전을 어떻게 정의하고 발전시켜 조직 및 운용할 것인가 하는 연구는 매우 중요한 과제이다.

본 연구에서 중점을 두고자 하는 '사이버전자전'은 사이버작전과 전자전의 개념을 단순히 포함하는 물리적인 통합을 의미하는 합집합으로서의 개념과 구분하여 사이버작전과 전자전의 장점을 활용한 시너지 효과를 창출하기 위한 독립된 영역의 작전활동에 중점을 두고자 하는 것이다.[166]

바로 이러한 관점에서 육군정보학교에서는 '사이버전자전'의 용어와 정의를 다음과 같이 두 가지로 구분하여 개념을 정립하였다.[167] 첫째, '사이버 · 전자전'과 '사이버전자전'의 용어의 의미를 구분하였다. '사이버작전'과 '전자전' 그리고 '사이버전자전' 용어를 모두 사용하며, 이 세 가지 용어를 모두 포함하여 합집합 개념으로 사용하는 의미는 '사이버 · 전자전'이라고 사용한다. 즉, '사이버 · 전자전'은 '다영역작전 수행을 위해서 사이버공간과 전자기스펙트럼 환경에서 사이버전, 전자전 그리고 사이버전자전을 통합하여 운용하는 활동'이라고 정의할 수 있다.

둘째, 앞에서 언급한 것처럼, '사이버전자전'이라는 용어는 사이버작전과 전자전의 장점을 활용한 시너지 효과를 창출하기 위한 독립된 영역의 작전활동으로서 교집합 개념으로 그 의미를 구분하였다. 즉, '사이버전자전'은 '전자기스펙트럼(EMS)[168]을 이용하여 사이버공간에 영향을 주는 군사활동'으로 개념을 정의한다. 이러한 개념 정의를 좀 더 구체적으로 살펴보면, 국방과학연구소(ADD)에서 연구한 2016년 보고서에 의하면, 사이버전자전의 개념을 사이버전과 전자전의 기술적인 융합만 고려하여 '네트워크와 물리적 시스템에서 데이터를 교환하는 전자장치 및

---

166) 송운수 · 조한승(2021) "사이버억지 수단으로서의 사이버전자전 작전수행개념". 한국군사학논집, 77(1), p. 499.

167) 최근 육군정보학교에서는 '사이버전자전'과 미군이 사용하는 '사이버 · 전자기활동'(CEMA)에 대하여 2019년 육군 최초로 사이버전자전 연구 TF를 운영하여 연구를 시작하였고, 같은 해 7월과 10월 두 차례에 걸쳐서 육군본부 주관 세미나를 통해 『육군 전술제대 사이버전자전 기초연구』라는 책자를 연구결과로 제시하였다. 필자가 당시 육군정보학교장으로서 사이버전자전 TF팀을 구성하여 연구를 주도하였다.

168) EMS(Electro-Magnetic Spectrum) : 전자기파를 파장에 따라 분해하여 감마선, X선, 자외선, 가시광선, 적외선, 마이크로웨이브, 라디오파 등으로 배열한 것이다.

전자기스펙트럼 영역을 통제하기 위해 전자기 에너지를 사용하는 일련의 군사활동'으로 정의하였다. 그러나 사이버전자전의 개념은 앞에서 언급한 것처럼, 사이버작전과 전자전의 교차영역에서 시너지 효과가 발생하는 새로운 군사분야로서 적과 적대세력의 C4I 및 무기체계의 사이버공간 영역을 교란, 파괴, 무력화하여 작전적·전술적 군사작전 효과를 극대화하는 방향으로 발전시켜야 한다.[169] 이러한 관점에서 국방연구원(KIDA)에서는 사이버전자전을 "사이버전과 전자전의 역량을 연계 수행하여 적군 네트워크상에서의 지휘통제체계와 무기체계를 무력화시키고, 아군의 지휘통제체계와 무기체계를 보호하기 위한 전쟁 수행개념으로 정의한다"라고 제안하였다.[170]

이러한 개념 정의 등을 참고하여 육군정보학교에서는, 사이버공간과 전자기스펙트럼의 전장환경에서 사이버작전 능력과 전자전 능력을 결합할 경우 얻을 수 있는 시너지효과에 중점을 두어 '사이버전자전' 개념을 "전 전장에서 군사목표 달성을 위해 전자전과 사이버작전 능력을 결합하여 적 및 적대세력의 전자기스펙트럼과 사이버공간에 영향을 주어 비살상, 비물리적인 효과를 달성하는 군사활동"으로 개념을 정립하였다.[171] 사이버전자전은 방어적인 성격보다는 공격적인 성격으로 사용하고자 하는 목적이 강하기 때문이다. 또, 이를 수행하는 작전은 '사이버전자전작전' 즉, '전자전 능력과 사이버작전 능력을 결합, 전자기스펙트럼을 이용하여 사이버공간에 영향을 미치는 군사활동을 통해 지상작전과 통합되어 기동부대를 지원하거나, 독립적으로 실시하는 작전'이라고 정의하고 영문으로는 CEW-O(CEW-Operations)라는 용어로 사용한다.

이러한 '사이버·전자전'과 '사이버전자전'의 개념 구분 및 '사이버전자전'의 효과를 그림으로 표현하면 〈그림 4〉와 같다.

---

169) 김진용·최영준(2020) 앞의 논문, p. 12.
170) 손태종(2019) "사이버전자전, 개념과 운용방향을 정립해야". 국방논단, 제1759호, p. 4.
171) 김진용·최영준(2020), 앞의 논문, pp. 3-12 참조.

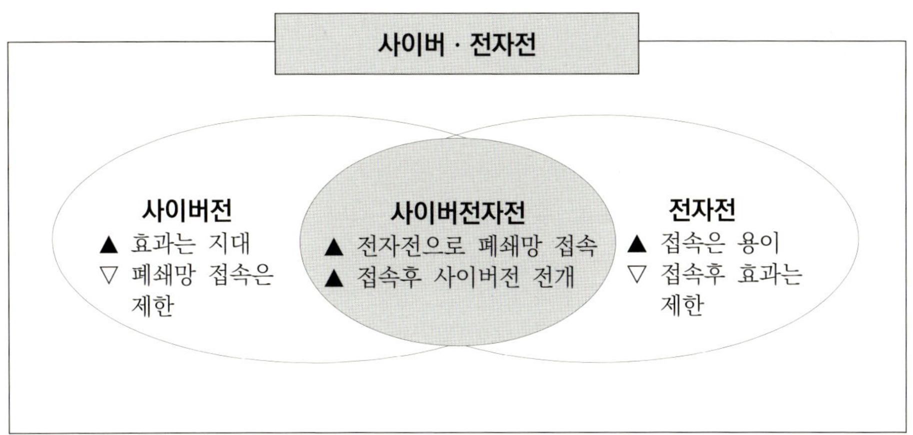

출처: 송운수 · 조한승(2021) "사이버억지 수단으로서의 사이버전자전 작전수행개념". 한국군사학논집, 77(1), p. 501.

〈그림 4〉 사이버전, 전자전, 사이버전자전의 관계

즉, 사이버전자전은 사이버전의 제한사항과 전자전의 제한사항을 극복하기 위한 독립된 영역으로서, 폐쇄통신망이라 하더라도 전자전으로 접속하고 사이버전으로 무력화하고자 하는 시너지 작전활동이다.

위 〈그림 4〉에서 보는 바와 같이, 사이버전은 그 효과는 지대하지만, 기본적으로 인터넷처럼 유 · 무선 네트워크가 연결되어 있는 사이버 공간 내에서 IP 주소를 매개체로 이루어지는 활동이다. 즉, 유 · 무선 네트워크가 인터넷으로 연결되어 있지 않은 독립망이나 폐쇄망은 접속 자체가 불가한 제한점을 가지고 있다. 반면에, 전자전은 IP 주소를 갖는 네트워크 공간이 아니라도 전파를 통해 접속이 가능하다. 다만, 그 효과가 일시적인 방해 또는 교란으로 미약하다.

따라서 사이버전과 전자전은 각각의 장점을 결합하여 시너지 효과를 창출할 수가 있다. 즉, 적국의 군사 지휘통제망이나 미사일 통제망은 인터넷망이 아닌 폐쇄망 또는 독립망이기 때문에 사이버작전으로는 직접적인 접속이 불가하므로, 이러한 폐쇄망 또는 독립망에 대한 접속은 전자전으로 하고, 이 전자파에 사이버 악성코드나 해킹 프로그램 등을 탑재시켜서 접속 후 효과는 사이버전으로 달성하는 시너지 효과를 창출할 수 있는 것이다.[172)]

결국, 사이버전자전은 전자전의 능력을 이용하여 적대세력의 무선 전자기스펙트럼에 영향을 주고, 전자전 능력과 함께 사이버작전 능력을 투사하여 비살상 비물리적인 능력으로 마비효과를 달성하고자 하는 소프트 킬(Soft kill) 개념의 작전활동이다.173)

〈표 4〉 전자전, 사이버전, 사이버전자전 비교

구 분		전자전(EW)	사이버전(CW)	사이버전자전(CEW)
태동시기		1940년대	2000년대	2010년대
범위		전자기스펙트럼	사이버공간	중복사용
공격 징후		쉽게 알 수 없음	익명성으로 제한	제한
통신방식		전파	유·무선	전파+유·무선
조직	합참	합참 전자전과	합참 사이버작전과	-
	국직	정보사, ○부대	사이버사, 통신사	-
	각군	정보작전참모부	정보화기획참모부	-
	예하	각군 작전사	사이버방호센터	-
주요 교리		전자전, 전자전종합발전계획	합참사이버작전교범	-
군 직능		정보병과	정보통신	-

출처: 손태종(2019) "사이버전자전, 개념과 운용방향을 정립해야". 국방논단, 제759호, p. 6.

이러한 전자전, 사이버전 그리고 사이버전자전 개념의 태동시기, 범위, 공격징후, 관련 조직 등을 비교하면 〈표 4〉와 같다. 이처럼 사이버전자전 개념이 2010년경에 태동되었지만 우리 군의 경우 아직 사이버전자전 조직도 구성되지 않은 상태이다. 이제는 이 두 가지를 통합한 개념에 대한 본격적인 논의가 필요하다고 생각한다. 하지만 사이버전자전의 운용개념을 정립하기 위해서 모든 체계와 조직을 갖

172) 송운수·조한승(2021) 앞의 논문, p. 501.
173) 위의 논문, pp. 501-502.

추기에는 많은 시간들이 필요하므로 어느 한 곳에서 주도적으로 수행하기 위해서 풀어야 할 문제들이 많이 있다.

2. 가능성을 보여준 사례들

미군이 『사이버 · 전자기활동(CEMA)』이라는 교범을 발행한 것은 2014년부터지만, 일반인들에게 생소하던 사이버전자전이라는 단어에 우리가 관심을 갖게 된 것은 북한 미사일 도발이 최고조에 달하던 2017년 3월에 뉴욕타임즈가 보도하면서부터이다. 미국의 뉴욕타임즈는 "Trump Inherits a Secret Cyberwar Against North Korean Missiles(북한 미사일 대응에 관한 트럼프가 물려받은 비밀 사이버전)"이라는 보도기사를 통해 북한 미사일에 대한 미국의 새로운 전략을 밝히면서 사이버전자전에 대한 관심이 시작되었다. 보도에 의하면, 2014년부터 오바마 정부는 북한의 핵 · 미사일에 대한 다양한 대응방안을 모색하던 중 사이버와 전자전을 이용한 대응방안을 새롭게 개발하게 되었다고 언급하였다.[174]

그러나 사실 사이버전자전은 뉴욕타임즈가 언급한 2014년에 등장한 신기술이 아니라 이전부터 개발되어 군사작전에 활용되어 오던 첨단기술이었다. 미국, 이스라엘 등 군사기술 선진국은 사이버와 전자전을 융합함으로써 얻을 수 있는 시너지 효과와 능력을 인지하고 적극적으로 발전시켜 왔다. 이러한 사이버전자전의 가능성을 보여준 사례로 첫째, 2007년 이스라엘의 시리아 핵시설 공격작전과 둘째, 2011년 이란의 미국 정찰무인기 RQ-170을 나포한 사례, 그리고 셋째, 위에서 언급한 미국의 발사의 왼편작전 등 세 가지가 대표적인 사례로 제시되고 있다.[175]

---

174) https://www.nytimes.com/2017/03/04/world/asia/north-korea-missile-program-sabotage.html. (검색일: 2021.6.12.)
175) 황성인(2020), 앞의 논문, pp. 46-48 참조.

1) 이스라엘 공군의 시리아 핵시설 공격작전 : 과수원 작전(Operation Orchard)

오차드(Orchard) 작전, 일명 '과수원 작전'은 2007년 9월 6일 이스라엘 공군이 시리아의 핵시설을 공습한 군사작전이다. 이스라엘 공군이 F-15I, F-16I 전투기 10대와 전자전기 1대를 이용하여 시리아 방공망을 무력화하고 공군의 피해 없이 목표한 시리아의 핵 시설을 파괴한 완전작전이다.176) 시리아의 방공망을 무력화하는 과정에서 이스라엘의 전자전기가 이용됐으며 이 전자전기에는 이스라엘 Elisra 社에서 개발한 SPS-2110이라는 전자전 체계가 장착되어 있었다. SPS-2110에는 사이버전자전이 가능한 'SUTER'라는 사이버전자전 소프트웨어 프로그램이 내장되어 있었다. 'SUTER'는 BAE社에서 개발한 적 네트워크와 통신 방해를 위한 군사용 컴퓨터 프로그램이다. 미 공군에 의하여 통제되며 적 방공망을 주요 표적으로 하는 임무수행시 운용된다. 'SUTER'는 몇 단계로 구분하여 개발하였는데, 'SUTER-1'은 적 방공망 운영자의 방공모니터를 볼 수 있으며, 'SUTER-2'는 적의 방공모니터를 보면서 네트워크와 레이더 등을 통제하는 제어권을 가지고 필요한 명령을 입력할 수 있다. 이를 더욱 발전시킨 'SUTER-3'의 경우 2006년 시험평가에서 이동표적인 전장탄도미사일 발사대 혹은 이동형 지대공미사일 발사대의 데이터링크 시스템에도 침투하여 체계 교란에 성공함으로써 이른바 사이버전자전 능력을 갖춘 프로그램이다.177)

오차드작전은 바로 이 'SUTER 3' 프로그램을 전자전기에 탑재하여 시리아의 방공 네트워크시스템에 전자전을 이용하여 침투함으로써 방공시스템이 오작동을 일으켜 이스라엘 공군기의 접근을 감지하지 못하게 한 것이다. 이후에 알려진 바에 따르면, 공습 전에 비밀리에 심어진 해킹장치를 시리아군의 레이다 전자장비내에 탑재케 하였다가, 이를 'SUTER 3' 프로그램으로 작동시켜서 무력화시켰다고

---

176) https://ko.wikipedia.org/wiki/orchard operation (검색일: 2021.6.12.)
177) https://en.wikipedia.org/wiki/Suter_(computer_program) (검색일: 2021.6.12.)

한다.

'SUTER'는 공군의 EC-130, RC-135, F-16CJ에 탑재되어 이라크 및 아프가니스탄전에 시험 운영되기도 하였다.[178]

따라서 오차드작전에서 시행된 이 기술은 엄밀하게 보면 '사이버전자전' 기술이 적용되었다고 보기는 어렵고, 사이버전 기술과 전자전 기술이 물리적으로 합해져서 이루어진 작전으로 보여진다. 즉, 사이버전+전자전의 형태로 사이버전자전의 가능성을 보여준 최초의 사례라고 평가된다.

2) 이란의 미국 무인기 RQ-170 탈취

2011년 12월 4일, 이란은 미국의 무인정찰기 RQ-170을 탈취 후 자국 비행기지에 안착시켰다고 발표하였다. 미국은 처음 보도에는 이란의 주장을 부인하였으나 나중에 기체 인도를 요구하면서 이란의 발표가 사실로 밝혀졌다.

이 발표를 통하여 전 세계 많은 군사전문가는 RQ-170이라는 최첨단 스텔스무인기의 존재 여부를 확인하는 계기가 되었으며 이란의 무인기 탈취 기술에 놀라움을 금치 못하였다. 이후 이란은 탈취한 무인기의 내부를 해킹하여 무인기가 획득한 여러 정보를 다운로드하였으며, 2016년 10월에는 RQ-170 무인기의 역설계에 성공하여 이슬람 혁명수비대의 신형 무인전투기, 'Saeqeh(Thunderbolt)'를 발표하였다. 이란군은 국영방송에서 GPS 신호를 해킹하여 기만 전파를 발생시켜 무인기를 자신의 공군 기지로 안전하게 유도하였다고 설명하였다.[179]

이는 미국 보안업체인 RSA를 해킹, 암호화를 풀 수 있는 마스터키를 입수하여, 무인정찰기 제조 운영업체인 록히드마틴사의 전산망을 해킹, RQ-170 운용정보를 빼내서, 미 공군기지에 '멀웨어'를 심어 나포한 것으로 추정된다.[180] 이는 단순히

---

178) David A. Fulghum(2007) "Why Syria's Air Defense Failed to Detect Israelis". *Aviation Week and Space Technology*. p. 10.

179) Iran Unveils New Ucav Modeled on Captured U.S. RQ-170 stealth drone, https://theaviationist.com; 황성인(2020) 앞의 논문, p. 47에서 재인용.

180) http://www.etnews.com/news/computing/security/2786032_1477.html (검색일: 2021.6.13.)

GPS 기만기술을 통해서 유도하는 스푸핑[181]의 기술을 넘어서는 '사이버전자전' 기술로 평가되며, 이 사건으로 인해 미국은 사이버전자전에 대해 연구하는 직접적인 계기가 되었다.

미 육군은 2013년부터 본격적으로 사이버전자전 수행을 위한 종합발전계획을 추진하였다. 사이버와 전자전 영역을 통합한 '사이버 · 전자기활동(CEMA)' 개념을 2014년에 도입하여 첫 번째 교범인 FM 3-38 Cyber Electromagnetic Activities (CEMA) 라는 교범이 발행되면서 사이버전과 전자전 기능을 통합하여 사이버병과를 창설하게 되었다.

3) 미국의 '발사의 왼편작전(Left of Launch)'

사이버전자전 기술이 미국에 의해서 개발되었다고 공개된 사례가 '발사의 왼편작전(Left of Launch)'이다. Left of Launch란 Right of Launch에 대비되는 것으로서, 후자는 '발사 이후 요격'을 의미하는 반면, 전자는 '발사 직전 교란'을 의미한다.

앞에서 소개한 것처럼, 미국은 발사 직전 교란을 의미하는 '발사의 왼편작전' 개념을 2017년 3월 합참의장이 처음으로 발표한 바 있다. 적의 미사일 발사 전에 아군의 전자기파와 사이버공격으로 적 C2(Command, Control) 체계와 미사일에 내장된 전자장비를 교란하여 무력화시킨다는 구상이다.

지난 2016~2017년 북한은 무수단 중거리 탄도미사일을 집중적으로 시험발사 했지만 8차례 중 무려 7차례나 실패했다. 그동안의 북한 미사일의 시험발사 경험으로 볼 때 연속적인 실패는 매우 이례적인 사건이었다. 그러나 당시에는 무수단 미사일 시험의 유례 없는 연속실패의 원인을 정확하게 분석하기 어려웠다. 그 의문이 2017년 뉴욕타임스 보도를 통해 어느 정도 풀렸다.

---

181) 스푸핑(Spoofing)은 '속이기'라는 뜻으로, 외부 악의적 네트워크 침입자가 임의로 웹사이트를 구성하여 인터넷프로토콜인 TCP/IP의 구조적 결함을 이용하여 사용자의 시스템 권한을 획득한 뒤 정보를 빼가는 해킹수법이다.

2017.3.4.일자 뉴욕타임즈에서는 "Trump Inherits a Secret Cyberwar Against North Korean Missiles"(트럼프가 물려받은 유산: 북한 미사일에 대응하는 비밀 사이버전) 이라는 기사를 통해 미국의 북한 미사일에 대한 '발사의 왼편작전'을 최초로 소개하였다. 이 기사 내용을 보면 다음과 같은 세 가지 정도로 요약된다.

첫째, 2013년 2월 북한의 핵실험 이후 이 위력에 놀란 미 오바마 행정부가 2014년부터 북한 미사일을 무력화하는 새로운 방식으로 '발사의 왼편(Left of Launch)'이라는 이름으로 사이버교란 기술을 개발하기 시작했다. 둘째, '발사의 왼편' 작전 이후 몇 년간 북한 미사일은 현저하게 실패하기 시작했고, 무수단미사일의 실패율은 88%에 달한 것으로 분석됐다. 셋째, 당시 뎀프시 미국 합참의장은 '발사의 왼편'에 대해 악성 소프트웨어와 레이저 및 신호 교란 등을 의미하는 '사이버전과 에너지 및 전자 공격'이라고 소개했다.182)

즉, 북한 무수단미사일에 대해 미국이 실제로 사이버공격을 실시했다는 공식적인 발표 또는 인정을 한 것은 아니지만, 이 기사를 통해 북한 미사일에 대한 사이버 및 전자전 공격을 시행했다는 것을 간접적으로 시사한 것이라고 볼 수 있다.

여기서 '발사의 왼편'의 의미는 미사일의 발사과정은 '준비→발사→상승→하강'의 단계를 거치는데 발사 단계보다 왼쪽에 있는 준비 단계에서 시스템을 교란하여 정상적인 발사가 되지 않도록 한다는 의미이다. 즉, 미사일 발사 후의 요격을 의미하는 '발사의 오른쪽'과 대비되는 개념이다. 실제로 북한이 지난 수년간 요격이 어려운 KN-23 등 저고도 변칙비행 미사일, 극초음속미사일을 개발했거나 개발 중인 것으로 드러남에 따라 '발사의 오른쪽'에 해당하는 요격을 통한 방어는 더욱 어려워진 게 현실이다. 이 작전은 미사일 '발사 이후 요격' 방식이 아니라 '발사 직전 교란' 방식으로 네트워크에 침투하여 그 기능을 마비시킴으로써 정상적인 작동이 되지 못하게 하는 비살상적, 비파괴적인 작전이며, 뎀프시 합참의장이 언급한 것

182) New York Times, 2017.3.4.일자, "Trump Inherits a Secret Cyberwar Against North Korean Missiles (북한 미사일 대응에 관한 트럼프가 물려받은 비밀 사이버전)" 보도 기사 참조. https://www.nytimes.com/2017/03/04/world/asia/north-korea-missile-program-sabotage.html. (검색일: 2021.6.15.)

처럼 사이버와 전자전의 융합기술이다.

미사일의 '발사 직전 교란'에 투사되는 이 기술은 사이버전이나 전자전 각각의 능력만으로는 불가능하며, 두 가지 기술을 통합해야만 임무달성이 가능하다는 것이 국내 연구에서도 일반적인 평가이다.[183] 미국은 이미 이를 통합하여 운용하는 방식을 구현하여 2018년부터 실전배치하고 있는 것이다. 이것이 바로 사이버전자전(CEW: Cyber & Electronic Warfare)이다.

3. 무기체계

사이버전자전 작전(CEWO: Cyber Electronic Warfare Operations)을 수행하는 무기체계는 적의 독립폐쇄망에 대해 전자기스펙트럼을 이용하여 접속하고 사이버 악성코드 등을 침투시켜 적의 네트워크시스템을 마비 또는 무력화하고자 하는 무기체계이다, 즉, 무선공간의 전파체계를 이용하므로 핵 · 미사일과 같은 전략제대의 원거리 무기체계에서부터 대포병레이더와 같은 전술제대의 근거리 무기체계에 이르기까지 모든 제대에서 사용이 가능하다. 원거리용은 항공기에 탑재하여 운용하고, 근거리용은 차량탑재 또는 휴대용으로 운용할 수 있다. 현재 사이버전자전 작전용 무기체계는 미국에서 개발한 무기체계만 알려져 있으며, 항공기장착용으로 'SUTER'라는 프로그램과 '차세대 재머(NGJ)'라는 장비 그리고 휴대용으로 'Nightstand' 장비 등 3개 사이버전자전 무기체계가 있다.

1) SUTER(미국, 2007~)

'SUTER'는 미국 BAE사와 L3-COM이 협조하여 개발한 사이버전자전 작전을 수행하기 위한 프로그램이다. 'Suter' 프로그램은 항공기에 탑재되어 적의 방공망 또는 미사일망의 컴퓨터 네트워크를 무력화하는 기능을 수행한다. 주요 능력은 전

183) 손태종(2019) 앞의 논문, p. 3.

자전과 사이버공격을 통합하여 무선으로 적 네트워크에 침투, 사이버공격을 함으로써 적 시스템에 대한 제어권을 탈취하여 불능 또는 오작동을 일으킬 수 있는 능력을 가지고 있다.

'SUTER' 프로그램은 몇 단계로 구분되어 개발되어 왔다. 'SUTER-1'은 적 통합방공레이더를 대상으로 적의 방공레이더 모니터를 아측에서 모니터링 할 수 있도록 개발되었고, 'SUTER-2'는 적 방공레이더 모니터링 뿐만 아니라 제어권을 탈취하여 적의 방공레이더 센서에 오작동을 일으킬 수 있는 지시까지 할 수 있는 능력으로 개선되었다. 2006년에 시험운영을 거쳐 2007년부터 운영한 'SUTER-3'은 더욱 개선되어 적 방공레이더 뿐만 아니라 시한성 표적이라고 할 수 있는 이동식 지대공미사일 발사대 또는 전장탄도미사일 발사대 등 이동표적에 대해서도 네트워크에 침투함으로써 무력화시킬 수 있는 능력으로 발전되었다.

이 프로그램은 EC-130H이나, RC-135 등 신호정보 정찰항공기에 탑재되어 운용되며, 2007년 이스라엘이 시리아 핵시설을 공격한 '오차드(Orchard) 작전'(일명 과수원 작전)에서 실제로 운용된 작전사례가 있다.[184]

2) Nightstand(미국, 2014~)

미국의 NightStand는 국가안보국(NSA)에서 개발한 휴대용 사이버전자전 장비이다. 전술제대 근거리(약 8mile 이내) 사이버전자전 작전 무기체계로 핵심기술인 사이버전자전 기반 SW 조작기술을 이용하여 적의 전술급 C4I체계를 사이버전자전 공격으로 침투하는 능력을 구비하고 있다. 사람에 의한 휴대형으로 개발하여 근거리에서 적 기지나 Wi-Fi 네트워크 보안을 뚫고 무선 네트워크에 침투한다. 사이버전자전 핵심기술을 이용하여 컴퓨터 네트워크와 적의 통신시스템을 공격하여 적 제어권을 탈취함으로써 무력화 및 원격제어 할 수 있는 기술의 구현이다.

---

184) https://en.wikipedia.org/wiki/Suter_(computer_program) (검색일: 2021.7.5.)

〈그림 5〉 근거리 휴대용 Nightstand 사이버전자전 무기체계

이 장비는 MS-Windows 운영체계를 바탕으로 Win2k, WinXP, WinXPSP S/W에서 운영되는 Explore 버전 5.0~6.0을 대상으로 무선으로 악성코드를 장입하여 네트워크를 무력화시킨다.[185]

3) NGJ(Next Generation Jammer: 차세대 재머)(미국, 2014~)

NGJ(차세대 재머)는 올해 2021년부터 실전배치되어 운영되고 있는 항공기용 사이버전자전 무기체계이다. AN/ALQ-279 NGJ는 기존의 ALQ-99[186] 포드형 전술방해체계를 대체하고자 개발되고 있는 차세대 재밍체계로서 이 장비는 능동주사위성배열 레이더(AESA)[187]를 이용하여 원거리까지 특정시스템에 사이버공격 데이터 전송이 가능한 시스템이다.[188] 즉, 무선공간에서 적 네트워크에 접속하여 적 시스템에 대한 제어권을 탈취하여 센서에 지시를 함으로써 무력화 또는 마비시킬

185) https://nsa.gov1.info/dni/nsa-ant-catalog/wireless-lan/index.html.(검색일: 2021.7.7.)
186) 미 해군 EA-6B Prowler와 EA-18G Growler 항공기에 장착되어 운영 중인 재머 포드.
187) AESA 레이더: Active Electronically Scanned Array(능동주사위성배열 레이더). 다량의 송수신 소자로 구성된 어레이 안테나로서 안테나를 구성하는 어레이를 전자적으로 위상을 변화시켜 원하는 방향으로 빔 형성이 가능하며, 탐지거리는 물론 정확도가 높은 장점이 있는 레이더이다.
188) 정창민(2018) "사이버전자전". ADD 2018 학술발표회 발표자료, p. 6. Wikipedia: Next Generation Jammer, 2013 Raytheon Corporation.

수 있는 사이버전자전 공격장비이다. ALQ-99를 장착한 EA-6B는 이론상으로 최대 90마일(144km) 이내에서 재밍을 지원하지만 AN/ALQ-279 NGJ의 경우에는 이론상으로 225마일(360km) 범위 내에서도 재밍이 가능한데 이는 장거리 대공미사일의 유효사거리를 현격히 능가하는 작전반경이다.189)

〈그림 6〉 NGJ(차세대 재머) 사이버전자전 무기체계

이 장비는 미 레이시언(Raytheon)사에서 개발한 장비로서 2013년에 미 해군과 개발계획을 체결하여 2020년에 지상 및 항공시험을 완료함으로써 7년 개발 끝에 완성한 시스템이다. 이 시스템은 3단계로 개발되며, 1차로 NGJ-MB(Middle Band)를 2021년부터 실전운영하고, 2차로 NGJ-LB(Low Band)를 2023년에, 그리고 3차로 NGJ-HB(High Band)를 2025년에 실전운영 할 예정이다. NGJ는 항공기용으로 EA-18G(Growler) 전자전기 뿐만 아니라, F-35, F-22 등에 순차적으로 장착하여 운영하다가 최종적으로는 기타 전술기 및 무인기에서도 탑재 운영할 수 있도록 할 계획이다.190)

차세대 재머는 표적의 3계층에 적용되는 공격기술을 보유하는 것으로 추정된다.

첫번째 계층인 '물리계층'에 적용되는 기술은 기존의 재밍기술과 유사하며, 대역

189) https://blog.naver.commarcoop41 (검색일: 2021.7.7.)

190) https://defence.nridigital.com/global_defence_technology_special/a_look_at_the_us_navys_next_generation_jammer (검색일: 2021.7.8.)

잡음 (Barrage Noise), 점잡음(Spot Noise), 그리고 표적의 신호원을 이용한 기만재밍 기술이다. 두번째 계층인'네크워크계층'에 적용되는 기술은 스마트 재밍이라 불리며, 통신 프로토콜을 분석하여 네크워크상의 패킷/메시지 신호(예, ACK 신호)들을 선택으로 재밍함으로써 통신실패를 유도하는 기술이다. 세번째 계층인 '인지계층'에 적용되는 기술은 통신 메시지를 교체하는 사이버재밍 기술이다.

'네트웍 계층'에 적용되는 스마트재밍은 기존 통신 전자전 재밍의 단점[191]을 극복 하여, 표적의 제어 패킷만을 재밍함으로써 적은 에너지로 적에게 탐지되지 않은 채 효과적으로 적 통신망을 재밍할 수 있는 장점이 있다. 그리고 '인지계층'에 적용되는 기술은 기존의 재밍개념을 확장하여 데이터삽입 또는 교체 등의 기술이 가능한 데이터 통신능력이 필요하다.

각 계층에 적용되는 기술은 하위 계층에서부터 누적된 획득정보를 기반으로 가능하므로, 획득정보를 확보할 수 있는 전자전지원(ES) 능력이 계층별로 필요함을 알 수 있다. 그러므로, 차세대 재머의 특별한 기능으로 능동주사위성배열레이더(AESA)를 적용하고 원거리에서 데이터 스트림을 삽입할 수 있도록 하여 전자전(EW), 레이더, 신호정보(SIGINT) 처리 및 통신 기능이 가능할 것으로 알려져 있다. 이를 통해 전용 전자전(EW) 항공기 이외에 다른 플랫폼에도 설치가 가능할 수 있다.[192]

4. 사이버전자전의 군사적 유용성

이러한 사이버전자전을 수행하기 위한 무기체계는 그 성격상 재래식 무기체계와는 다른 특성이 있다. 그 특성은 ① 비살상 무기체계로서 물리적인 파괴없이 상대

---

191) 기존 통신 전자전 재밍은 물리계층 정보만을 이용해 재밍하기 때문에 많은 에너지가 필요한 반면에 적에게 쉽게 노출될 수 있으며, 적이 재밍회피 기술을 사용하여 통신 전자전 재밍을 무력화할 수 있는 단점이 있다.

192) 김형균 외 7명(2016) "스마트 전자전 : 사이버전자전". 국방신기술동향분석, 통권 제38호, p. 38.

방의 조직과 기능을 무능화시킬 수 있고, ② 누가 공격했는지 알 수 없고, 설령 추정이 가능하다고 하더라도 그 증거를 찾기 어려우며, ③ 상대방 무기체계 전체를 파괴하지 않는다고 하더라도 그 기능을 발휘하지 못하게 함으로써 물리적 파괴 이상의 치명적인 피해를 줄 수 있다는 점이다. 이러한 특성으로 인해 사이버전자전은 다음과 같은 군사적 유용성을 갖는다.

첫째, 폐쇄망, 독립망에 대한 원거리 네트워크 침투 및 공격이 가능하다. 앞에서 언급한 것처럼, 사이버전은 기본적으로 인터넷처럼 유·무선 네트워크가 연결되어 있는 사이버 공간내에서 IP 주소를 매개체로 이루어지는 활동이다. 즉, 적국의 군사 지휘통제망이나 미사일 통제망은 인터넷망이 아닌 폐쇄망 또는 독립망이기 때문에 사이버작전으로는 직접적인 섭속이 불가하므로, 이러한 폐쇄망 또는 독립망에 대한 접속은 전자전으로 하고, 이 전자파에 사이버 악성코드나 해킹 프로그램 등을 탑재시켜서 접속 후 효과는 사이버전으로 달성하는 시너지 효과를 창출함으로써 독립망이나 폐쇄망에 대해서도 네트워크에 대한 침투 및 공격이 가능한 것이다.193)

둘째, 비살상, 비파괴적인 무기체계로서 즉각적인 보복을 회피할 수 있는 공격무기이기 때문에 평시 사이버억지 무기체계로서 가치가 있다. 비살상무기체계라는 특성을 통해서 누가 공격했는지 알 수 없고 물리적인 피해가 없으므로 즉각적인 보복을 회피할 수 있는 장점을 이용하여 전·평시 구분없이 적용될 수 있다. 그래서 전면전이 발발하기 전에 평시 국지도발 상황에서도 즉각 대응할 수 있는 사이버억지 수단이 될 수 있다.

셋째, 사이버공간 뿐만 아니라 무선공간에서도 전파를 이용하여 적의 네트워크를 무력화할 수 있기 때문에 평시 억지 수단으로서의 가치 뿐만 아니라 전시에도 모든 작전환경에서 합동작전을 수행할 수 있는 새로운 무기체계이다. 전략적 차원의 핵·미사일망 뿐만 아니라 통합방공망이나 전술적 차원에서의 대포병레이더망 또는 전술무인기망 등 컴퓨터 및 네트워크로 연결되어 운용되는 모든 무기체계에

193) 송운수·조한승(2021) 앞의 논문, p. 501.

대하여 접속 및 무력화할 수 있다. 따라서, 모든 제대의 무기체계에 폭넓은 영향을 줄 수 있을 뿐만 아니라 기동, 화력 등 다른 전투수행기능과 합동작전을 전개할 수 있다.

바로 이러한 사이버전자전의 전략적 가치로 인해서 미국, 이스라엘, 러시아, 중국 등 군사선진국들은 2010년을 전후해서 비공개하에 경쟁적으로 사이버전자전 기술을 개발하고 무기체계화하기 위해 많은 투자를 하고 있는 것으로 추정된다.

제2절 사이버전자전의 수행방법과 핵심기술

1. 사이버전자전 수행방법

1) 공중전

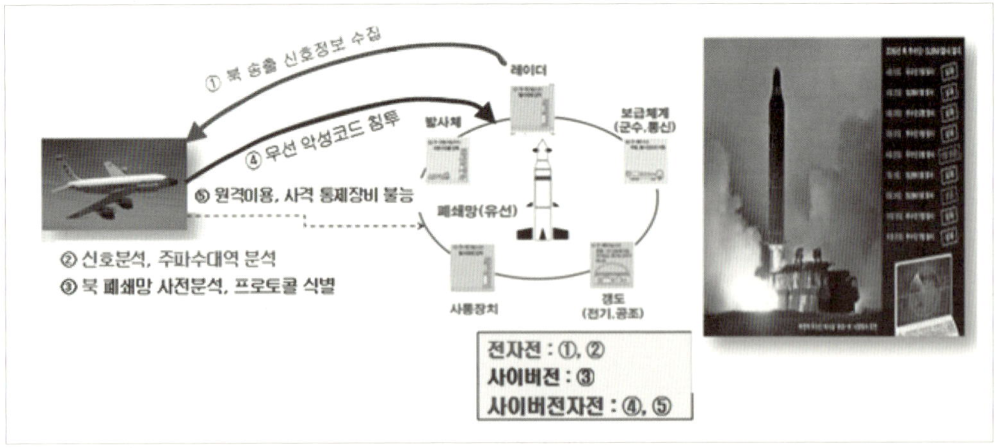

출처: 손태종 외 4명(2017) “한국군 사이버전 및 전자전 통합개념 정립방안”. KIDA 2017 학술과제발표회 발표자료, p. 3.

〈그림 7〉 공중전 활용 사이버전자전 작전수행방법

사이버전자전은 원거리 표적을 대상으로 사이버공격 능력을 발휘할 수 있는 악성코드 등을 전자파에 실어서 무선공간에서 발사되어야 하기 때문에 주로 공중 전자전기를 운용하여 작전을 수행한다.

북한 미사일을 대상으로 하는 사이버전자전의 경우, 그 작전수행절차는 〈그림 7〉에서 보는 바와 같이 ① 북한 미사일에서 송출하는 신호정보들을 수집해서, ② 신호분석 및 주파수대역 분석 등 신호제원들을 분석하고, ③ 미사일을 통제하는 폐쇄망에 대한 사전분석 및 프로토콜을 분석하여, ④ 프로토콜에 부합되는 악성코드를 작성 및 발사체를 이용하여 무선 악성코드를 침투시켜서, ⑤ 원격 조정으로 미사일 및 사격 통제장비를 무력화시킨다. 여기에서 ①, ②는 전자전 기술을, ③은 사이버전 기술을, 그리고 ④, ⑤는 사이버전자전 기술을 이용하는데 ④번의 경우는 네트워크 유무에 따라 전자전 또는 사이버전 방법으로 침투를 하지만 전자전 주파수에 악성코드를 삽입하는 기술은 사이버전자전 기술을 이용한다.194)

2) 지상전

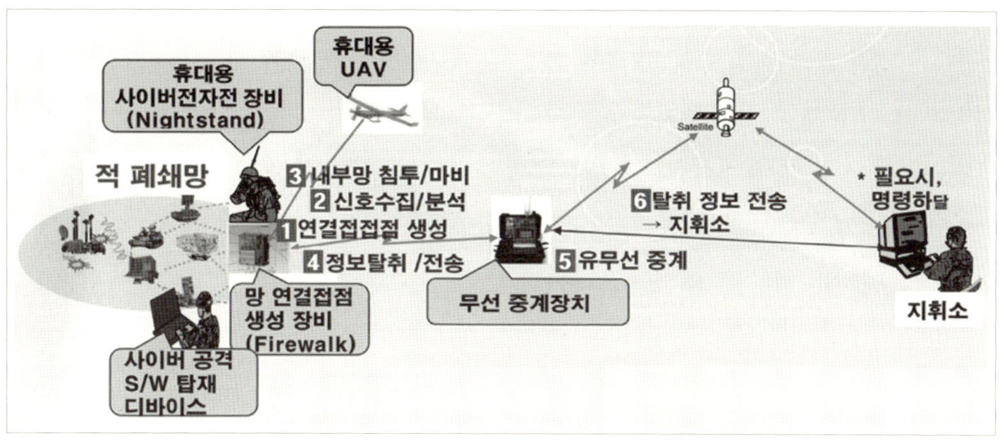

출처: 김성표(2017) "미래 능동적 사이버전 수행개념". 한국군사과학기술학회 추계학술대회 발표자료 참조.

〈그림 8〉 지상전 활용 사이버전자전 작전수행방법

194) 송운수 · 조한승(2021) 앞의 논문, p. 511.

지상전을 활용한 사이버전자전 작전수행방법은 〈그림 8〉에서와 같이 적 폐쇄망을 대상으로 근거리에 접근을 할 수 있는 휴대용이나 차량형을 이용하는데 연결접점 생성 장비 및 휴대용이나 차량용 사이버전자전 장비를 이용하여 침투한다. 연결접점 생성 방법으로는 무선신호를 탐지하는 방법, 외부노출 회선 및 네트워크 장비 등이 있다.

지상전을 활용한 사이버전자전 작전수행 절차는 ① 연결접점 생성, ② 신호수집, 분석 및 주파수대역 분석, ③ 북 폐쇄망 내부 침투 및 마비, ④ 정보탈취 및 전송, ⑤ 무선 중계장치 이용 중계, ⑥ 탈취정보 지휘소 전송 및 필요시 지휘소에서 명령하달을 한다. 폐쇄망에 접속을 가능하게 하는 장비인 망 연결접점 생성 장비인 Firewalk가 있고, 휴대용 사이버전자전 장비는 미군의 Nightstand 장비가 있다.

이와 같은 절차를 거쳐 이루어지는 사이버전자전은, 위에서 언급한 것처럼, 그 대상이 어느 정도 한정되어 있으므로 원활하게 수행되기 위해서는 전략-작전-전술 제대별로 다음과 같은 작전수행 능력을 갖추어야 한다. 우선, 네트워크 마비를 위한 사이버전자전의 대상은 공격을 위한 제원분석이 중요하기 때문에 평시부터 선정 및 표적분석이 되어서 필요시 즉시 이행될 수 있는 준비가 되어 있어야 한다. 또한, 이러한 사이버전자전 표적에 대한 분석자료 및 정보가 관계부대 및 기관간 평시부터 공유체계가 갖추어져 있어야 한다.

따라서, 각 제대에서는 각 표적유형별로 표적목록화하고 각 정보기관으로부터 표적의 제원에 대한 정보를 획득 및 공유하여 그 표적에 맞는 맞춤식 사이버전자전을 수행할 수 있는 준비를 해야 한다.[195]

2. 사이버전자전 핵심기술

사이버전자전을 구현하기 위해 요구되는 기술을 요약하면, 전자전의 원거리 고

195) 위의 논문, pp. 511-512.

출력 전자파 송출능력과 사이버전의 정보(메시지) 조작 및 교란능력을 통합하여 시너지 효과를 발휘할 수 있는 기술이라고 할 수 있다.[196] 그 이유는 컴퓨터 통신 기술에 의존하는 무기시스템은 여러 가지 군사상의 이유로 대부분 폐쇄적인 시스템 및 독립적인 네트워크로 운용되기 때문이다. 따라서 일반적인 사이버공격 관련 기술을 활용해서는 폐쇄시스템에 대한 접속 또는 침투는 불가능하다고 할 수 있다. 그러나 폐쇄시스템이라 하더라도 무선통신 환경에서 운용되면 여전히 보안상의 취약점이 존재하게 된다. 즉, 전자기스펙트럼을 이용하면 무선통신을 이용하는 폐쇄적인 원격지의 무기시스템에 효과적으로 접근이 가능한 데, 이것이 무선 네트워크 기반의 사이버전자전 기술이다.

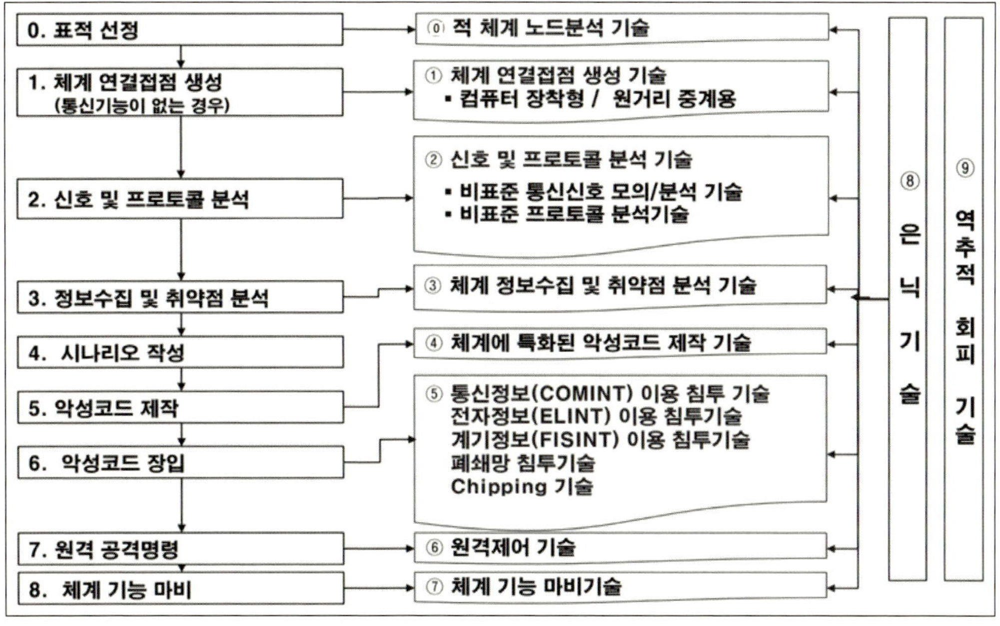

출처: 김성표(2017) "미래 능동적 사이버전 수행개념". 한국군사과학기술학회 추계학술대회 발표자료 참조.

〈그림 9〉 사이버전자전 요구능력 및 기술

이와 같은 무선 네트워크를 대상으로 하는 사이버전자전의 기술적 접근 개념을

196) 김소연 외 6명(2021) "사이버전자전 기술 및 발전방향". 한국전자파학회지, Vol. 32, No. 2, p. 1.

그림으로 표현하면 〈그림 9〉와 같이 9개 단계로 구성된다.[197] 이를 간략히 요약하면, 우선, 전자전 기술을 이용하여 무선신호에서 프로토콜의 디지털 정보를 추출하고, 다음으로 사이버전 기술을 이용하여 네트워크의 취약점을 식별하고 악성코드를 제작한 후, 다시 전자전 기술을 적용하여 원격지의 폐쇄망에 악성코드를 주입하는 개념이라고 할 수 있다.

이를 좀 더 구체적으로 나열하면, 사이버전자전 요구능력에 대해 구현을 위한 기술로 ① 표적 선정을 위한 적 체계 노드분석 기술, ② 체계 연결접점 생성을 위해 체계 연결접점 생성 기술, ③ 신호 및 프로토콜 분석을 위한 기술로 비표준 통신신호 모의/분석 기술 및 비표준 프로토콜 분석 기술, ④ 정보수집 및 취약점 분석 기술, ⑤ 체계에 특화된 악성코드 제작 기술과 악성코드 장입을 위한 통신정보, 전자정보 및 계기정보 이용 침투 기술, ⑥ 폐쇄망 침투 기술 및 Chipping 기술, ⑦ 원격제어 기술, ⑧ 체계 기능 마비기술, ⑨ 은닉기술 및 역추적 회피 기술들이 사이버전자전의 요구능력에 대해 필요한 기술들이다.

이러한 과정 중에서 통신신호의 탐지, 해석, 분석기술 및 송신기술 등은 전자전 분야에서 많은 연구들이 이루어져 왔으나, 첫째, 비공개 무선 네트워크 프로토콜 분석, 둘째, 체계 정보수집 및 취약점 분석, 셋째, 악성코드 생성 및 장입 등의 기술은 아직까지는 군사적 관점의 연구가 활성화되어 있지 않거나 공개가 이루어지지 않고 있는 분야이다. 이러한 핵심 소요기술을 간략히 설명하면 아래와 같다.

1) 비공개 프로토콜 분석 기술

원격지에 있는 상대방의 폐쇄시스템에 전자기스펙트럼을 이용하여 접속하기 위해서는 우선적으로 상대방의 폐쇄망이 사용하는 통신 프로토콜(통신 규약)[198]을

197) 김성표(2017) "미래 능동적 사이버전 수행개념". 한국군사과학기술학회 추계학술대회 발표자료 참조.

198) 통신 프로토콜은 통신규약을 의미하며, 컴퓨터나 원거리 통신장비 사이에서 메시지를 주고받는 양식과 규칙의 체계이다. 즉, 네트워크 통신 프로토콜은 두 개 이상의 통신 엔티티간에 교환되는 메시지의 포맷과 순서를 정의하고 이러한 메시지의 송신 및 수신에 따른 행위를 정의한다. 여기에는 신호체계, 인증, 그리고 오류감지 및 수정기능을 포함할 수 있다.

알아야 접속이 가능하다. 그러나 군사 무기체계 시스템은 보안 등의 다양한 목적으로 네트워크에 사용되는 프로토콜도 일반적으로 공개된 TCP/IP와 같은 상용 프로토콜이 아닌 군사목적의 특수 프로토콜을 사용한다. 따라서 이러한 비공개 프로토콜에 대한 분석이 그 출발점이 된다. 이를 위해 우선, 전자기스펙트럼 기술을 이용해서 상대방의 폐쇄망의 운용에 이용되는 무선통신 신호를 원격지에서 획득하여 이를 처리함으로써 무선통신 프로토콜의 디지털 정보를 추출하고 이 정보를 토대로 프로토콜 역공학 기술을 이용하여 상대방의 프로토콜을 분석해 가는 것이다.

프로토콜 역공학은 제대로 된 프로토콜 규격이 존재하지 않는 상황에서 프로토콜의 파라미터, 포맷 및 세멘틱(semantics) 등을 추론하는 프로세스이다. 무선 네트워크 기반의 사이버전지전에서는 진자기스펙트럼 기술을 이용하여 획득한 무선통신 신호만이 가용한 상황이므로 통계적 기법이나 딥러닝 기술 등을 이용해 비공개 프로토콜 분석을 수행해야 할 것이다. 특히, 비공개 프로토콜 구조분석에 많이 사용되는 방식으로 수집되는 패킷을 분석하여 통계적 기법을 적용하거나 반복적인 패턴이나 일정 형태를 가지는 패턴을 찾아내서 분석하는 '패턴기반 비공개 프로토콜 분석기법'을 주로 사용한다. 비공개 프로토콜이 기존의 프로토콜과 어느 정도 유사성을 가지고 있다면, 기존의 알려진 프로토콜로 학습한 딥러닝 머신으로 구조를 추정하는 것도 가능하다. 따라서, 패턴 기반으로 비공개 프로토콜을 분석하기 전에 딥러닝 머신을 이용해서 사전 분석함으로써 패턴 기반 프로토콜 분석 기술의 성능을 높일 수 있기 때문에 이 두 가지 방식을 적절히 사용하여 비공개 프로토콜을 분석하게 된다.

그러나 이러한 비공개 프로토콜 분석에 많은 시간이 소요될 수 있기 때문에 사이버전자전의 최우선 대상으로는 프로토콜이 공개되거나 취약한 것으로 이미 알려진 GPS 수신기를 탑재한 무기체계(드론/무인기, GPS 유도 미사일 등)와 공개되었거나 보안에 취약한 무선네트워크체계, 위성체계 등이 현실적으로 우선 공격대상이 될 수 있다. 즉, 비공개 프로토콜을 분석하는 데 있어서 접근 가능한 것부터 현실적이고, 점진적인 방안으로 사이버전자전에 접근할 필요가 있다. 해외 사이버전자전 사례와 국내 기술수준을 볼 때, 우선 대응 가능한 대상 위협은 'GPS 수신기 장착 무기체계'와 '소형무인기' 및 '적 지휘통제망' 순으로 확장되는 것이 바람직할 것으로 보인다. 또한, 여기에 적용될 대표적인 핵심 소요기술은 'GPS 수신기 기만기술'과 '데이터링크 기만기술' 그리고 '적 지휘통제망 교란 및 침투기술' 순으로 점차 발전될 필요가 있다.[199]

2) 체계 정보수집 및 취약점 분석 기술

비공개 프로토콜이 분석되고 나면 이 프로토콜의 취약점과 그리고 네트워크의 구조적인 취약점을 분석해야 한다. 왜냐하면, 프로토콜의 취약점과 네트워크 시스템의 취약점을 활용할 수 있는 악성코드를 제작해야 하기 때문이다.

네트워크 프로토콜을 구현하는 과정에서 초래되는 취약점은 가장 심각한 보안문제를 발생시키는 원인 중의 하나이다. 이러한 취약점을 통해 외부의 공격자가 내부 네트워크 및 시스템을 공격할 수 있기 때문이다. 무선 네트워크 기반의 사이버 전자전에서 프로토콜 취약점 분석은 프로토콜을 구현한 소스 코드가 존재하지 않기 때문에 퍼징 기술을 이용해야 한다. 이 퍼징 기술은 소스 코드 확보가 불가능할 때, 오류를 유발할 수 있는 입력을 계속해서 입력하여 프로그램이나 프로토콜의 오류 발생 여부를 확인하는 방법으로 취약점을 찾는다.

그리고 프로토콜 역공학 과정을 거쳐 무선 네트워크에 사용되는 프로토콜을 파악하게 되면 이를 처리하는 무선 네트워크 장비의 유형을 개략적으로 파악할 수 있게 된다. 이러한 정보를 이용하여 드러나지 않은 무선 네트워크 연결장비의 네트워크 시스템, 파일 시스템, 시스템 소프트웨어에 존재하는 취약점을 분석하여야 하며, 알려진 취약점 뿐만 아니라 알려지지 않은 취약점까지 분석할 수 있어야 한다. 이러한 두 가지 취약점 분석이 이루어지면 여기에 맞는 악성코드를 제작하여 상대방 폐쇄망으로 접속해서 침투시킬 수 있는 준비를 하는 것이다.

199) 김소연 외 6명(2021), 앞의 논문, pp. 5-6.

3) 악성코드 생성 및 장입 기술

목표로 하는 상대방의 폐쇄시스템의 통신 프로토콜의 취약점과 네트워크의 구조적인 취약점을 분석하고 나면, 목표시스템의 취약점을 이용하여 시스템의 제어권을 획득하기 위한 목적의 악성코드를 제작해야 한다. 이는 악성코드 제작 툴(exploit kit)을 활용해서 악성코드를 제작할 수 있다. 툴을 활용한 악성코드 제작에서는 사전에 작성된 다양한 익스플로잇 코드를 악성코드 제작 툴을 활용하여 조합하는 데, 목표로 하는 대상시스템의 취약점 분석 과정을 동시에 수행함으로써 목표시스템의 제어권 획득을 용이하게 할 수 있다.

악성코드의 제작이 완성되면, 악성코드의 수행방식이나 유형에 따라 이를 페이로드 등의 형태로 프로토콜에 장입하거나 또는 다른 가능한 방식으로 프로토콜에 적재하여 상대방 폐쇄망이 수용할 수 있는 형태로 프로토콜 데이터를 생성하여야 한다. 악성코드 송신기술은 악성코드가 포함되어 있는 프로토콜 데이터를 무선신호로 전환하고 이를 전자기스펙트럼을 이용하여 폐쇄망으로 송출하는 것이다. 전자기스펙트럼 기술을 이용해서 폐쇄시스템에 대한 제어권을 탈취하기 위한 목적으로 악성코드를 송신하고자 할 경우 먼저 무선 네트워크의 데이터링크 신호를 정확하게 분석하여 목표 신호와 동일한 신호를 생성할 수 있어야 한다. 이를 위해서는 데이터링크 탐지 및 분석 기술을 바탕으로 목표 신호를 생성하는 기술을 확보하여야 한다.

기존 전자전 통신대역은 교란기술은 무선통신 방해를 유도하는 잡음송출기술이 주를 이루었으나, 보다 진화된 사이버전자전 기술에서는 허위메세지를 전파할 수 있는 기만기술을 이용하여 메시지를 조작할 수 있는 기술로 발전하고 있다. 즉, 사이버전 기술로 원하는 악성코드를 생성하고, 생성된 코드를 전자전의 기만기술로 전자기파로 변환한 뒤, 이를 고출력으로 송신하는 기술, '전자파를 이용한 메시지 교란기술'이 핵심기술로 요구되는 것이다.[200]

---

200) 위의 논문, p. 5.

4) 무선 네트워크 취약접점 자동탐지 기술

사이버전자전 기술의 핵심은 보안에 취약한 무선 네트워크 접점을 자동으로 파악하고 공격하는 것이 될 수 있다. 암호장비나 비공개 프로토콜로 무장한 위협을 공격하기 보다는 비교적 보안이 취약한 침투접점을 자동으로 파악하고, 이를 통해 악성코드를 장입하는 기술로 스마트한 공략 개념이 필요하다.

취약접점을 통해 장입된 악성코드들은 적 네트워크를 통해 자연스럽게 전파될 것이다. 이러한 방법의 최우선 대상 위협으로는 프로토콜이 공개되거나 취약한 것으로 이미 알려진 GPS 수신기 탑재 무기체계(드론, GPS유도 미사일 등), 공개되거나 보안이 취약한 무선네트워크 체계, 위성체계 등이 현실적인 공격대상이 될 수 있다. 이에 필요한 핵심기술로는 진화된 위성 항법신호 교란기술, 무선조종(Radio Control) 신호 교란기술 등이 있을 수 있다.

위성 항법신호 교란기술은 항법신호로 유도되는 위협에 대응하기 위해 필요하다. 기존 전자전 기술이 잡음전파 송출로 위성 항법신호로 유도되는 드론(무인기) 등을 궤도이탈 및 추락시켰다면 사이버전자전에서는 항법위성 메시지를 탐지, 분석하고, 허위, 기만 메시지를 생성하고 송출하여 위협을 특정 경로 또는 안전지역으로 유도한다. 이는 폭발물을 장착한 물리적 사이버 위협 대응을 위해 매우 긴요한 기술이다. Radio Control 신호는 RC-IED의 기폭장치 제어 및 무인 위협들의 제어를 위해 이용된다. 따라서 Radio Control 교란기술은 Shooter(사수)의 제어 신호로 유도되는 물리적 사이버 공격위협에 보다 적극적으로 대응하기 위해 반드시 필요하다. Radio Control 신호는 공개된 위성 항법신호와는 달리 비공개 프로토콜 및 코드 신호를 기반으로 한다. 따라서 딥러닝 등 첨단 AI 기법을 이용하여 이를 추정한 뒤, Radio Control 신호를 탐지, 분석하고, 기만 메시지를 생성·송출할 수 있는 사이버전자전 기술 개발과 적용이 필요하다.[201)]

---

201) 위의 논문, p. 6.

제3절 주변국 및 북한의 사이버 · 전자전 위협

1. 주변국 최근 동향 및 능력

1) 미국

미군이 이라크 및 아프간전에서 물리적 타격에 집중했음에도 불구하고 사이버전자전 미비로 인해 작전효과가 미진했음을 절감하고 개념을 발전시켰다. 특히, 2011년 이란에 의해 정찰 중인 미군 무인기(RQ-170)가 나포되는 사건으로 인해 사이버전자전에 대해 본격적으로 연구하는 직접적인 계기가 되었다. 미 육군은 2013년부터 본격적으로 교리발전, 제대별 수행부대 편성, 무기체계 전력화, 교육훈련 등 사이버전자전 수행을 위한 종합발전계획을 추진했다.[202]

교리분야에서는 2014년에 사이버전과 전자전 영역을 통합한 사이버 · 전자기활동(CEMA) 개념을 도입하였고, 2017년에 작전수행간 전투력 통합을 위한 사이버 · 전자전작전(CEWO)을 교리로 발전시키고, 2019년에는 육군 사이버 · 전자기활동 기술교범에 적용시켰다.[203]

구조 및 편성분야에서는 〈그림 10〉과 같이 사단급 이하 제대에 기존 전자전 수행부대와 사이버 · 전자전 지원부대에 CEMA팀을 편성하여 기능을 보강했다. 2018년에 군단~여단급까지 CEMA팀을 편성하고 사이버 · 전자전 작전계획 수립과 통합을 하면서 1군단에 I2CEWS 대대[204]를 2019년에 창설하여 시범 적용함

---

202) 송운수 · 조한승(2021) 앞의 논문, p. 504.

203) 2014년에 FM 3-38, *Cyber Electro-Magnetic Activities(CEMA)* 라는 교범을 최초로 발간하고, 2017년에 FM 3-12, *Cyberspace and Electronic Warfare Operations* 라는 개정 교범을 발간하였으며, 2019년에는 비밀로 분류하여 공개하지 않는 기술교범을 발간하였다.

204) I2CEWS(Intelligence, Information, Cyber Electronic Warfare and Space) 대대는 지상, 해상, 공중, 우주 및 사이버 · 전자기 영역 등 5대 전장 영역에서 통합작전을 수행하기 위해 2019년 1월에 미 1군단 예하에 창설한 다영역부대이다. 이는 정보소대, 정보작전소대, 사이버 · 전자전 소대, 우주 ·

으로써 정보수집 및 수행능력을 검증하였다. 이를 이용하여 정보, 정보작전, 사이버작전, 전자전, 우주작전을 지원하였다.

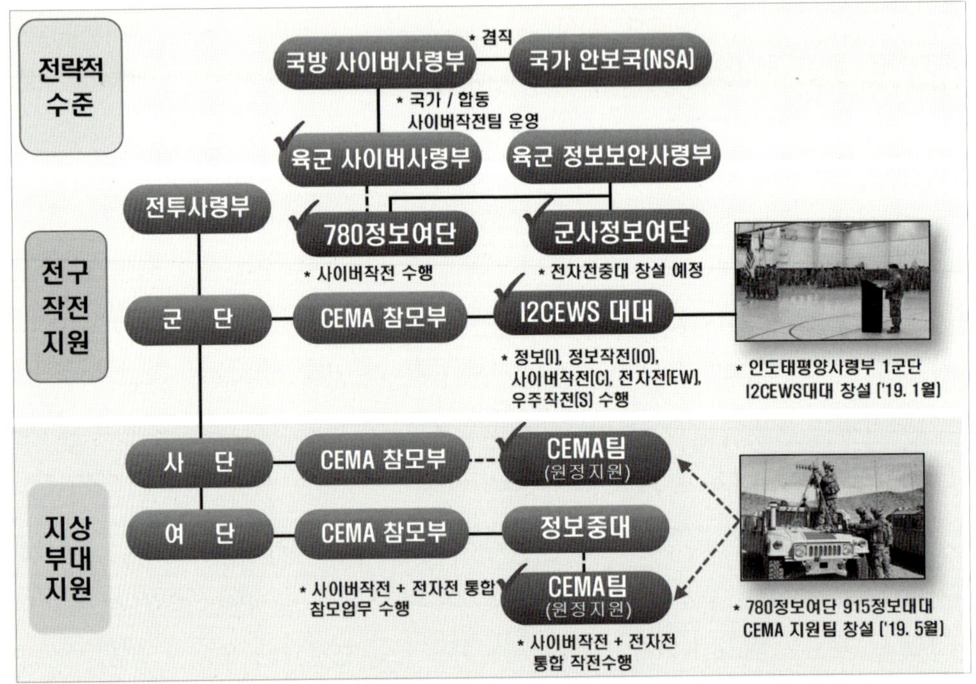

출처: 국방기술품질원(2018) "미육군, 사이버 · 전자전 관련 다섯 가지 부대 설계 변화 추진". Global Defense News, 2018.9 참조.

〈그림 10〉 미국의 사이버 · 전자전 조직

장비 및 물자분야에서는 네트워크 감시 · 분석장비, 모바일 공격장비, 기동형 CEMA 장비, 전자공격 장비, 신호정보(주파수, 방향탐지) 수집 · 분석장비 등 무기체계를 전력화 중이다. 교육훈련분야에서는 2015년에 훈련장 신설, 전투여단과 통합훈련을 통한 실전 능력을 배양하고, 2018년에 정보수집+전자전+사이버전+정보작전+특수작전이 통합된 사이버전자전에 대한 전격전 훈련을 시행했다.[205]

신호소대, 장거리 센서반 등 기능별 4개 소대와 1개 직할반으로 구성되어, 장거리 타격, 해킹, 재밍, 우주 신호능력 등을 보유하여 우주 작전까지 수행하는 다영역작전 부대이다.

205) https://www.afcea.org/content/army-evolves-its-formations-cyber-and-electronic-wa

이와 같이 미군은 분야별로 종합적이고 체계적인 종합발전계획을 추진하면서, 전략적으로는 앞에서 소개한 대로, '발사의 왼편작전(Left of Launch)'을 지속 추진하고, 전술적 차원에서는 CEMA(사이버 · 전자기활동) 개념에 기초하여 사이버전자전작전(CEWO)을 교리로 발전시키고, 지금은 이 능력을 여단급 이상 전술제대까지 확대하여 전력화를 진행 중에 있다.[206]

2) 중국

중국군은 군사개혁에 의거 2015년 12월에 '전략지원군'을 창설하여, 12개국 19개 부대로 편성하고, 제4국 61419부대는 한국과 일본을 대상으로 사이버전자전 작전을 수행하여 정보를 수집하며 7개 연구소(대학)를 통하여 사이버전자전 관련 무기체계를 연구하여 기존 反해커부대, 네트워크부대, 전자전부대, 우주전 부대를 통합했다.[207]

전략지원부대의 임무는 우주전, 사이버전, 전자전, 심리전을 수행하는 것으로, 이 중에서 전략지원부대의 사이버전 능력은 기존에 여러 기관에 산재되어 있던 사이버전 능력을 단일 조직으로 통합한 것이다. 전략지원부대는 우주작전을 담당하는 우주시스템부와 정보작전 분야를 담당하는 네트워크시스템부라는 두 개의 작전부서로 구성되어 있다. 우주시스템부는 기존의 우주작전을 담당하는 조직과 부대들을 통합한 조직이다. 따라서 우주시스템부의 예하에는 위성 및 우주선을 발사하는 부대, 이를 추적하고 통제하는 부대 그리고 인공위성 등 각종 우주 자산을 이용하여 통신, 지휘통제, 정보수집을 하는 조직들로 구성되어 있다. 네트워크시스템부는 사이버전 분야, 전자전 분야와 심리전 분야의 조직들로 구성된다. 사이버전과 전자전 분야의 조직이 통합된 것은 중국군의 망전일체전(網電一體戰)을 실현하기

---

rfare, (검색일: 2021.8.10.)

206) 송운수 · 조한승(2021) 앞의 논문, p. 506.

207) https://www.dia.mil/Portals/27/Documents/News/Military%20Power%20Publications/China_Military_Power_FINAL_5MB_20190103.pdf. (검색일: 2021.8.10.)

위한 조직 구상인 듯하다. 간단히 말해서 사이버와 전자전을 통합하여 운용함으로써 승수효과를 낼 수 있다는 주장이다. 망전일체전 개념은 미국 등 군사 선진국에서도 제시된 개념이며, 통합 사이버전자전이라고 번역할 수 있다.[208]

미국이 2000년대 이후에 통합 사이버전자전에 대해서 관심을 가져오다가, 2014년 최초로 미 육군이 발행한 교범에 통합 사이버전자전 개념을 제시하면서 중국도 사이버전자전 개념에 해당하는 중국군의 망전일체전 개념을 발전시켜서 네트워크시스템부 산하에 사이버와 전자전 부대들을 같이 배치한 것으로 보인다. 〈그림 11〉은 네트워크시스템부 전체조직과 사이버전 조직 구성도이다. 정치공작부라는 심리전 분야의 조직들이 네트워크시스템부에 예속된 것은 사이버전자전의 통합 추진, 인터넷 사용의 일상화 등의 추세를 고려하여 새로운 정보화 환경하에서 심리전 수행을 위한 조직 구성으로 해석된다.

2017년 중국군 기관지 해방군보(解放军报)는 "사이버전자전은 사이버전과 전자전을 종합운용한다는 의미이며, 사이버전자공격을 이용해 상대방의 네트워크 정보시스템에 공격을 가하는 것이다"라고 소개하면서 "미래전쟁은 사이버전자전이 주가 될 것이며, 사이버영역과 전자기스펙트럼에 대한 보호와 사이버전자기 공격능력을 확보하는 것이 전쟁 승리의 가장 중요한 요소가 될 것이다"라고 사이버전자전 개념과 중요성을 강조했다.[209]

이와 같이 중국은 이미 2015년에 사이버전자전을 미래전장의 가장 중요한 수단으로 인식하여 '전략지원군'을 창설하였고 그 이후 사이버전자전의 전력화를 위해 많은 기술개발을 하였을 것으로 추정된다.

---

208) 박남태 · 백승조(2021) "중국군 전략지원부대의 사이버전 능력이 한국에 주는 안보적 함의". 국방정책연구, 37-1 통권 131호, p. 144.

209) 解放军报, 2017.1.3.일자.

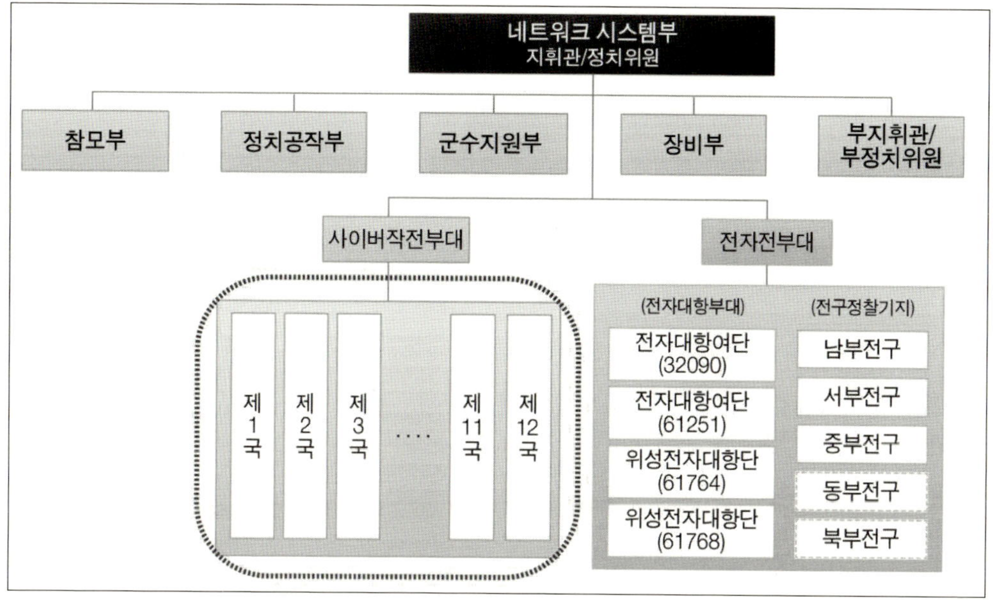

출처: 박남태 · 백승조(2021) "중국군 전략지원부대의 사이버전 능력이 한국에 주는 안보적 함의". 국방정책연구, 37-1 통권 131호, p. 149.

〈그림 11〉 중국의 전략지원부대 사이버전 관련 조직

3) 러시아

러시아군은 2010년 초반부터 정보총국 예하 6국(신호정보수집), 12국(사이버작전)을 편성하고, 2010년 러시아연방 군사교리를 통해 "현재 전쟁의 요소 중 하나는 무력을 사용하지 않고 목표를 달성하는 것은 정보전 관련 조치를 우선 취하는 것"이라고 명시하고, 정보전을 컴퓨터네트워크 활동, 전자전, 심리전 등의 정보활동으로 정의했다. 2008년부터 2015년까지 관구별 1개 전자전여단을 창설(총 5개 여단)하여 수백km 밖의 목표물에 대한 GPS교란, 전파방해, 모바일 공격이 가능토록 사단별 전자전대대, 여단별 전자전중대를 창설하였고, 2013년 사이버작전부대 창설과 2017년 정보작전군을 창설하였다.[210)]

---

210) https://www.nbcnews.com/think/opinion/russia-winning-electronic-warfare-fight-against-ukraine-united-states-ncna1091101. (검색일: 2021.8.15.)

러시아는 2007년 4월 에스토니아에 대한 디도스 공격, 2008년 8월에는 조지아에 대한 디도스 공격으로 국가차원에서의 사이버 공격을 시도하였다. 특히, 에스토니아에 대한 사이버공격은 미국을 비롯한 NATO 회원국 전문가들이 모여서 사이버공격에 대응하는 교전규칙 성격의 '탈린매뉴얼'[211]을 만드는 계기가 되었다. 이러한 시도는 러시아의 사이버위협에 대응하는 NATO의 사이버동맹(Tallinn Process) 성격을 띄게 됨으로써 이후 서방진영과 비서방진영간의 사이버위협에 관한 시각의 차이와 대응방식의 충돌을 가져오게 된 계기가 되었다.[212] 조지아에 대한 사이버공격은 조지아 정부와 군사시설 인프라 및 웹 사이트에 대한 사이버공격을 선도하고 디도스와 전자전 재밍의 동시통합 공격으로 조지아의 지휘통신체계가 마비되었다. 이는 무력충돌과 병행하여 하이브리드 제병협동작전(공 · 지 · 사이버)으로 전개한 최초의 사례라 할 수 있다.[213] 러시아의 이 사이버공격은 사이버전자전은 아니고 사이버전과 전자전의 각각의 성격이지만 이러한 국가차원의 사이버공격 시도로 미루어 볼 때 사이버전자전에 대한 상당한 수준에 이르렀을 것으로 추정되고 있다.

4) 일본

일본 자위대에서도 사이버 · 전자전 전력을 대폭 강화하고 있는 것으로 추정된다. 일본은 2020년부터 '우주-사이버-전자파'라고 하는 '새로운 영역'의 방위를 담당하는 통합부대 창설을 추진 중에 있다. 2020.5월에 첫번째 부대인 '제1우주작전대'라는 명칭으로 도쿄도 후추시의 항공자위대 기지에 만들었다. 이어서 내년

211) 탈린매뉴얼(Tallinn Manual)은 NATO의 CCDCOE(Cooperative Cyber Defense Centre of Excellence) 총괄하에 20여 명의 국제법 전문가들이 2009년부터 시작하여 3년 동안 공동연구를 거쳐 2013년 3월에 발표한 총 95개항의 사이버전 지침서이다. 이는 전통적인 국제법(특히, 전쟁법)의 틀을 원용하여 사이버공간에서의 해킹과 사이버공격에 대응하려는 시도의 사례로서, 사이버공간에서도 전통적인 교전규칙이 적용될 수 있으며, 사이버공격으로 인해 인명피해가 발생할 경우 군사적 보복이 가능함을 명시한 것이다.

212) 김상배(2019) "사이버안보와 중견국 규범외교 : 네 가지 모델의 국제정치학적 성찰". 국제정치논총, 59(2), pp. 63-66.

213) 장노순(2012) "사이버무기와 국제안보". JPI 정책포럼 No. 2012-19. p. 4.

2022년에 야마구치현 호후시 항공자위대 기지에 '제2우주작전대'를 신설할 예정이다.[214]

일본은 미국이 기능통합군으로서 '사이버군' 등을 마련하고 있고, 2019년에는 우주군을 창설한 변화를 참고로 새로운 영역에서의 대체력을 강화하겠다는 방침이다. 현재 추진중인 제1, 제2우주작전대를 토대로 일본 자위대에 우주와 사이버전과 전자전을 통합하는 '우주 · 사이버사령부'를 창설할 예정이다.[215]

산케이신문의 보도에 의하면, 일본 방위성은 2023년도(2023년 4월~2024년 3월) 말까지 사이버 방위 관련 부대를 현재의 약 3배로 확대한다는 방침이다. 현재 육 · 해 · 공 자위대의 사이버 방위 관련 부대는 약 580명 수준인데 천 수백명대로 확대할 예정이다. 그러나 일본이 사이버 부대를 증강하더라도 중국과 북한의 사이버 공격 부대는 각각 3만명, 6800명 수준이라서 자위대와는 큰 차이가 있다고 지적하고 있다. 일본의 이러한 방침은 적으로부터 사이버 공격을 받아 지휘통제시스템에 혼란이 생기거나 장비가 오작동을 일으키면 현대전에서 제대로 대응할 수 없다는 일본 정부의 인식에서 출발한다. 2020년 일본 방위백서에는 "현재의 전투 양상은 육 · 해 · 공뿐만 아니라 우주 · 사이버 · 전자파라는 새로운 영역의 조합"이라고 기술하고 있다.[216]

2. 북한의 능력 및 위협

1) 북한의 사이버 환경

북한에서 IT부문 발전이 본격적으로 모색된 것은 1990년대 말 김정일 때부터이다. 김정일은 소프트웨어 발전에 기반한 IT입국의 문제의식을 처음으로 고민하고

214) 한국군사문제연구원, KIMA NewsLetter 제951호, "일본 자위대의 미래전 준비 현황", 2021.03.10.
215) 한겨레신문, 2021.11.14.
216) 세계일보, 2020.7.24.

발전시켰다. 김정일은 IT부문 발전을 위해 IT관련 정부기관을 정비하였으며, IT인력의 양성을 위한 교육체계 및 연구체계를 정비하면서 북한의 IT입국의 기반을 구축하였다.

이후 김정은은 김정일의 발전전략을 이어받아 더욱 발전에 박차를 가하였는데, 김정일 시기부터 추진하던 '과학기술발전 5개년 계획'과 'CNC화', '인트라넷 구축' 등을 지속하는 한편, 과학기술전당 신설, 사이버교육, 사이버진료, 전자결재 확대 등 생활서비스 전반으로 확대 발전시켰다. 이러한 김정은의 IT에 대한 인식을 잘 보여주는 것이 2014년 2월 당사상 일꾼대회에서 '인터넷을 우리 사상·문화의 선전 마당으로 만들기 위한 결정적 대책을 마련하라'는 선언이었다. 김정은은 과학기술을 통한 경제발전 전략속에 나노기술(NT), 바이오기술(BT), 환경기술(ET)과 함께 IT부문을 발전시키고자 하였다. 특히 김정은 정권 들어 기존의 IT교육체계를 통해 육성된 IT인력을 기반으로 다양한 기술적 서비스의 진전이 이루어지고 있다.[217]

북한의 통신부문에서 유선전화는 2014년 100만 회선을 돌파한 후 큰 변화가 없이 2016년 이래 약 118만 회선 정도를 유지하고 있다. 그러나 2002년 2G 이동전화서비스로 시작한 북한의 이동전화 가입자는 최근 급격히 보급이 확대되어 2017년 기준 약 380만명에 이르고 있으며, 2020년 8월의 보도에 따르면 이동통신 가입자가 약 6백만 명에 이르며 북한의 주요 도시를 거의 포괄하고 있는 것으로 알려졌다.

현재 북한의 이동통신사업자는 〈표 5〉와 같이 3개의 사업자가 있으며, 고려링크와 강성네트 그리고 별이 그것이다. 고려링크는 외국인과 현지인 모두에게 서비스를 제공하지만, 강성네트와 별은 현지인만 이용할 수 있다. 최근에는 이동통신의 보급이 확대되면서 다양한 앱을 비롯 서비스도 제공되면서 이동전화를 둘러싼 생태계도 급속히 발전하고 있다.

---

217) 김유향(2018) "북한의 통신·인터넷 현황과 전망". KISO저널 32호, https://journal.kiso.or.kr/?p=9131. (검색일: 2021.8.29.)

북한 인프라의 특징은 인터넷과 인트라넷의 이중화, 그리고 정보통신 인프라의 부족과 국가독재 및 국가통제를 들 수 있다. 북한의 인터넷-인트라넷 분리구축 정책은 북한의 독자적 사이버 전략의 결과물로, 북한은 미국 중심의 인터넷에 참여하지 않은 유일무이한 나라로 인터넷이 구축된 1995년의 이듬해인 1996년에 자기 나라 안에서만 사용하는 일국적 범위의 인트라넷을 독자적으로 구축했다.218)

〈표 5〉 북한의 이동통신 발전 현황

기 간	사 업 자	내 용
2001-2002	록슬리퍼시픽	평양과 나진 · 선봉 지역에 이동통신망 건설 2G 서비스(GSM)
2002-2003	동북아 전화통신 (NEAT&T)	남포, 개성, 원산, 함흥 등 전국에 40여개의 이동통신기지국 설치 도청소재지 및 주요 고속도록 주변에 서비스개시(900MHz 대역 GSM)
2004	SunNet	NEAT&T 시설 이용 조선중앙통신이 일부 외국인 대상 서비스 제공 룡천역 폭발사건으로 사용 중지
2008-2009	고려링크	전국 이동전화기지국 건설 정부기관 및 일부 개인사용자 대상 (2.1GHz WCDMA)
2011-현재	고려링크 강성네트, 별	개인 이용자 확대

출처: 김유향(2018) "북한의 통신 · 인터넷 현황과 전망". KISO저널 32호 참조하여 재구성.

북한은 일반기관과 주민을 위한 '광명'과 이와 분리된 '붉은검'(국가보안성), '방패'(국가보위부), '금별'(군) 등 인트라넷을 두고 있다. 광명에는 3,700여 기관에 속한 컴퓨터들이 연결되어 있다고 하며, 이용자 수는 5만 명 정도이다. 북한은 중국 단둥과 신의주를 잇는 통신망을 통해 중국의 차이나텔레콤으로부터 회선을 할

218) 임종인 외 3명(2013) "북한의 사이버전력 현황과 한국의 국가적 대응전략". 국방정책연구, 제29권 제4호, p. 21.

당받아 중국 IP를 통해 인터넷을 이용하고 있으며, 중국 필터링 정책에 의해 걸러진 인터넷 콘텐츠에만 접근할 수 있다.[219)]

북한 내부에서 인터넷 사용은 소수에 의해 독점·통제되는데, 월드뱅크 통계에 따르면 인터넷 이용자 수는 인구 대비 세계 최저수준으로 실제 이용자들은 정부에서 신뢰할 수 있는 간부급 인원 수백 명 정도일 것이라고 한다. 북한에서 검열 없는 인터넷은 독일 서버에 위성접속을 통해 이루어지며, 외국인과 소수의 엘리트들에 의해서만 독점되고 있다. 북한에서 모든 PC는 보안기관이나 보위부에 등록되며 인터넷에 접근할 수 있는 기능이 차단되고, 전기 사정이 좋지 못해 컴퓨터를 쓸 수 있는 시간도 제한된다. 부족한 인터넷 인프라와 낮은 이용률 등 북한의 사이버 인프라는 매우 빈약한 상황이라고 할 수 있지만, 이러한 낮은 의존도가 방어 측면에서는 북한에 강력한 전략적 장점을 제공하고 있다.[220)]

북한의 대표망인 광명망은 북한의 전국적인 인트라넷 체계로, 북한 내부에서는 인터넷을 대신하여 사용한다. 이 광명망은 북한의 체제 수호를 위해 서비스되는 컴퓨터 통신망이기에, 북한의 관계 당국의 강력한 검열과 통제를 받고 있다. 따라서 일반적으로 북한 내에서는 인터넷을 이용하기가 매우 힘들며, 이 인트라넷 이용마저도 엄격한 통제하에서 이루어진다. 북한에선 이 망을 통해 자료 전달 및 커뮤니티 및 온라인 게임 활동 등을 한다.

또한, 북한의 미래망은 방패망과 같은 국가기관의 내부폐쇄망이 아닌, 광명망과 같은 상용 공개망이다. 미래망은 북한 내 보급되어 있는 스마트폰의 경량형 온라인 환경을 지원하기 위한 사용 데이터 네트워크망이다. 광명망과는 연결 접근성이 완전히 호환되며, 광대역 와이파이 기반으로 온라인 접근을 제공한다. 접근권은 유료로 판매하며, 무제한 접근권 요금제도 존재한다.

북한의 체신당국에 따르면 무선 네트워크를 이동통신 규약(2G, 3G 등)을 이용

219) OpenNet Initiative(2007) "Country Profile: North Korea". OpenNet Initiative (https://opennet.net).
220) 임종인 외 3명(2013) 앞의 논문, p. 22.

하면 규약 준수를 위한 비용, 이동통신 규약의 전자 신호를 수신하기 위한 칩셋의 비용을 외국에 지불해야 하는데, 사용권이 완전히 공개된 기술인 와이파이를 이용하면 위와 같은 비용을 절약할 수 있다고 주장하고 있다. 실제로 2018년부터 평양을 중심으로 주요 도시에 광대역 와이파이 AP 장비를 대규모로 설치하는 것이 확인되었다. 해외 사례를 볼 때, 도시 전체에 광역 와이파이 접근을 제공하는 경우가 꽤 많기 때문에 북한도 이를 벤치마킹하는 것으로 보인다.[221)]

2) 북한의 사이버전 수행 연혁과 조직

북한은 1986년 '군 지휘자동화대학'을 설립하여 100여 명의 컴퓨터 전문요원 양성을 시초로 사이버부대 준비를 시작하였다. 그리고 1991년 걸프전이 미국 주도하 연합국 승리로 끝난 후 현대전에서 전자전의 중요성을 인식하고 '총참모부' 직속으로 '지휘자동화국'과 각 군단에는 '전자전 연구소'를 신설하였다. 1995년에는 100여 명 수준의 '중앙당 35호실 기초자료조사실'을 설비하여 중앙당 부서에 필요한 다른 나라 국가기관, 단체, 개인에 관한 기밀자료를 인터넷을 통해 수집하였다. 1998년에는 사이버부대(121소) 창설 및 1999년에는 200여명 수준의 사이버심리전부대인 적공국 204소를 설립하여 국군과 남한의 청소년, 일반인을 대상으로 사이버심리전을 펼치고 있다.[222)]

또한, 2004년 중반부터 중국 단둥을 거점으로 사이버부대를 운영하기 시작하였고, 2010년 인민부력부 정찰국, 노동당 작전부, 중앙당 35호실 등을 통합하여 정찰총국을 창설하고 사이버부대(121소)를 병력증강(500명→3,000명)과 더불어 사이버지도국(121국)으로 개편하였다. 2012년 8월 김정은은 정찰총국 산하 사이버전 전력을 독립, 확대시켜 '전략사이버사령부'을 창설하였으며, 2013년 8월 "사이버공격은 무자비한 타격력을 보장하는 만능의 보검"이라며 사이버전의 필요성을

221) 김영안 · 송운수 · 이종훈(2020) 앞의 논문, pp. 37-38.
222) 김진광(2020) "북한의 사이버조직 관련정보 연구". 한국컴퓨터정보학회 하계학술대회 논문집 제28권 2호, p. 112.

역설하였다.[223)]

북한의 사이버 공격능력 수준에 대해서는 여러 견해가 있으나 대략 미국과 중국에 이어 세계 3위 수준으로 평가되어 지고 있다. 북한은 6,800명 규모의 사이버 인력들을 운용하고 있다.[224)] 그리고 탈북자 김흥광 NK지식인연대 대표(2003년 탈북, 김책공업대학 컴퓨터공학 박사) 말에 따르면 2017년에 사이버전략사령부 창설이 추정되며 이는 사이버지도국(121국)과 사이버심리전부대(204소), 110연구소를 통합한 것으로 추정된다.[225)]

북한에서 이러한 사이버전 기능을 수행하는 부대에는 〈그림 12〉에서와 같이 '사이버전 지도국(Cyber Warfare Guidance Unit)' 즉, '121국(Bureau 121)'이다. '121국'은 6,000명이 넘는 인원들로 구성되어 있으며, 이들은 중국, 러시아, 인도, 말레이시아, 벨라루스와 같은 국가에 흩어져 활동 중에 있다.

'121국'이 4개의 하위 그룹으로 구성되어 있다. 이 중 하나가 그 유명한 라자루스(Lazarus)이며, 정확한 구성원은 아직 알 수 없으나 라자루스는 지난 수년 동안 수많은 사이버 공격들을 일삼으며 악명을 떨쳐왔다.

다른 하나의 이름은 안다리엘(Andarial/Andariel)이다. 약 1,600명으로 구성된 해킹 단체로, 주로 추가 공격을 감행하기 위한 정찰 및 정보 수집을 주 목적으로 하고 있다. 다른 하나는 블루노로프(Bluenoroff)로, 약 1,700명으로 구성되어 있다. 금전적인 이득을 취할 수 있는 공격에 집중하는 편이다. 미국 재무부는 작년 안다리엘, 블루노로프, 라자루스 모두에게 제재를 가했다. 네 번째 하위 그룹은 전자전교란연대(Electronic Warfare Jamming Regiment)라고 불리며 이름 그대로 적군의 통신을 교란하는 데에 전문성을 갖추고 있다.[226)]

---

223) 마정미(2017) "북한의 사이버 위협과 심리전에 대한 대응방안". 국방대학교 국가안전보장문제연구소, pp. 107-137.

224) 국방부(2020) 2020 국방백서. p. 23.

225) 김진광(2020) 앞의 논문, p. 113.

226) U.S. Army(2020) *North KOREAN Tactics*, ATP 7-100.2 참조.

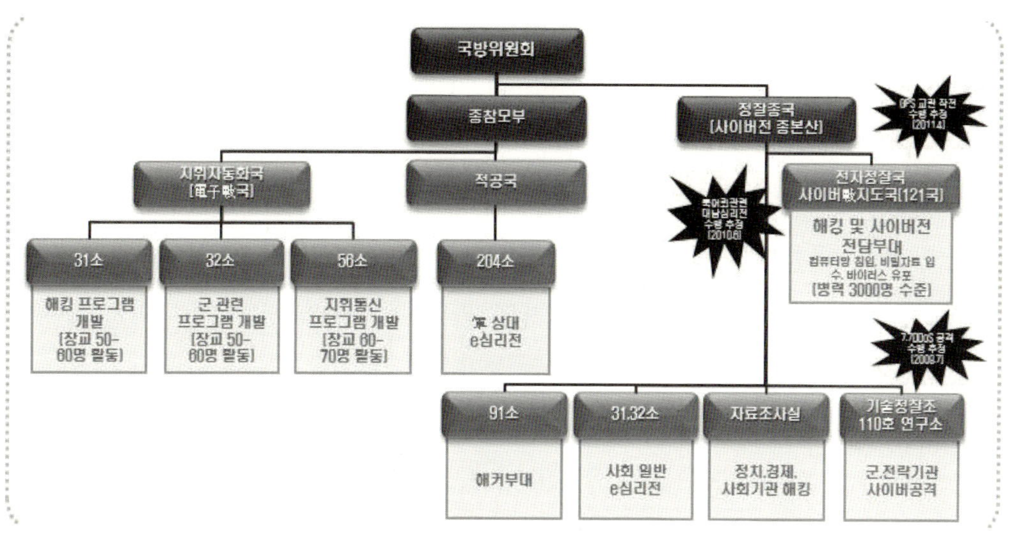

출처: 김진광(2020) "북한의 사이버 조직관련 정보 연구". 한국컴퓨터정보학회 하계학술내회 논문집 제28권 2호, p. 113.

〈그림 12〉 북한의 사이버전 수행 조직

3) 북한의 전자전 및 사이버전 위협

북한은 무기체계와 성능, 군사력 유지에 필요한 경제력에서 남한보다 열세에 놓여 있다. 이 때문에 북한은 비대칭 전력 강화에 힘을 쏟아 왔다. 핵과 미사일, 생화학무기, 사이버, 전자전 무기가 모두 비대칭 전력에 해당한다. 이를 통해 전력 열세를 일거에 반전시킨다는 게 북한의 전략이다.

북한의 전자전 능력은 구소련에서 도입하여 개량한 전자전 장비와 자체 연구 개발한 장비를 이용한 전자공격과 GPS에 대한 교란으로 40~450km 범위내 아군의 지휘통제체계와 전자장비 등 각종 첨단 정밀무기체계의 기능을 마비 또는 무력화 시킬 수 있다. 대표적으로 EMP 폭탄은 강한 전자기파를 순간적으로 발생시켜 반경 수㎞ 내 전자기기를 마비시킨다. 특히 우리 군의 최첨단 무기일수록 상부 작전 지휘 시스템과 연계돼 가동되기 때문에 EMP 공격을 받으면 그야말로 '먹통'으로 전락하고 만다. 2011년 4월 수도권의 GPS 수신기가 원인 모를 오작동을 일으켰다. 이 때문에 인천국제공항에서는 1,000대가 넘는 항공기가 위치 파악을 제대로 못해 긴급상황이 벌어졌다. 정보 당국의 조사 결과 북한의 GPS 교란 공격으로 드러났다. 이러한 GPS 공격능력은 정찰총국 예하 258군부대와 총참모부 지휘정보국 예하 감청부대가 남한 全 지역에 대한 감청·방탐 등 신호정보 능력을 보유하고 있으며, 한미 연합군에 대한 다양한 방법의 전자공격 수단을 보유하고 있다.[227)]

지휘정보국 예하 전자전 부대는 전자전지원 장비와 전자공격 장비를 이용하여 전자전을 수행하며, 특히 다양한 장비를 보유하여 아군의 지휘통신체계 및 탐지체계, GPS 등에 대한 전자공격이 가능하다. 북한군은 전자전을 도발 주체에 대한 은폐가 용이하고 비용 대비 효과가 높은 비대칭 전력으로 인식하여 전·평시 핵심 전투수행방법으로 발전시키고 있어 아군의 정보 및 전자무기체계에 대한 심대한 위협이 예상된다.[228)]

최근 미국 국제전략문제연구소(CSIS)은 지난달 발간한 '우주위협 평가 2021'을 통해 북한의 우주 역량이 사이버·전자전 측면에서 현실화하고 있다고 진단했다. 중장기적으로는 직접 한미의 위성을 물리적으로 공격할 수 있는 잠재 능력도 확보할 수 있는 것으로 평가했다. 북한은 재밍(전파 교란) 능력과 사이버공격 위협을 통해 전자전을 수행할 수 있는 능력을 입증했다며 이들 능력이 북한의 우주 대응용으로 응용될 잠재력이 크다고 지적했다. 실제로 북한은 지난해 한국을 향해 쓸 수 있는 신형 GPS 재밍 장치의 배치를 준비 중이라고 주장했다. 해당 재밍 기술은 우리의 군사용 통신 장비보다는 민간 GPS 기반 장비를 겨냥했을 가능성이 제기된다. 우리 군은 지난 수년간 위성항법 장비 등 위성 기반의 주요 설비에 항재밍 체계 적용을 확대해오고 있기 때문이다. 민간 GPS가 교란될 경우 당장 우리 정부와 산업계가 4차 산업혁명 시대에 대응해 도입을 가속화하는 자율주행차, 스마트 시티 등의 프로젝트가 타격을 받을 수 있다. 자율주행차 등은 자체적인 센서로 장애물 충돌 위험을 최소화할 수 있지만 주행 경로를 탐색해 스스로 주행하는 결정을

227) 세계일보, 2013.1.20.일자. "세계 3위 사이버 강국 북, 전담인력만 무려..."
228) 김영안·송운수·이종훈(2020) 앞의 논문, p. 39.

내리려면 GPS 신호를 받아야 하기 때문이다. 위치 기반 서비스를 통해 도시 인프라 관제 역량과 개인 사회생활의 편리성을 효율적으로 높이는 스마트 시티 사업도 GPS 교란으로 '블랙아웃' 등의 먹통이 될 위협에 처한다면 조기에 상용화되기 어렵게 된다.229)

북한의 사이버전 능력은 전자전 능력 이상으로 발전하였다. 북한의 사이버공격 능력은 단일적으로 실시하는 것이 아니라 전방위적으로 공격을 할 수 있는 능력을 가지고 있다. 즉 사이버 테러·범죄를 비롯한 사이버 심리전, 정보수집 그리고 물리적 EMP 공격 등을 이용하여 정보통신망 등을 공격하는 방법이다. 이들의 주요 공격 무기체계로는 DDoS 공격, 지능형지속위협(APT) 도구, 악성코드와 논리폭탄 등 논리적 무기체계와 스피어피싱, 종북이플 등의 심리적 무기체계를 갖추고 있는 것으로 알려지고 있다. 특히 북한은 사이버위협 근거지로 중국 베이징, 칭다오, 광저우, 선양, 다련 등지에서 활동하고 있다. 북한은 이미 한국을 대상으로 수차례 DDoS, 악성코드 등 사이버 공격도구를 이용해 국가기간망을 마비시키고 정보를 유출하는 등 한국을 내외적으로 혼란케 하고 있다.230)

북한이 사이버전의 컴퓨터 전쟁 행위를 일삼는 건, 공격에 따른 비용과 위험성이 낮기 때문이다. 저비용, 저위험도로 적국의 컴퓨터를 교란시킴으로써 군사 능력과 기능을 저해시킬 수 있다는 것이다. 심지어 보복 공격에 스스로를 노출시키지 않으면서도 현재 상태를 위협하는 것도 가능하기 때문이다. 북한은 가상 IP를 이용하거나 중국과 러시아 등 제3국 해외거점을 이용하여 원점식별이 제한되는 우회공격을 수행하고 있다. 주로 사회 중요분야에 대한 정보수집, 국가기관 기능 마비 도모, 대규모 사회혼란 조성 등을 목적으로 군 지휘통제체계, 정부기관, 금융사를 대상으로 지속해서 실시하고 있다.

현재 발생하고 있는 북한발 사이버 위협의 종류로는 ① 정부 주요 기관을 사칭

229) https://www.sedaily.com/NewsVIew/22MG4S02O4, 서울경제, "북한 우주 위협수준은 해킹, 재밍으로 GPS 교란시 한국 블랙아웃될 판". 2021.5.21.일자.

230) 김호중·김종하(2018) "대북 사이버 안보역량 강화를 위한 방안 : 사이버전 대비를 중심으로". 융합보안논문지, 제18권 3호, p. 127.

해 메일을 보내고, 응답 시 악성코드를 심어 보내는 스피어 피싱(spear phishing), ② 패치가 나오지 않은 소프트웨어의 취약점을 악용해 악성코드를 유포하는 방식, ③ 특정 집단이 주로 방문하는 웹 사이트를 감염시키고 악성코드를 유포하는 '워터링 홀(watering hole)' 등이 거론된다. 일부 전문가는 향후 예상되는 사이버공격으로 논리폭탄 공격(Logic-Bomb Attacks), 비동시성 공격(Asynchronous Attacks), 전자폭탄(E-Mail Bomb), 전자총(Electron Gun: 전자기장 발생을 통해 자기기록을 훼손하는 사이버 무기), EMP 폭탄(강한 전자기장을 내뿜어 국가통신시스템, 전력, 수송시스템, 금융시스템의 컴퓨터나 전자장비 등을 목표로 하여 사회 인프라를 일순간 무력화시키는 무기), 나노 기계(Nano Machine: 개미보다 작은 로봇으로 목표 정보시스템 센터에 배포되어, 컴퓨터 내부에 침투하여 전자회로기판을 작동 불능케 함으로써 컴퓨터를 불능 상태로 만드는 것으로, 하드웨어를 직접 대상으로 하는 무기 등을 들기도 한다.[231]

이중에서 전자기펄스((EMP: Electro-Magnetic Pulse) 폭탄[232]이나 고주파 전자총 등으로 강력한 전자기파를 방출하여 전자기기 체계를 작동 불능 상태에 빠지게 하는 전자기펄스(EMP) 공격 등을 통해 국가정보통신체계를 교란시키려는 시도들도 우려되고 있다. EMP란 전자장비를 파괴시킬 정도의 강력한 전기장과 자기장을 지닌 순간적인 전자기적 충격파로서 펄스의 지속 시간은 수십 나노초 내외로 매우 짧다. 문제는 EMP 대비책이 사실상 없다는 것이다. EMP 폭탄은 사전감지가 불가능한 데다 폭발 후 0.5~100초면 반경 수천km 내의 모든 전자시설을 파괴시킨다. 전문가들은 EMP탄이 무인항공기나 드론에 의해 운반된다면 엄청난 피해를

231) 유동열, "사이버 공간이 위태롭다". 미래한국 2016.4.11일자 참조.

232) 1962년 7월 태평양 존스턴섬 상공 400㎞에서 미국이 핵실험을 위해 수백 킬로톤(1킬로톤은 TNT 폭약 1000t 위력) 위력의 핵무기를 공중 폭발시켰다. 그러자 1,445㎞나 떨어진 하와이 호놀룰루에서 교통 신호등 비정상 작동, 라디오 방송 중단, 통신망 두절, 전력 회로차단 등 이상한 사건이 속출했다. 전기 · 전자 장비에 이상이 생겼기 때문이다. 700여㎞ 떨어진 곳에선 지하 케이블 등도 손상됐다. 이런 사태를 초래한 범인은 강력한 전자기(電磁氣) 펄스(EMP · electromagnetic pulse)인 것으로 뒤에 확인됐다. 유용원, "[전문기자 칼럼] 북한의 히든카드 核EMP 공격" 조선일보, 2016.6.29.일자 칼럼 참조.

끼칠 수 있기 때문에 국방분야 뿐만 아니라 민간 분야에서도 이에 대한 대비책을 서둘러야 한다고 주장하고 있다.233)

북한 사이버전 활동은 군사 행위가 일어나기 이전이나 군사 행위와 맞물려 발생할 수 있다. 예를 들어 부대 전개나 부대 이동과 관련된 정보가 전달되는 네트워크를 파괴하거나 교란시킬 경우, 북한군은 효과적으로 상대의 전술 및 전략을 와해시킬 수 있을 뿐만 아니라 혼란을 야기하고 전략 이행을 늦출 수 있게 된다.234)

3. 북한 사이버위협에 대한 한국의 대응체계

1) 사이버안보에 대한 법제도 현황

국가의 사이버안전은 군사기밀과 군사·외교 영역뿐 아니라 중요 정보시스템 보호, 산업기밀 및 개인정보 보호 등을 포함한 광범위한 영역에 영향을 미친다. 사이버안전이 국가의 안위와 국민의 편안한 삶에 대한 기반을 제공해주고 있기 때문이다. 따라서 우리 사이버안전과 관련된 활동은 한 두 개의 법률이 아니라 기본법인 '정보통신망 이용촉진 및 정보보호 등에 관한 법률'(이하 정보통신망법)과 기본 규정인'국가 사이버안전 관리규정'(대통령 훈령)을 비롯한 다양한 법령에 기반하고 있다. 사이버안전 및 정보보호에 관한 법령이 분야별로 분리되어 있는 것처럼 이를 수행하는 주체도 통합된 기관이 아니라 다수 기관이 각각 분야별 업무를 수행하는 구조로 되어 있다. 크게는 국가정보원이 국가 및 공공부문을 담당하고, 과학기술정보통신부가 민간부문 정보보호를, 행정안전부가 민간 정보통신 기반시설 보호를 관리하며 산업통상자원부가 정보보호 산업 육성을 담당하는 구조로 분할되어 있다.

먼저, 공공부문에 대한 사이버안전 및 정보보호 업무는 대통령 훈령인 '국가 사

233) 임주환, "[시론] 'EMP 위협' 민간분야도 예외 아니다" 디지털타임즈, 2015.4.13.일자 칼럼 참조.
234) 장구연 · 이기태(2016) 과학기술발전과 북한의 새로운 위협: 사이버 위협과 무인기 침투. KINU 통일연구원, KINU 연구총서 16-04, pp. 53-54 참조.

이버안전 관리규정' 및 '국가 위기관리 기본지침' 등에 근거하고 있다. 이 규정에 근거해 대통령실이 컨트롤타워 역할을 수행하고 국가정보원이 실무를 총괄 담당하며, 분야별로 민·관·군이 책임기관을 지정해 관련 활동을 수행하는 체제로 운영되고 있다.

둘째, 민간부문 사이버안전 및 정보보호 추진체계는 '정보통신망 이용촉진 및 정보보호 등에 관한 법률'에 주로 근거한다. 동 법률에 따라 대통령령으로 정하는 일정 규모 이상의 정보통신서비스 제공자(ISP)는 정보보호 최고책임자를 지정해 과학기술정보통신부장관에게 신고하여야 하며, 정보통신망의 안정성 및 정보 신뢰성을 확보하기 위한 보호조치를 강구해야 한다.

셋째, 정보통신 기반시설에 대한 정보보호 추진체계는 주로 '정보통신 기반보호법'에 근거해 추진되고 있다. 동 법에 따라 중앙행정기관은 전자적 침해행위로부터 보호가 필요하다고 인정되는 정보통신 기반시설을 주요 정보통신 기반시설로 지정하고, 분야별 정보통신 기반시설 보호를 위해 취약점 및 침해요인 관련정보 제공, 실시간 경보·운영을 위해 정보공유·분석센터를 구축·운영할 수 있도록 하고 있다.[235)]

다만, 2015년 3월 청와대 안보실 내에 사이버안보비서관이 신설됨으로써 한동안 지적된 컨트롤타워 정립 필요성에 대한 지적을 해소한 것은 무척 고무적이다. 그동안 미국이 백악관에 '사이버안보조정관'을, 영국이 내각에 '사이버보안실'과 '사이버보안운영센터'를, 일본이 내각 관방성에 '정보보안센터'를 설치해 사이버안보 대응역량을 강화한 것처럼 우리도 청와대에 전담 사이버보좌관제를 신설하거나 사이버보안 전담기관을 설립해야 한다는 의견이 비등했었기 때문이다.[236)]

일본의 경우는 2000년대 초부터 사이버위협의 심각성을 인식하고 2014년에 사이버안보기본법을 채택하였다. 2006년에 '제1차 정보보안 국가전략'을 채택하면

235) 박종재·이상호(2017) "사이버공격에 대한 한국의 안보전략적 대응체계와 과제". 정치정보연구, 20(3), pp. 79-113.

236) 위의 논문, p. 94.

서 본격적으로 사이버안보 정책을 구체화하기 시작하였고, 2010년 제3차 정보보안 국가전략에서는 사이버공간에서의 위협을 국가안보 측면에서 처음으로 일본의 자위권으로 인정하고 사이버방위 프레임을 설정하였다. 2012년 제4차 정보보안 국가전략에서는 정보보안 개념을 사이버안보 개념으로 대체하면서 사이버안보를 중앙집권화 하는 노력을 전개하였다. 그러한 노력으로 2014년에는 사이버안보기본법을 통과시키면서 사이버안보를 국가안보정책의 핵심으로 위치시켰다. 2015년에는 미·일방위협력지침 개정을 통해 미·일 군사동맹을 사이버영역까지 확장시켜 사이버방위전략을 통합하면서 미국의 사이버안보 우산까지 제공받으면서 긴밀한 협력을 해나가고 있다.237)

우리 한국의 경우는 2013년 북한에 의한 사이버공격으로 '3·20 방송·금융전산망 해킹사건'을 계기로 정부가 '국가사이버안전 전략회의'를 개최하여 국가 사이버안보 종합대책을 수립하였고, 국회에서도 본격적으로 사이버안보 입법을 추진하였다. 그러나 여·야간의 사이버안보 및 사이버 정보보호 등에 대한 인식의 차이로 아직까지도 사이버안보기본법을 채택하지 못하고 있는 실정이다. 2013년 이후 19대 국회부터 지금까지 국회의 입법 노력을 살펴보면 다음과 같다.

19대 국회에서 사이버안보 일반법 제정을 위한 주요 사례는 '국가 사이버테러 방지에 관한 법률안'(2013.4.9.일 서상기의원 대표발의), '국가 사이버안전 관리에 관한 법률안'(2013.3.26.일 하태경의원 대표발의), '악성프로그램 확산방지 등에 관한 법률안'(2012.6.14.일 한선교의원 대표발의) 등을 들 수 있다. 이들 법률안들에 대해서는 국정원을 컨트롤타워로 하는 것에 대한 반대 및 사이버공격시 기간통신사업자 등 초고속인터넷 제공업체가 인터넷주소 차단이나 접속제한 등의 권한을 갖는 것은 인터넷이용자의 권리를 과도하게 침해한다는 등의 야당의 반대로 진전이 없다가 19대 국회 임기만료로 자동폐기 되었다.238)

237) Paul Kallender and Christopher W Hughes(2017) "Japan's emerging trajectory as a 'cyber power': From securitization to militarization of cyberspace". *Journal of Strategic Studies*, Vol. 40(1-2), pp. 142-143.

238) 김재광(2017) "사이버안보 위협에 대한 법제적 대응방안". 법학논고 58집, p. 166.

20대 국회에서 정부에서 입법제안한 국가사이버안보법도 아직도 계류 중에 있다. 이 내용을 보면 다음과 같이 5가지 핵심적인 항목으로 구성되어 있다. ① 사이버안보 추진기구로서, 대통령소속으로 국가사이버안보위원회(위원장: 국가안보실장)의 설치를 규정하고 있다(안 제5조). ② 사이버안보를 위한 예방활동으로, 국가정보원장의 사이버안보 기본계획 및 시행계획의 수립(안 제10조), 국가정보원장의 사이버안보 실태의 평가(안 제11조), 국가정보원장 소속의 사이버위협정보공유센터를 통한 사이버위협정보의 공유(안 제12조), ③ 사이버안보를 위한 대응활동으로, 사이버공격의 탐지(안 제14조), 사이버공격으로 인한 사고의 통보 및 조사(안제15조), 국가정보원장의 사이버위기경보의 발령 및 사이버위기대책본부의 구성(안 제16조 및 제17조) 등을 주요 내용으로 하고 있다. ④ 국방분야에 대한 특례로서, 전시의 경우 이 법에 따른 사이버안보에 관한 업무는 군사작전을 지원하기 위하여 수행하도록 명시하고 있다. 그리고 ⑤ 개인정보의 처리 등 5개 항목이다.[239]

이 정부 법안의 특징은 사이버안보를 위한 예방활동과 대응활동에 있어 국가정보원장을 중심으로 하고 있다는 점과 국방분야의 특례를 명시하고 있다는 점은 사이버안보 대응체계에 대한 법 현실을 반영한 것으로 일원적이고 효율적인 대응에 중점을 둔 것으로 평가받고 있다.

그러나 중요한 것은, 크게 보아도 두 가지 문제점이 있다. 첫째, 국방분야의 특례 관련 내용이 전시에 한정되어 있다는 점이다. 평시 북한 또는 제3국의 사이버 도발 또는 사이버테러 상황을 상정하여 보복적인 사이버공격을 할 수 있는 법적 보장이 배제되어 있다. 둘째, 사이버 대응활동에 사이버공격의 탐지, 사고의 통보 및 조사, 사이버위기 경보 발령, 사이버 위기대책본부의 구성 등으로 수세적이고 소극적인 조치들은 포함되어 있으나 상황발생시 대응활동의 일환으로 국제적 정보공유 또는 수사에 대한 협조조치 및 공세적 대응조치에 관한 내용은 배제되어 있다는 점이다.

239) 위의 논문, pp. 169-172.

2) 군사적 관점에서의 문제점 및 대책

우리 정부도 '정보통신 기반보호법'을 통해 국가안전보장 · 행정 · 국방 · 치안 · 금융 · 통신 · 에너지 등 업무와 관련된 '주요 정보통신 기반시설'에 대해 위급 시 정부가 규제하고 명령할 수 있는 권한을 두고 있다. 또한, 공공부문에서는 대통령 훈령인 '국가사이버안전관리규정'에 근거하여 위급한 상황에 대한 대처가 불가한 것은 아니다. 그러나 행정기관 이외 민간분야 및 입법 · 사법기관 등 사이버공격에 대해 국가적으로 종합 대응하는 내용은 포함되어 있지 않는 등 적지 않은 문제점을 가지고 있으며, 여기에서는 군사안보적인 관점에서만 몇 가지 문제점을 제시하고자 한다.

첫째, 위급한 사이버위협 상황에서의 일사분란한 지휘체계가 불명확하다. 사이버 위협은 그 특성상 공공부문과 민간부문을 엄격히 구분하는 것이 불가능하다. 그럼에도 불구하고 우리 사이버안보 대응체계는 주관 기관이 소관 법률에 따라 혼재되어 있다. 앞서 살펴본 것처럼, 국가정보원이 공공분야, 국방부가 군사분야, 경찰청과 대검찰청은 이와 별도로 사이버테러 범죄를 담당하고 있고, 과학기술정보통신부 산하 한국인터넷진흥원(KISA)이 민간분야를 전담하고 있는 등 분권화되어 있어 총괄 전담기능이 약하다. 특히, 위기 시 소속 집단의 이익을 우선적으로 추구하는 집단 이기주의가 나타날 수밖에 없기 때문에 통합된 대응체계를 유지하는데 상당한 어려움이 있다.[240]

이러한 분산된 대응 및 관리체계는 실제 사이버 침해사고 발생 시, 초기 신속한 대응에 혼선을 초래할 여지가 크다. 사이버공격은 특성상 초기에 공격 주체가 개인인지, 조직인지, 국가인지 여부를 확인하기 어렵기 때문이다. 따라서 공격 실체와 대상이 정확히 규정되지 못한 상태에서 적절한 대응체제를 가동해 신속 조치를 취하기 어려운 귀속(attribution)의 한계가 발생하는 것이다. 이 문제의 해결이 어

240) 정준현(2012) "국가 사이버안전을 위한 법제 현황과 개선 방향". 국가정보연구, 제4권 2호, pp. 25-26.

려운 이유는 기술적 측면에서 위장이나 우회공격이 용이하기 때문에 공격자를 추적하기 어렵고, 기술 외적인 문제로서도 개인 또는 민간기업의 자발적 협조를 얻기 쉽지 않을 뿐 아니라 해외로부터 발생한 공격을 추적하는 데 법적 제약이 많기 때문이다. 또한, 분권화된 관리·대응 체계에도 불구하고 사이버보안 부문을 국가의 일반 정보보호 시스템과 구별하지 않음으로써 정보보안에 대한 과잉 대응 소지가 있는 점도 문제다.[241]

둘째, 사이버위기와 재해·재난 위기관리 대응체계의 연계성이 부족하다. 사이버공격은 일부 지역에 국한해 발생하는 물리적 공격과 달리 초국가적으로 시·공간을 초월하여 전기·통신 차단, 교통대란 등 공공·민간 영역 구분이 없이 동시다발적으로 발생함으로써 사이버위협 요인을 조기에 파악하여 차단하지 않을 경우 피해가 순식간에 확산되는 특성이 있다. 하지만, 우리나라는 사이버분야 위기사태가 물리적 위기로 확대될 경우, 기존 안보 및 재해·재난 위기관리 대응체계와 연계성이 떨어지는 방향으로 시스템이 구축되어 있다. 안보위기 시에 대북 정보감시태세인 워치콘(WATCHCON), 전투준비태세인 데프콘(DEFCON), 범정부 대비태세인 충무계획, 민관군 통합방위사태 등이 서로 밀접히 연계되어 있고 한미 연합작전 차원으로도 연동되어 있다. 하지만 사이버안보 위기대응은 2001년 이후 국방부가 정보작전 방호태세로서 인포콘(INFOCON) 체제를 마련해 시행하고는 있지만, 이는 북한의 사이버공격 징후에 한해 국방부 산하기관에 발령되는 관계로 일반 정부부처 및 공공부문, 민간영역의 대응태세와는 거리가 많은 실정이다.[242]

셋째, 평시 북한 또는 제3국의 사이버도발 또는 사이버테러 상황을 상정하여 보복적인 사이버공격을 할 수 있는 법적 보장이 배제되어 있다. 지금 국회에 계류 중인 정부입법안인 '국가사이버안보법' 초안에 국방분야에 대한 특례로서, 전시의 경우 이 법에 따른 사이버안보에 관한 업무는 군사작전을 지원하기 위하여 수행하도록 명시하고는 있다. 그러나 이것은 전시에 한정되어 있어서 평시 사이버테러 또

241) 박종재 · 이상호(2017) 앞의 논문, pp. 93-94.
242) 김재광(2017) 앞의 논문, p. 167.

는 사이버도발에는 적용되지 않는다는 점이다. 그동안 우리 사회에 대한 대규모 사이버 공격은 대부분 북한에 의해 반복적으로 이루어져 왔다. 하지만 많은 혼란과 피해에도 불구하고 우리는 한 번도 제대로 대응조치를 취하지 못했다. 2014년 말 미국 소니사에 대한 북한의 해킹 이후 미국 정부가 신속한 수사를 통해 북한이 배후임을 확인하고 보복공격을 취한 것과는 너무나 대비된다.243)

따라서, 이와 같은 문제점을 극복하고 안정적인 사이버위협 상황을 관리하기 위해서는 다음과 같은 대책이 요구된다.

가) 통합대응을 위한 법제 및 추진체계의 개선

사이버안보 강화를 위해서는 심각한 사이버 침해사고 및 이로 인한 물리적 재난 발생시 정부·공공기관·민간 영역이 통합되어 대응할 수 있도록 하는 지휘체계 통합을 위한 법제화가 필수적으로 요구된다. 현재는 침해사고의 성격 및 유형에 따라 역할을 분담하고 있으나, 위기 시는 이를 제대로 구분하기 힘들고 누가 주도해야 하는지도 사실상 불분명해지기 마련이다. 국정원(NCSC) 및 미래창조과학부(KISA), 대검찰청(사이버범죄 수사단), 국방부(사이버사령부), 경찰청(사이버안전국 사이버테러대응센터) 등이 저마다의 전문지식과 법적 권한을 가지고 있으므로 이들이 위기 시에 유기적으로 통합되기 위해서는 법적 제도화가 필요한 것이다. 특히, 이들이 '권한만 행사하는 기관'이 아니라 '책임지는 기관'이 될 수 있도록 법제를 정비해야 한다.

현재 우리나라는 사이버안보와 관련된 법적 근거는 대통령훈령인 국가사이버안전관리규정이 있다. 이 규정은 '국가사이버안전에 관한 조직체계 및 운영'에 대한 사항을 규정하고 '사이버안전업무를 수행하는 기관간의 협력'을 강화함으로써 '국가안보를 위협하는 사이버공격'으로부터 '국가정보통신망을 보호'함을 목적으로 한다. 이 대통령훈령을 법제화하여 '(가칭)국가사이버안보법'으로 신설할 필요가

243) 박종재 · 이상호(2017) 앞의 논문, p. 94.

있다. 이 법을 입법하는 경우 반드시 포함되어야 할 내용은 사이버상 안보위해행위(사이버간첩교신, 사이버테러, 우리의 안보를 위해하는 문건의 게시 등 선전선동 행위 등)를 처벌할 수 있도록 하는 것이다. 만일 이러한 입법이 현실적으로 어렵다면 우선 국가보안법 내에 사이버안보범죄 관련 조항을 신설하여 대응해야 한다. '(가칭)국가사이버안보법'이 제정되면 사이버안보대응센터의 설치근거를 마련하여, 명실상부한 통합 국가 사이버안보 대응기구를 조직해야 할 것이다.[244)]

이를 위해서 지금도 국회에 계류 중인 '국가사이버안보법'(가칭)의 제정이 하루빨리 이루어져야 한다. 일본의 경우는 북한과 같은 직접적 위협 대상국이 없는데도 불구하고 2014.11월 '사이버 시큐리티'법을 제정해 통합적 대응체계를 갖췄다. 이를 근거로 내각 관방장관을 본부장으로 하는 '사이버 시큐리티 전략본부'를 설치해 국가안보 전략의 수립뿐 아니라 민·관 주요기관의 보안체계 강화를 위한 통합적 노력도 전개하고 있다.[245)]

나) 안보·재난 관리체계와 연계 강화

앞서 살펴본 것처럼, 우리나라는 사이버 위기가 물리적 위기로 확대될 경우, 기존안보 및 재해·재난 위기관리 대응체계와 분리되어 시스템의 연계성이 떨어진다는 지적이 많다. 앞으로는 사이버 위기와 물리적 위기 간의 구별이 시간이 갈수록 더 모호해지고 위기 확산 속도도 더욱 빨라질 가능성이 크기 때문에 일체화된 대응이 이루어지지 않으면 효율적 대응이 어렵다.

이를 감안해서 먼저, 사이버 위기 대응체계를 기존 안보 대응체계에 보다 구체적으로 연동시켜 초기 대응역량을 향상시켜야 한다. 그동안의 대규모 사이버공격이 주로 북한에 의해 이루어졌음을 고려해서 국가안보 관점에서 대응 시스템을 마련해야 하는 것이다. 특히, 북한이 김정일·김정은의 연이은 지시로 사이버전력을 국가목표 달성을 위한 무기이자 핵심 전력으로 양성하면서 유사시 활용할 막강 공격

---

244) 김종호(2016) "사이버 공간에서의 안보의 현황과 전쟁억지력". 법학연구, 16(2), p. 149.
245) 박종재·이상호(2017) 앞의 논문, p. 99.

력을 갖추고 있기 때문이다. 이를 위해 정부의 정보감시태세인 워치콘(WATCHCON)과 유사한 사이버콘(CYBERCON, 가칭) 등의 체계를 만들어 운영하는 것을 검토할 필요가 있다. 워치콘과 같이 대응태세를 5~1단계로 나누고 상황에 따라 단계를 조정해 대응자원 및 수단을 차별적으로 운용한다면 실효적 대응을 한층 강화할 수 있을 것이다. 그리고 국방부가 별도 운영하는 인포콘(INFOCON) 체제를 '사이버콘(가칭)'에 통합해 민·관·군 전 영역에 걸친 국가적 대응체계로 운용한다면 사이버전 초기 대응능력을 대폭 향상시킬 수 있을 것이다.[246]

다) 능동적 억지전략의 추진

우리도 사이버 공격에 대한 방어 일변도의 대응에서 벗어나 능동적 억지전략을 도입해야 한다는 주장이 확대되고 있다.[247] 잠재 공격자가 침입을 통해 얻을 수 있는 예상 이익보다 손실이 더 클 것임을 분명히 인식시킬 때에만 적극적 의미에서의 억지가 성공할 수 있기 때문이다. 북한의 우리 한국에 대한 수많은 사이버공격이 반복되는 것도 이에 대해 북한이 감내하기 어려운 정도의 사이버 보복공격을 한 번도 제대로 실행하지 못했기 때문이라는 사실을 부인할 수 없는 현실이다.

군사적 의미에서 능동적 억지전략이란 기존 억지전략 보다 상향된 대응개념으로 적의 공격징후가 포착되면 공격이 현실화되기 전에 선제 타격하는 대응개념이다. 북한이 핵·미사일 중심의 대량살상무기 비대칭 전략을 추구하고 있는 상황에서 1차 피격된 후 반격하는 개념은 더 이상 합리적 대응이 될 수 없다. 우리 군이 킬체인(Kill-Chain)을 구축해 북한의 핵·미사일에 선제적으로 대응하려고 하는 이유도 여기에 있다. 물론, 사이버 영역에서는 공격징후가 식별되기 어렵고, 근원지 및 공격주체를 파악하기 용이하지 않기 때문에 억지전략을 적용하는 것이 쉽지 않다. 하지만 '탈린 매뉴얼'(Tallin Manual)에서도 사이버 공격을 무력분쟁의 하나로 규

---

246) 위의 논문, p. 103.

247) 엄정호(2013) "사이버안보를 위한 능동적 사이버전 억제전략". 보안공학, 제10권 제4호; 김종호(2016) 앞의 논문; 박종재·이상호(2017) 앞의 논문 참조.

정하고 심각한 자산 피해가 발생할 경우 군사력을 사용할 수 있다고 명시하고 있다. 이처럼 심각한 사이버 공격에 대해서는 사이버공격 뿐만 아니라 정보·전자전 및 물리적 군사력의 동원에 이르기까지 다양한 억지전략의 검토가 가능할 수 있다. 따라서 기존의 방어적이고 수동적인 사이버안보 전략에서 공세적이고 적극적인 대응 및 보복 개념을 도입함으로써 능동적 사이버 억지전략을 단계적으로 수행해 나가는 방안을 검토할 필요가 있다.

이를 위해서는 다음과 같은 네 가지 정책적인 조건을 검토해야 한다. 첫째, 전시 이전에 평시에도 북한 또는 제3국의 사이버도발 또는 사이버테러 발생 시에 즉각 보복적인 사이버공격을 할 수 있는 법적 보장조치가 이루어져야 한다. 여기에서의 법적 보장조치는 앞에서 언급한 것처럼, 사이버공격은 공격주체를 식별하기가 쉽지 않기 때문에 이에 대한 국제적 정보공유 및 수사협조가 가능하도록 보장되어야 하는 법적인 보장도 포함되어야 한다. 지금 국회에 상정되어있는 '국가사이버안보법'에도 전시 군사지원을 위한 국방분야 특례만 포함되어 있고, 평시 도발 또는 테러에 대한 사이버 보복공격이 가능하도록 보장하는 법적 규정은 누락되어 있는 실정이다.

둘째, 현재 방어 위주로 편성된 사이버사령부 등 우리 정부 관련기관의 편제개편 및 역량 강화가 선행되어야 할 것이다. 사이버공격을 할 수 있는 법적인 보장하에 이를 시행할 수 있는 조직과 인력 및 장비가 갖추어져야 하기 때문이다. 우리 정부가 물리적 도발에 대해 원점은 물론 지휘·지원세력까지 보복 타격하겠다는 방침과 절차를 마련해 놓고 있는 것처럼 사이버 공격에 대해서도 '탈린 매뉴얼'을 적용하거나 교전규칙에 따른 대응지침을 만들어 대응할 필요가 있다. 최근 '사이버사령부'의 명칭이 '사이버작전사령부'로 변경되었다. 즉, 도발상황 발생 시에 즉각 대응하겠다는 의지를 가지고 보다 공세적인 개편을 했다는 것은 대단히 고무적이다. 사이버 공격에도 반드시 응징·보복하겠다는 의지를 명확히 천명하고 그런 능력을 현실화할 수 있을 때에만 사이버 영역의 안보도 가능할 것이기 때문이다.[248)]

셋째, 사이버 집단안보의 문제이다. 사이버 공격이 점차 국가간의 적대적인 전쟁의 한 형태로 확대되어 감에 따라 '탈린 프로세스(Tallinn Process)'가 지향하는 것처럼, 사이버동맹 체제가 구축되어 가고 있다. 미국은 사이버공격 대책에서 동맹국 등과 협력을 추진하겠다는 뜻을 나타내는 동시에, 집단방위를 규정한 동맹국과의 조약상의 의무를 사이버공간에도 적용하려고 하고 있다. 특히, 2014년 10월에 발표된 '미일방위협력지침(가이드라인)'에서도 보는 바와 같이, 사이버공간에서의 국제협력의 중요성이 지적되었다. 이러한 점을 감안하면, 한미동맹을 안보정책의 기축으로 하는 우리나라에 있어, 미국의 사이버억지에 관한 국제협력 정책방향을 이해하는 것은 지극히 중요하다고 할 수 있다.

넷째, 군사적 억지를 위한 우리의 사이버 군사전략과 수단이 개발되어야 한다. 보복에 의한 사이버공격을 할 수 있는 법적인 보장이 된다고 하더라도 그 사이버 군사전략과 수단이 없으면 무용지물이다. 이를 통해 능동적 억지전략 시행을 위한 전략 및 교리 등을 개발하고 공격목표 및 기법의 선택, 무기체계의 할당 등이 단계별·체계적으로 이뤄질 수 있도록 해야 한다. 특히, 평시에 사이버도발 또는 사이버테러에도 대응할 수 있는 억지력을 가져야 한다. 미사일과 같은 물리적 파괴무기로는 확전이 불가피한 한계를 가지고 있다. 따라서 공격주체를 불분명하게 할 수 있고, 비살상·비파괴적인 방법을 통해 즉각 보복을 받지 않을 수 있는 수단과 방법으로 강구될 필요가 있다. 바로 이러한 관점에서 한국형 사이버 군사전략으로서 '사이버전자전'을 수단으로 하는 '네트워크마비전'은 군사적인 실천적 차원에서 어떻게 수행되어야 할까?

---

248) 엄정호(2013) 앞의 논문, p. 410.

Chapter Ⅳ

네트워크마비전략의 개념과 군사전략적 가치

Chapter Ⅳ

네트워크마비전략의 개념과 군사전략적 가치

사이버 군사전략은 사이버라는 특수성 때문에 발생하는 불가피한 제한사항은 있지만, 사이버 기술의 발전에 따라 그 신뢰성이 점차로 더 높아지고 있는 추세라는 점에서 사이버수단에 의한 억지전략이 훨씬 더 수월하게 이루어질 수 있다는 반론도 제기되고 있다.[249] 또한, 사이버전 기술의 발전과 함께 사이버공간과 전자기스펙트럼 공간간의 연계성이 높아짐에 따라 사이버수단에 의한 억지의 개념도 확대되고 있는 추세이다. 즉, 단순히 사이버공격에 대한 사이버수단에 의한 대응이라는 협의의 개념을 넘어서, 사이버공격에 대한 다양한 수단으로의 보복, 또는 사이버공격 이외의 다양한 위협과 공격에 대한 사이버수단으로의 보복 등 그 개념은 확대되고 있다. 따라서 사이버억지를 달성하기 위한 사이버전의 대응방법이나 수단도 보다 폭넓게 검토될 필요가 있다.

이러한 사이버 억지력을 발휘하기 위한 사이버전 능력은 상대방의 사이버공격이나 위협에 대한 보복 또는 선제공격을 할 수 있는 사이버공격 능력을 의미한다. 그러나 '사이버전' 또는 '사이버공격'이라는 용어는 민간영역과 군사영역 구분없이 사이버공간을 바탕으로 전개되는 일반적인 개념으로 사용되므로, 군사적인 영역에서는 '사이버전'이라는 용어 대신 '컴퓨터네트워크작전(CNO: Computer Network Operations)' 또는 '컴퓨터네트워크공격(CNA: Computer Network Attack)'이라는 용어를 사용한다. 즉, '컴퓨터네트워크작전(CNO)'이란 군 그리고 군과 관련된 제한된 사이버 공간상에서 이루어지는 사이버전이라고 구분하고 있기 때문이다.[250]

---

249) Will Goodman(2010) "Cyber Deterrence: Tougher in Theory than in Practice?". *Strategic studies Quarterly*. p. 128.

따라서, 사이버 공격능력을 위한 사이버 군사전략을 검토하기 위해서는 컴퓨터네트워크작전(CNO)이라는 개념을 중심으로 논의가 시작되어야 하며, 이 컴퓨터네트워크작전은 '네트워크중심전(NCW: Network Centric Warfare)'이라는 군사이론을 토대로 하고 있기 때문에 '네트워크중심전(NCW) 개념 하에서의 컴퓨터네트워크작전(CNO)' 개념부터 살펴보아야 한다. 이를 위해서 사이버 군사전략이 성공하기 위해서 반드시 필요한 요구능력이 무엇인가를 먼저 도출해 보고, 이 컴퓨터네트워크작전(CNO) 개념이 점점 수단과 방법이 확대되어가는 억지에 필요한 요구능력에 충분히 부합하는가를 면밀하게 검토해 보아야 한다. 이러한 과정을 통해서 보다 효율적인 사이버 군사전략을 위해서는 무엇이 보완되어야 할 것인가를 도출해 보아야 한다.

제1절 기존 컴퓨터네트워크작전(CNO)의 제한사항

1. 네트워크중심전(NCW)하 컴퓨터네트워크작전(CNO)

국·내외의 군과 관련된 많은 기관 및 학자들은 과학 및 정보기술의 혁신적인 발전에 기반한 네트워크중심전(NCW: Network Centric Warfare) 이론을 토대로 하여, 정보작전(IO: Information Operations), 사이버전쟁(Cyber War) 혹은 군의 컴퓨터네트워크작전(CNO: Computer Network Operations)에 대한 중요성을 인식하고 그 가능성과 잠재되어 있는 역량에 대해 폭넓은 논의를 진행하고 있다.

250) 배달형·조용건(2009) "NCW하 컴퓨터네트워크작전(CNO)의 작전적 원리와 한국군의 발전방향". 국방연구, 제52권 2호, p. 51.

네트워크중심전(NCW) 개념은 미군이 군사혁신을 추진하는 과정에서 구체화되기 시작하였으며, 1998년 미 해군의 세브로브스키(Arthur Cebrowski)와 가르스트카(John Garstka)가 공동으로 작성한 "Network Centric Warfare: Its Origin and Future"라는 논문을 통하여 본격적으로 소개되었다. 최초에는 해군의 군사력 변환을 목적으로 발전되었기 때문에 해군에 제한된 개념으로 제시되었다. 하지만 미군은 해군에만 국한하지 않고 전체 군 차원에서 네트워크중심전 구현에 요구되는 개념과 능력을 개발하고 적용하기에 이르렀다. 급기야 2001년 부시행정부가 출범하고 국방장관으로 취임한 럼스펠트(Rumsfeld)는 군사력변환실을 신설하고 네트워크중심전 개념을 제시한 세브로브스키(Cebrowski)를 실장에 임명함으로써 네트워크중심전이 군사력 변환의 핵심임을 확실히 하였다.[251]

미 국방부는 네트워크중심전(NCW)을 "정보시대의 새로운 전쟁이론이며, 미래 합동군의 대응을 구상하는 최상위 수준의 포괄적 군사개념의 논리적 근거"라고 명시하고 있다.[252] 이는 네트워크중심전이라는 이론을 군사 부문에 적용함으로써 인식공유와 자기동기화, 통합을 통해 군사 부문에서 가치창출이 가능하게 되었으며, 이를 토대로 미래 전장에서의 전투력은 정보의 공유, 정보에 대한 접근 그리고 속도로부터 나온다는 논의가 군사 부문의 학자나 전문가들 사이에서 점차 공감을 얻어가고 있음에 따른 것이다. 네트워크중심전을 수행하는 선결조건으로서 네트워크의 중요성이 증대됨에 따라 미군은 네트워크 및 정보를 관리하고 보호하기 위해 다양한 도구 및 기술들을 개발하게 되었으며, 네트워크 작전(Network Operations, NetOps)이라는 새로운 교리를 제안하고 발전시키고 있다.[253]

세계 각국 또한 네트워크중심전(이하 NCW로 표현)에 대한 관심을 높이고 자국의 전략 환경과 여건에 적합하도록 NCW이론을 군사력 변환에 적용시키고 있다.

251) 유진철 · 이원우 · 임원택 · 신규용(2012) "한국군에 적합한 네트워크 작전수행방안 연구". 국방연구, 제55권 제2호, p. 49.

252) Office of Force Transformation(2005) *The Implementation of Network-centric Warfare*. DoD, p. 3.

253) Joint Chief of Staff(2010) *Joint Communication System*. Joint Publication 6-0, pp. IV-2-3.

NCW가 정보기술과 이를 토대로 하는 방법과 수단의 혁신적인 발전에 따라 이를 군사에 적절히 적용하려는 이론이라는 관점에서 보면, 대부분의 국가들이 전체적 혹은 최소한 부분적으로나마 NCW를 추진하고 있다고 할 수 있다. 유럽의 경우, 덴마크, 노르웨이, 네덜란드 등은 NCW라는 미국의 용어나 개념을 그대로 채택하여 발전시키고 있고, 영국과 독일은 NEC(Network Enabled Capability), 스웨덴은 NBD(Network Based Defense)라는 명칭으로 발전시키고 있다. NATO에서는 이와는 별도로 NCW의 관점에서 미국과의 상호운용성 증대를 위해 'NATO Network Enabled Capabilities'라 불리는 구상이 채택되어 진행 중이다. 유럽 이외에도 이 같은 이론을 적용하여 군사력변환 정책으로 채택하고 있는 국가들로는 오스트레일리아가 NEW(Network Enabled Warfare)라는 용어를 사용하고 있으며, 싱가포르가 KBCC(Knowledge-Based Command Control)라고 명명하고 이를 발전시키고 있다.[254)]

이와 같은 포괄적인 정의와 세계적인 추세에 따라 일부 국내연구에서도 NCW 이론의 확장성을 인정하고 있다. NCW는 모든 부대와 무기체계를 네트워크를 통해 연결함으로써 신속하고 정확한 정보공유와 상황인식을 보장하고 임무에 가장 적합한 전투력을 필요한 시간과 장소에 집중 운용함으로써 군사력의 효율성을 극대화할 수 있게 한다.[255)] 즉, NCW는 지리적으로 분산된 모든 전투력 요소를 네트워크로 연결·활용하는 전쟁수행 개념과 방식이다. 구체적으로 보면, (i) 전장의 제 전력요소들을 효과적으로 연결, 네트워킹하고, (ii) 지리적으로 분산된 제 전력요소들이 전장의 정보를 공유하고 상황인식을 제고함으로써, (iii) 지휘관 중심의 공동노력과 자체동기화를 가능하도록 하며, (iv) 지속성과 속도지휘를 창출하여, (v) 결과적으로 임무수행의 효과성을 극적으로 증대시킨다는 전쟁 개념이다.[256)]

---

254) 배달형·조용건(2009) 앞의 논문, p. 44.

255) 황정섭·백해현(2008) "네트워크 중심전을 위한 군 정보통신장비 기술/발전 동향". 한국전파학회지, 제19권 4호, p. 1.

256) NCW에 대한 자세한 설명을 위해서는 David Albert, John Garstka, Frederick Stein (1999) *Network Centric Warfare*. CCRP, pp. 88-103; Arthur K. Cebrowski & John J. Garstka (1998) *Network Centric Warfare: Its Origin and Future*. Proceedings of Naval institute

NCW 구조를 설명하는 기본 이론은 ① 센서격자망, ② 교전격자망, ③ 정보격자망 등 3개의 격자망 속에 그 핵심이 있다고 볼 수 있다.[257] 센서격자망은 여러 가지 다양한 유형의 감시센서들을 연결해서 전장상황을 폭넓게 그리고 적시에 알 수 있게 하고, 교전격자망은 여러 가지 다양한 무기체계들을 통합해서 전투력을 대폭 증가시키는 역할을 하는 것이다. 물론, 정보격자망은 앞의 센서격자망과 교전격자망을 서로 밀접히 연결해서 망 안에 포함되어 있는 모든 감시장비들과 타격 무기체계들을 하나의 장치가 작동하는 것처럼 묶어 주는 것이 되는 것이다. 즉, 센서격자망에 의해 획득된 정보 및 지식을 분산 작전 중인 각급 부대에 빠른 속도로 전파, 공유하게 함으로써 각급 부대가 스스로 자체적인 동시 동기화를 신속히 하고, 그 결과 빠른 작전 템포, 효과중심 정밀타격, 충격 및 마비효과, 합동성 등을 발휘하여 단기간 내 적을 무력화하는 것이다.

이러한 NCW이론의 포용력과 확장성으로 인해 NCW이론은 미국이 최근 지속적으로 발전시키고 있는 합동작전의 대표적인 전쟁 수행철학과 수행 개념들 즉, 전장에서 핵심적인 효과에 중점을 두고 작전을 수행한다는 속성을 가지고 있는 효과중심작전(EBO: Effect Based Operations)이나, 이전 미군의 합동작전 수행을 위한 통합개념으로서 발전시키려 노력하였던 신속결정작전(RDO: Rapid Decisive Operations) 개념, 그리고 실천적인 핵심 작전수행개념으로서 정보작전(IO) 및 그 핵심활동 중 하나인 컴퓨터네트워크작전(CNO)에 이르기까지 많은 군사 개념들의 핵심적인 이론적 토대로 작동되고 있다고 인정하고 있다.[258]

따라서, NCW 이론을 중심으로 해서 효과기반작전(EBO), 네트워크중심작전(NCO), 네트워크중심작전환경(NCOE) 등 NCW 이론구현을 위한 포괄적인 개념들과 정보작전(IO), 사이버작전(CW), 컴퓨터네트워크작전(CNO)과 같은 작전수행

(www.usni.org/ proceeding/Article 98/Pro cebrowski.html); 조한승(2012) "21세기 전쟁양상의 변화와 실제-NCW전쟁: 이라크자유 작전". 안보학술논집, 23집 상, pp. 123-187; 권태영 · 노훈(2008) 참조.

257) 노훈 · 손태종(2005) "NCW: 선진국 동향과 우리군의 과제". 주간국방논단, 제1046호, p. 2 내용 참조.

258) 배달형 · 조용건(2009) 앞의 논문, p. 47.

개념 등 용어와 개념들 간의 위상관계를 분명하게 할 필요가 있다. 우선, 네트워크중심작전(NCO)와 정보작전(IO)과의 관계를 살펴보면 다음과 같다.

네트워크중심작전(NCO: Network Centric Operations)은 NCW 이론을 군사작전에 적용하기 위해 포괄적 개념으로서 발전되었으며, 전·평시 전반에 걸쳐 NCW 이론과 원리를 군사작전에 적용하기 위한 실천적 활동으로서 효과중심작전(EBO)[259]과 함께 군사작전 수행시 매우 포괄적으로 적용되는 광범위한 작전개념 중의 하나이다. 그러므로 네트워크중심작전은 전장승리 달성을 목적으로 하는 모든 전투력, 즉, 기동, 화력 그리고 정보력에서의 작전활동을 포함하는 개념이라 할 수 있다.

한편, 정보작전(IO)[260]은 정보우위 달성을 목적으로 전투력 구성요소 중 정보력 구현과 관련된 작전 개념으로서, 정보 및 정보체계와 관련된 작전활동을 말한다. 정보작전은 다양한 활동과 능력으로 구성된다. 즉, 정보작전은 정보우위 달성을 위해 정보작전의 전자전, 심리전, 컴퓨터네트워크작전 등 핵심활동과 대정보 등 지원 활동 및 공보 및 민군작전 등 관련 활동과 능력들의 시너지적 조합을 통한 작전 활동이 수행된다.

따라서, 네트워크중심작전(NCO)은 개념 체계상 효과중심작전(EBO)와 같이 포괄적인 최상위 개념 혹은 수행철학이라 할 수 있는 데 비해, 정보작전(IO)은 통합개념을 구성하는 부속개념의 하나로서 기동, 화력 등 개념과 함께 통합개념, 중추

259) 효과중심작전(EBO)은 1980년대 말 미국 공군의 뎁튤라(David Deptula) 등에 의해 개발되어 걸프전과 이라크전에서 본격적으로 적용된 개념이다. 군사작전 수행시 특정표적을 공격해 파괴하는 것이 아니라, 그 표적을 공격해 달성하고자 하는 효과에 중점을 둔다는 것이다. 다시 말해 적의 전체 군사력을 격멸하지 않고 적의 전쟁지도체계 등 핵심적인 요소만 파괴시킴으로써 적의 저항의지만을 박탈시키면 된다는 개념이다.

260) 정보작전(IO: Information Operations)은 미국이 1990년대 중반부터 발전시킨 개념으로, 정보우위 달성을 목적으로하여 전투력 구성요소중 정보력 구현과 관련된 작전개념으로서, 정보 및 정보체계와 관련된 작전활동을 말한다. 정보작전에는 다음과 같은 활동 또는 능력들이 포함된다. 일반적으로 전자전(EW), 작전보안(OPSEC), 컴퓨터네트워크작전(CNO)과 지원요소로서 정보보안(IS), 대정보(Counter-Intelligence), 대기만(Counter-Deception) 그리고 관련요소로서 공보(PA)와 민사작전(CA) 활동 등을 포함하며, 이들의 노력의 통합으로 이루어지는 작전개념이다.
이남택 · 오명호 · 김태호 · 김영준 · 신내호(2006) "육군의 미래 NCW 개념과 구현방안 연구". 한국전략문제연구소, 전투발전, pp. 135-136.

개념의 효과적 구현을 위한 실천적 핵심작전 활동 혹은 개념 중 하나이다. 한편, 컴퓨터네트워크작전(CNO)은 그 보다 더 하위 개념 중 하나로서 정보작전(IO)을 구현하기 위한 실천적 작전 활동이나 능력 중 하나이다.[261] 즉, 컴퓨터네트워크작전(CNO)이란 용어는 1990년대 이후 미군에 정보작전(IO)이라는 개념이 도입되면서 그것의 주요 핵심활동 능력의 하나로서 컴퓨터네트워크공격(CNA)이란 용어로 처음 등장하였으며, 일반적으로 사이버공간에서 이루어지는 군사작전 수행개념 하나로 용어를 사용하고 있다.[262] 따라서 여기서, 정보작전이라는 용어와 사이버전 및 컴퓨터네트워크작전 등의 용어의 차이를 분명하게 구분할 필요가 있다.

먼저, 정보작전(IO)은 위에서 언급한 것처럼, 컴퓨터네트워크작전(CNO)을 실천적 작전활동으로 포함하는 상위의 개념이다. 반면에, 사이버전은 사이비공간을 바탕으로 전개되는 분쟁을 말하며, 이는 민과 군의 영역을 모두 포함하는 의미를 가지고 있다. 하지만 정보작전은 군 그리고 군과 관련된 영역에서만 수행되는 것으로서 그 정의와 구분을 명확히 하고 있다. 특히 사이버 공간에서의 분쟁은 아직까지도 프라이버시 문제와 법적 이슈에 대한 논의가 진행 중에 있고 또한 그 문제가 군사적 관점에서는 선제공격과 예방공격과 같은 미묘한 문제까지 포함되고 있기 때문에 그 선을 명확히 해둘 필요가 있다. 컴퓨터네트워크작전은 군 그리고 군과 관련된 제한된 사이버공간 상에서 이루어지는 사이버전이라 할 수 있다. 그러므로 컴퓨터네트워크작전은 사이버전의 범주 중에서 군 그리고 군과 관련된 영역으로 제한되는 군사작전의 의미를 가지고 있다.

이러한 개념의 차이를 구분한 상태에서 컴퓨터네트워크작전(CNO)의 정의를 좀 더 구체적으로 살펴보면, 우선, 컴퓨터네트워크작전(CNO)은 컴퓨터네트워크공격(CNA)과 컴퓨터네트워크방어(CND)로 구분한다.

첫째, 컴퓨터네트워크작전(CNO)은 '컴퓨터네트워크와 관련된 기반장비를 토대로 하는 군사 및 군사 관련 영역의 컴퓨터네트워크상 공간에서 적의 컴퓨터 네트

261) 배달형 · 조용건(2009) 앞의 논문, pp. 49-50.
262) 배달형(2008) "컴퓨터네트워크작전(CNO) 개념정립과 발전방향". 주간국방논단, 1192호, p. 6.

워크와 그에 내재해 있는 정보를 공격하여 붕괴시키거나 정보활동을 통해 적의 컴퓨터네트워크를 이용하는 한편, 군의 컴퓨터네트워크와 정보를 방어하는 무형적(non-kinetic) 정보작전 활동'으로 명확히 개념을 정의할 수 있다. 이때 컴퓨터네트워크방어(CND: Computer Network Defense)는 '아군의 컴퓨터 및 컴퓨터네트워크에서 인가되지 않은 활동에 대하여 이를 방호, 감시, 분석, 탐지, 대응하기 위해 취해지는 활동'으로 정의할 수 있을 것이며, 컴퓨터네트워크공격(CNA: Computer Network Attack)은 '컴퓨터들과 컴퓨터네트워크 혹은 컴퓨터와 컴퓨터네트워크 자체에 내재하고 있는 정보를 혼란(disrupt), 차단(block), 손상(degrade), 파괴(destroy)하거나 정보활동에 의해 이를 이용(exploit)하는 공세적 활동'으로 정의할 수 있을 것이다. 또한, EMP탄, HPM탄, 나노머신, Chipping 미생물무기 등 하드웨어적인 정보무기에 의한 컴퓨터 네트워크에 대한 공격은 정보작전의 '물리적 파괴/공격' 기능으로 정의하고, 정보작전에 통합적으로 운용되는 것이 바람직할 것이다.[263)]

이와 같이, 컴퓨터네트워크작전(CNO)은 적의 지휘통제 노드, 시스템, 정보 및 네트워크 그리고 내재해 있는 정보에 대하여 혼란, 차단, 손상, 파괴시키는 것을 목표로 정보작전 수행의 핵심능력으로 발전되고 있는 작전수행활동의 일환이다. 그러므로 컴퓨터네트워크작전은 정보작전의 일부로서 통합되어 수행된다.[264)]

한편, 컴퓨터네트워크공격(CNA)은 기존의 전자공격 개념과 유사하기 때문에 이를 명확히 할 필요가 있다. 정보작전의 주요 활동으로서 컴퓨터네트워크공격은 전자공격과 몇 가지 부문에서 개념상 차이가 있다. 미군의 컴퓨터네트워크작전에 관한 정의에 비추어 보면, 작전의 대상이 컴퓨터와 컴퓨터네트워크 그리고 내부에 존재하는 정보임을 명시하였고 작전의 목적 요망수준을 단계적으로 방해, 손상, 파괴 등으로 제시하고 있다. 이와 같은 논의를 근거로 볼 때, 컴퓨터네트워크공격은 작전수행 영역 공간에 대하여 전자공격과 비교하여 명확히 차이가 있다. 전자

263) 배달형(2008) 앞의 논문, pp. 7-8.
264) 배달형 · 조용건(2009) 앞의 논문, pp. 50-51.

공격(Electronic Attack)은 전자통신 장비뿐만 아니라 컴퓨터 하드웨어를 대상으로 공격할 수 있으나, 컴퓨터네트워크공격은 컴퓨터 네트워크가 만들어 내는 사이버공간에서의 공격이라는 점에서 다르다고 할 수 있다. 또한, 공격작전시 전자공격은 전자장의 스펙트럼에 의존하는 반면, 컴퓨터네트워크공격은 데이터 흐름에 의존한다는 것에 차이가 있다. 한 가지 예를 들어 본다면, 전원이 꺼지도록 컴퓨터의 CPU 명령이나 코드를 보내는 것은 컴퓨터네트워크공격이며, 대신 전자적인 펄스를 사용하여 컴퓨터의 전자장치를 무력화하거나 같은 결과를 가져온다면 전자공격의 활동능력이라 할 수 있다. 다시 말하면, 컴퓨터네트워크작전은 작전의 수행과 대상표적이 모두 사이버공간에 위치하나, 공격에 따른 결과로서는 전자공격과 같은 물리적 변화를 가져올 수도 있다.[265)]

이와 같이, 컴퓨터네트워크작전(CNO)은 네트워크중심작전(NCO)이라는 포괄적인 개념 속에서 정보작전(IO)이라는 작전수행 개념을 구현하기 위한 실천적 작전활동의 성격을 갖는다. 또한, 컴퓨터네트워크작전(CNO)은 수행목적 및 방법상 전자전(EW)과는 구별되는 사이버공간에서만의 데이터 흐름에 의존하는 특성을 가지고 있다. 즉, 사이버공간과 무선공간을 모두 포함하여 무선공간 속에서의 전자전의 능력과 시너지 효과를 낼 수 있는 통합적인 작전수행 개념은 아니라는 한계점을 가지고 있다.

2. 컴퓨터네트워크작전(CNO) 수행방법

컴퓨터네트워크작전(CNO)이 전체 작전에 어떻게 기여하게 되는지와 전체 작전 속에서 무엇을 어떻게 수행해야 하는지에 대한 개념이 명확히 정립되어야 한다. 또한, 컴퓨터네트워크작전이 전체작전 수행과정 중에서 수행되는 절차와 대상, 방법, 수단과 그 관계를 살펴볼 필요가 있다.

265) 배달형(2008) 앞의 논문, pp. 10-11.

컴퓨터네트워크작전은 이러한 작전수행의 전반적인 목적 달성에 필요한 정보력 구현, 즉, 정보우세 획득을 위한 정보작전 능력의 핵심적이고 실천적 활동으로 수행된다. 다시 말하면, 컴퓨터네트워크작전은 정보우세[266] 달성을 위한 목적을 가지고 있으며, 이를 위해 정보·감시·정찰(ISR: Intelligence, Surveillance, Reconnaissance)과 정보관리(IM: Information Management) 그리고 정보작전 능력의 효과적인 통합을 통하여 달성하고자 하는 작전활동이다.

컴퓨터네트워크작전의 수행은 일반적으로 사이버공간이라 일컬어지는 군사 및 군사관련 영역의 컴퓨터네트워크 공간과 거기에 내재되어 있는 정보에 대하여, 아군의 컴퓨터네트워크와 정보는 방호, 탐지, 감시 및 분석 그리고 대응 활동(즉, 컴퓨터네트워크방어)을 하면서, 적의 그것에 대해서는 혼란, 거부, 손상, 파괴 및 이용하는(즉, 컴퓨터네트워크공격) 작전활동으로 이루어진다.

컴퓨터네트워크공격의 수행은 통상 군단급 이상 제대에서 수행되며, 기동과 화력뿐만 아니라 심리전, 전자전, 기만 작전 등 정보작전의 타 활동과 연계 혹은 통합하여 수행된다. 또한 적의 공세적 정보작전 능력 및 자원의 사용방해, 적의 네트워크 서비스 거부 혹은 중단, 적의 데이터나 정보의 오염, 정보활동을 통한 수집 등 이용과 같은 활동을 중심으로 이루어진다. 한편, 컴퓨터네트워크방어는 통상 전략적 제대에서 전술적 제대에 이르기까지 종심 깊게 분권화되어 운용되며, 정보보증과 네트워크 관리활동을 중심으로 전자공격의 방호, 바이러스 탐지와 침입방지, 접근통제, 방화벽 사용과 같은 형태로 수행된다.

컴퓨터네트워크작전의 대상은 군사영역에서의 작전으로 한정되어야 하지만, 사이버공간의 특수성으로 인해 군사작전과 관련된 민간영역에서도 이루어질 수 있다. 이같은 컴퓨터네트워크작전은 의사결정체계, 무기체계, 군사정보체계, 암호체

266) 정보우세라는 것은 그것을 가지고 있는 측에게 특정 시간과 장소에서 특정 정보작전 과업을 수행하는 것을 가능하게 할 수 있도록 하는 충분한 정보 격차가 존재하는 상태를 말한다. 정보 우위를 가지고 있는 측은 적들의 정보 자원으로부터 방해 없이 어떠한 임무를 수행할 수 있지만 일반적인 것은 아니며, 모든 기간에 걸쳐 모든 임무를 수행할 수 있는 상태를 말하는 것은 아니다. 정보지배와는 달리 정보우위를 가지고 있는 어떤 한 국가는 어떤 시기, 어떤 한 지역에서 정보우위를 가질 수 있지만, 다른 시기, 장소에서는 정보열세 상태에 있을 수 있다. 배달형·조용건(2009), 앞의 논문, p. 55.

계, 정보보호 및 방호체계, 타 군사작전 수행체계, 전장감시체계, 지형정보체계 등 컴퓨터와 이를 연결하는 네트워크 체계 그리고 그에 내재되어 있는 데이터나 정보를 주된 대상으로 한다. 군사작전과 관련되는 영역에서의 컴퓨터네트워크작전의 대상은 민간 정보보호체계, 정보통신망, 금융, 통신, 산업시설, 운송, 전력, 매스미디어 등의 모든 공공, 민간의 컴퓨터와 이를 연결하는 네트워크 그리고 군사작전과 관련되는 내재된 정보가 필요시 대상이 될 수 있다. 하지만 군사작전에서의 컴퓨터네트워크작전은 군사영역과 군사작전과 관련된 민간영역만을 대상으로 하여야 하며, 이와 같은 대상은 법적 문제나 정치적 문제 등 미묘한 갈등의 소지를 최소화할 수 있는 방향으로 수행되어야 한다.

컴퓨터네트워크작전의 수행방법과 수단은 무형적(non-lethal), 소프트웨어적인 방법으로 혼란, 차단, 손상, 파괴하거나 이용하는 공세적인 방법이 있으며, 이러한 공격방법을 사용하기 위한 수단으로는 바이러스, 악성코드, 웜, 해커(hacker)의 활용, 메일폭탄(mail Bomb), 논리 폭탄(Logic Bomb), 트로이 목마와 같은 백도어(Back Door), 서비스 거부(DOS; Denial of Service)나 서비스 절도(TOS: Theft of Service), Phishing 혹은 Parming, 정보거부(DOI; Denial of Information), XENO(Extended enterprise Network Overseas)와 같은 사회공학(Social Engineering)적 수단, Sniffing과 Snooping 등과 같은 것이 있으며, 이와 같은 수단들은 매우 짧은 수명주기를 가지고 동태적으로 발전되고 있다. 방어적인 방법으로 무형적(non-lethal), 소프트웨어적인 방법으로서 감시 및 분석, 방호, 탐지 그리고 복구 등과 같은 적절한 대응방법을 사용하여 독립적으로 수행되거나 혹은 다양한 방법들을 여러 가지 형태로 조합하여 수행된다. 이같은 수단에는 CERT, 법집행(Law Enforcement), INFOCON, 정보보증 수단, 사이버 수사 등과 같은 것들이 사용되고 있으며, 이러한 수단들 역시 동태적으로 급속히 발전되고 있다.[267]

267) 배달형 · 조용건(2009) 앞의 논문, pp. 57-58.

3. 컴퓨터네트워크작전(CNO)의 강점과 제한사항

네트워크중심전(NCW)을 이론적 기반으로 하고 있는 정보작전(IO) 개념의 핵심적인 수행체계로서의 컴퓨터네트워크작전(CNO)은 앞에서 살펴본 바와 같이, 네트워크중심작전환경(NCOE)에서의 필연적으로 요구되는 작전수행 방법이다. 즉, 컴퓨터네트워크작전(CNO)은 적의 지휘통제 노드, 시스템, 정보 및 네트워크 그리고 내재해 있는 정보에 대하여 혼란, 차단, 손상, 파괴시키는 것을 목표로 정보작전 수행의 핵심능력으로 발전되고 있는 작전수행 활동의 일환이다.

이와 같은 컴퓨터네트워크작전(CNO)은 군사작전의 측면에서 다음과 같은 몇 가지 강점을 가진다.

먼저, 이는 전쟁 수단으로서 비용 대 효과가 크며 그 파급효과는 매우 지대하다. 즉, 저비용으로 공격능력에 대한 개발이 가능하고, 그 피해는 치명적인 결과를 가져올 수 있다. 둘째, 인터넷 공간속에서 이루어지는 작전이므로 시 · 공간을 초월한 접근 가능성을 가지고 있으며 그 범위는 범세계적으로 광범위하다. 셋째, 작전수행 시기에서 전시 뿐만 아니라 평시에도 작전수행이 가능하다. 넷째, 모든 분쟁 유형에 상관없이 적용이 가능하며, 물리적인 전선이 존재하지 않는다. 다섯째, 컴퓨터네트워크작전은 근원적으로 정보기술을 토대로 하고 있기 때문에 정보기술의 발전에 따라 끊임없이 그리고 동태적으로 양상이 변화할 수밖에 없으며, 이에 따라 기술의 고도성, 창의성과 즉시성, 그리고 유연성이 요구된다는 것이다.[268]

그러나 컴퓨터네트워크작전(CNO)의 작전범위는 사이버전과 개념상 차이가 있다. 즉, 사이버전은 민과 군의 영역 구분이 없이 전개되는 사이버공간을 바탕으로 전개되는 넓은 개념의 분쟁을 의미하는 데 비해서, 컴퓨터네트워크작전(CNO)은 군 그리고 군과 관련된 사이버공간 상에서 이루어지는 제한된 사이버전이라 할 수 있다.[269] 다시 말해서 컴퓨터네트워크작전(CNO)은 정보작전(IO) 개념의 핵심적

268) 위의 논문, p. 60.
269) 이남택 · 오명호 · 김태호 · 김영준 · 신내호(2006) "육군의 미래 NCW 개념과 구현방안 연구". 한국전

인 수행체계로서 군사작전에 중요한 역할을 수행하지만, 〈표 6〉에서 보는 바와 같이 그 특성상 다음과 같은 몇 가지 제한사항을 가지고 있다.

첫째, 작전수행 범위에 있어서 군 그리고 군과 관련된 제한된 사이버공간으로 한정된다는 점이다. 군과 민간영역 전체를 포함하는 사이버공간을 대상으로 하지 않을 뿐 아니라 전자기스펙트럼 공간 즉 무선공간에서의 작전은 그 범위에 포함되지 않는다.

〈표 6〉 사이버 억지전략의 성공요인과 컴퓨터네트워크작전(CNO)의 수행능력 비교

구 분	사이버 억지전략	컴퓨터네트워크작전
작전 범위	사이버 공간 + 전자기스펙트럼 공간	사이버 공간
작전 대상	인터넷망, 핵 · 미사일망, 네트워크화된 재래식 무기체계망	사이버 인터넷망
작전 수단	사이버전 수단, 전자전 수단, 사이버전자전 수단	사이버전 수단
작전 목적	상대방 공격의지 포기	정보작전을 위한 정보우세 달성
작전 시기	전시 및 평시	전시 및 평시

둘째, 작전수행 수단에 있어서도 사이버수단으로만 한정되며, 전자전 수단을 포함하여 시너지효과를 발휘할 수 있는 사이버전자전 능력을 가지는 것은 아니다. 다만 필요시 전자전과 협조하는 개념으로 운용될 뿐이다.

셋째, 작전수행 수단이 사이버수단으로 한정되다 보니 작전수행 대상도 인터넷으로 연결된 컴퓨터 및 네트워크에 한정적으로 적용될 수밖에 없고, 무선공간 즉, 전자기스펙트럼 공간에서의 폐쇄망이나 독립망에 대해서는 수행하기 어렵다.

넷째, 작전수행 목적에 있어서도, 컴퓨터네트워크작전(CNO)은 정보작전(IO)의 실천적인 작전수행 활동으로서 '정보우세'를 달성하고자 하는 한정적인 목적을 가지고 있고, 결정적인 작전을 수행하거나 또는 공격의 의지를 포기하게 만드는 억

략문제연구소, 전투발전, pp. 145-146.

지의 목적을 달성하기는 제한된다는 점이다.

다만, 작전수행 시기 측면에서는 전시 뿐만 아니라 평시에도 수행이 가능하다. 따라서, 앞에서 살펴 본, 사이버 군사전략의 성공적인 조건에 비추어 볼 때, 컴퓨터네트워크작전의 수행능력은 사이버억지의 목적으로 달성할 수 있는 사이버 군사전략으로서의 조건은 충족되기 어렵다고 평가된다.

제2절 네트워크마비전략 개념의 필요성

1. 컴퓨터네트워크작전(CNO)의 제한사항과 보완요소

포괄적인 관점에서 보면, 본 연구가 제시하는 '네트워크마비전'의 개념도 네트워크중심전(NCW) 개념의 범위 안에 있으며, 컴퓨터 및 네트워크에 대한 공격적 개념을 가지고 있는 '컴퓨터네트워크작전(CNO)' 특히, '컴퓨터네트워크공격(CNA)'의 개념과 매우 유사하다.

그러나, 컴퓨터네트워크작전(CNO)은 주로 사이버공간에서의 작전을 의미하는데 비해, '네트워크마비전'은 사이버공간 뿐만 아니라 무선공간인 전자기스펙트럼공간에서의 작전도 포함한다는 의미에서 차별성을 갖는다. 즉, '네트워크마비전' 개념은 앞에서 제기한 사이버억지를 달성하기 위한 사이버 군사전략으로서의 컴퓨터네트워크작전(CNO)의 제한사항을 극복하고자 하는 보완된 사이버 군사전략의 개념이다. 따라서 컴퓨터네트워크작전(CNO)의 이러한 제한사항을 극복하고 이를 보완하기 위해서 '네트워크마비전' 개념을 제시하며, 본 연구에서 중점을 두고 있는 '네트워크마비전'의 개념은 다음과 같은 다섯 가지 측면에서 컴퓨터네트워크작전(CNO)을 보완해야 할 필요성을 제기한다.[270]

첫째, 작전수행 대상 측면에서, 컴퓨터네트워크작전(CNO)은 공격국의 사이버공격을 주로 대상으로 하지만, '네트워크마비전'의 개념은 사이버공격 뿐만 아니라 핵·미사일 위협 또는 네트워크화된 재래식 무기체계에 대해서도 사이버 수단으로 대응 또는 보복할 수 있는 능력을 가짐으로써 폭넓은 억지능력을 가져야 한다.

둘째, 작전수행 범위 측면에서, 컴퓨터네트워크작전(CNO)은 사이버 영역에서만 작전을 수행하지만, '네트워크마비전' 개념은 사이버 영역과 전자기스펙트럼 영역 간의 공동사용 기술이 확대됨에 따라 단순히 사이버공간 뿐만 아니라 무선공간에서의 전자기스펙트럼을 이용한 공격능력을 가져야 한다.

셋째, 작전수행 수단 측면에서, 컴퓨터네트워크작전(CNO)은 단순히 사이버공간에서 사이버전 수단으로만 작전을 수행하지만, '네트워크마비전'의 개념은 무선공간에서의 전자전을 통한 수단도 통합된 사이버전+전자전의 수단이 강구되어야만 인터넷망 뿐만 아니라 폐쇄망에 대한 공격 및 억지 능력을 갖게 된다.

넷째, 작전수행 목적 측면에서, 컴퓨터네트워크작전(CNO)은 공격국과의 전쟁에서 정보우세를 달성하기 위한 제한된 목적을 가지고 있지만, '네트워크마비전' 개념은 정보우세를 달성하거나 여건조성에 기여하는 정도의 적전목적이 아니라 잠재 공격국이 위협 또는 공격 자체를 하지 못하고 포기하게 만들 수 있는 정도로 치명적인 피해를 줄 수 있는 정도의 보복능력을 가져야 한다.

다섯째, 작전수행 시기 측면에서, '네트워크마비전' 개념은 전쟁시에 적의 전투력을 무력화시키기 위한 기동, 화력 등 타 전장기능과 통합전투력을 발휘하는 능력도 중요하지만, 특히, 전시가 아닌 평시에도 적의 도발위협에 대하여 필요시 적의 미사일망 또는 지휘망에 대한 마비를 통해 기능을 무력화할 수 있는 공격능력을 가짐으로써 사이버억지 능력을 지향하는 개념이다. 즉, 전쟁 이전 평시에도 공격국의 테러 또는 도발 등을 시도하지 못하도록 보복능력을 갖추거나 필요시 선제자위권 측면에서 선제공격을 수행할 수 있는 능력과 신뢰성을 가져야 한다는 점이

270) 송운수 · 조한승(2021) "발사의 왼편작전과 한반도 사이버 억지전략 제언". 전략연구, 제28권 제3호 (통권 제85호), pp. 53-55 참조.

다. 이러한 점은 컴퓨터네트워크작전(CNO)이나 '네트워크마비전'의 개념도 동일하다고 볼 수 있다.

이와 같이 후술(3장 3절)하는 네트워크마비전의 개념은, 크게 보면, 포괄적인 이론 개념인 네트워크중심전(NCW) 개념 속에 포함되지만, 작전수행 개념으로서 정보작전(IO)의 실천개념인 컴퓨터네트워크작전(CNO)의 제한사항을 극복하기 위해 그 목적과 수단과 대상과 범위에 있어서 보다 공세적인 억지력을 보유함으로써 〈표 7〉에서 보는 바와 같이, 앞에서 제시한 사이버억지를 위한 사이버 군사전략의 요구능력을 충족할 수 있는 개념으로 발전시킬 수 있을 것으로 보인다.

〈표 7〉 컴퓨터네트워크작전(CNO)과 네트워크마비전의 수행능력 비교

구 분	사이버 억지전략	컴퓨터네트워크작전	네트워크마비전
작전 범위	사이버 공간	○	○
	전자기스펙트럼 공간	×	○
작전 대상	인터넷망	○	○
	핵 · 미사일망	×	○
	네트워크화된 재래식 무기체계망	×	○
작전 수단	사이버전 수단	○	○
	전자전 수단	×	○
	사이버전자전 수단	×	○
작전 목적	상대방 공격의지 포기	△ (전시 정보우세 달성)	○
작전 시기	전시 및 평시	△ (주로 전시)	○

본 연구에서 사이버억지를 위한 사이버 군사전략을 충족하는 작전개념으로 '컴퓨터네트워크작전(CNO: Computer Network Operations)'이라는 용어와 대비되는 '네트워크마비작전(NPO: Network Paralysis Operations)'이라는 용어를

사용하지 않고, '네트워크마비전(NPW: Network Paralysis Warfare)[271)]'이라는 용어를 사용하는 이유도 바로 여기에 있다. 즉, 첫째, 컴퓨터네트워크작전(CNO)과 비교해서 작전 범위, 대상, 수단, 목적 측면에서 보다 광범위한 개념이라는 점과, 둘째, 전시 뿐만 아니라 평시에도 적용이 가능한 개념이며, 셋째, 군사 시설이나 시스템 뿐만 아니라 민간 시설이나 시스템을 그 공격의 대상으로 할 수도 있는 개념이라는 점에서 차별성을 두고 있다. 바로 이러한 관점에서 '컴퓨터네트워크작전(CNO)'이라는 용어와 비교해서 보다 폭넓은 작전개념에서 '네트워크마비전(NPW)'이라는 개념과 용어를 사용하고 있다.

2. 한반도 사이버 작전환경

그러면, 한반도의 작전환경에서는 이러한 기존의 컴퓨터네트워크작전(CNO) 개념만으로 억지력을 가질 수 있을까? 어떤 억지력이 요구될까? 무엇이 보완되고 어떠한 수단이 효과적일까?

우선, 억지 관점에서 우리 한국은 크게 다음과 같은 환경적 특징을 가지고 있다. 첫째, 한국은 세계 최고수준의 IT강국으로 인정되고 있는 동시에 그로 인해 사이버공격에 오히려 더 취약한 구조를 가지고 있다. 둘째, 한국에 대한 사이버 공격은 공격자의 신원파악이 어렵다 하더라도 지금까지 대부분의 공격사례가 모두 북한 소행으로 확인됨으로써 그 주적이 비교적 명확하다. 셋째, 사이버위협 뿐만 아니라 우리는 북한으로부터 직접적으로 핵·미사일 위협을 받고 있다는 점이다. 즉, 한국의 상황은 북한으로부터 사이버공격 위협 뿐만 아니라 핵·미사일 위협 및 재래식 도발 위협까지 다양한 위협에 대응하는 사이버 공격수단이 요구된다.[272)]

271) 네트워크마비전(NPW: Network Paralysis Warfare)의 용어와 개념에 대해서는 본 장 3절에서 상세 설명함.

272) 송운수·조한승(2021) "사이버억지 수단으로서의 사이버전자전 작전수행개념". 한국군사학논집, 77(1). p. 497.

이러한 관점에서 한국의 환경에서는 단순한 사이버대응의 개념보다는 폭넓은 공격능력을 갖는 사이버수단이 필요하고, 특히 '보복'에 의한 억지수단이 필요하다. 나이(J. Nye)는 사이버공격에 대한 억지를 위하여 반드시 사이버 수단이 아니더라도 외교, 경제, 군사 등 다양한 수단을 활용할 수 있다고 주장한다.[273] 따라서 사이버 수단에 의해서 공격 및 보복능력을 갖는다면 그 위협의 대상이 사이버 공격이 아니고 물리적인 테러 또는 핵·미사일 위협이라 하더라도 억지의 광범위한 개념으로 볼 수 있을 것이다. 즉, 미국이 추진하고 있는 '발사의 왼편작전(Left of Launch)'은 사이버 공격에 대응하고자 하는 것이 아니고 사이버전자전 기술을 이용하여 미사일 위협에 대응하고자 하는 것으로, 물리적으로는 하나의 작전형태이지만 영향력 측면에서는 이를 억지효과가 있다고 볼 수 있는 것이다.

이러한 작전환경을 고려하면 북한의 사이버공격에만 한정한 대응개념이 아니라 핵·미사일 위협 및 심지어는 재래식 무기체계에 대한 군사적 대응에도 해당 무기체계의 네트워크를 무력화 및 마비시킬 수 있는 사이버공격 수단 및 억지 개념의 전략이 강구될 필요가 있다. 또한, 북한의 다양한 위협을 억지하기 위해서는 보복, 거부 등 모든 사이버 억지전략을 복합적으로 강구해야 하지만, 특히 북한의 도발상황이 발생했을 때, 또는 도발위협이 임박했을 때 즉각적으로 보복할 수 있는 사이버 보복능력을 갖추는 것은 우선순위가 가장 높은 선택이라고 볼 수 있다.[274]

그런 점에서, 이란의 원자력 시설의 폐쇄망을 뚫었던 Stuxnet 공격기술이나 '발사의 왼편작전(Left of Launch)'은 인터넷망이 아닌 폐쇄망이라고 하더라도 시스템의 무력화뿐만 아니라 물리적인 피해까지 입힐 수 있다는 점에서 사용불가인 핵무기보다 더 실질적인 '보복에 의한 억지력'을 과시한 것이라고 볼 수 있다. 특히, 보복에 의한 사이버억지 전략은 억지와 분쟁이 공존하는 경우에 더 유용한 수단이 될 수 있다. 사이버공격이 억지를 위한 도구가 되면서 동시에 억지가 실패하는 경

---

273) Joseph S. Nye(2017) op. cit. p. 47.

274) 송운수·조한승(2021) "발사의 왼편작전과 한반도 사이버 억지전략 제언". 전략연구, 제28권 제3호(통권 제85호), pp. 49-50.

우라도 분쟁의 효과적인 공격수단이 될 수 있기 때문이다. 이런 점에서 사이버억지력은 분쟁이 발발하더라도 쉽사리 사용할 수 없는 핵무기와는 다른 오히려 더 실질적인 억지력을 가지고 있다.[275] 성공적인 전략이었던 핵억지력의 수단인 핵무기는 현실적으로 사용이 불가한 억지수단이지만 사이버억지를 위한 수단은 실제로 사용할 수도 있기 때문이다. 다만 그 수단이 상대방에게 억지력을 발휘할 수 있을 만큼 억지수단으로서의 치명적인 능력을 가지고 있느냐 하는 것이다. 따라서, 상대방의 네트워크를 교란 또는 마비시킴으로써 합동작전을 지원하는 핵심수단으로 사이버정밀폭격 능력이 개발되어야 하며, 네트워크 의존도가 낮은 북한에 대해선 우리만의 비대칭 억지전략을 확대 발전시켜 나가야 한다[276]는 주장이 설득력을 얻고 있다.

따라서, 한반도 작전환경에서의 억지력은 다음과 같은 네 가지 능력이 요구된다고 할 수 있다. 첫째, 작전대상에 있어서 북한의 사이버공격 뿐만 아니라 핵미사일 위협 및 전시 네트워크화 된 재래식 무기체계에도 대응할 수 있어야 한다. 둘째, 작전공간 측면에서 인터넷망과 같은 사이버공간 뿐 만 아니라 무선공간에서 운용되는 미사일망이나 지휘통제망과 같은 폐쇄망 또는 독립망 등에도 영향을 줄 수 있는 사이버전 능력이 요구된다. 셋째, 따라서, 작전수단 측면에서 사이버전 수단 뿐만 아니라 전자기스펙트럼 공간에서 폐쇄망에 대해서도 적용될 수 있는 전자전 수단까지 통합하여 시너지 효과를 낼 수 있는 '사이버전자전' 능력이 요구된다. 넷째, 작전시기 측면에서 전시 뿐만 아니라 평시에도 북한의 도발시 즉각 보복 또는 선제적 대응을 할 수 있는 수단이 요구된다.

이렇게 보면, 한반도 상황을 고려할 때도, 앞에서 제기한 컴퓨터네트워크작전(CNO)의 보완사항을 통해서 도출해 본 억지효과를 달성하기 위한 사이버 군사전략의 요구능력과 일치되는 능력들이 요구된다. 뿐만 아니라 다음 절에서 보는 것

---

275) 민병원(2017) "군사전략론으로 보는 사이버안보". 김상배 엮음, 사이버안보의 국가전략. 사회평론, p. 30.

276) 손영동(2018) "사이버안보와 국방 대응태세". 군사논단, 제94호, p. 35.

처럼, 과학기술의 발전에 의한 전쟁양상의 변화에 따라 국제정치학적으로도 잘 알려져 있는 마비전략의 변화과정을 보더라도 네트워크마비전 개념은 필연적인 발전과정이라고 볼 수 있다.

3. 마비전략 전쟁양상의 변화

앞에서 제기한 컴퓨터네트워크작전(CNO)의 보완사항과 한반도 작전환경 이외에도 마비전략 이론의 관점에서 본 전쟁양상의 변화를 고려하더라도 본 연구에서 제시한 '네트워크마비전' 개념의 필요성이 도출된다.

마비이론이 등장한 배경은 제1차 세계대전이다. 소총과 대포를 중심으로 한 1차 대전은 참호전과 섬멸전의 양상을 보였다. 이러한 양상의 결과로 1916년 솜므(Somme)전투의 경우는 영·불 연합군이 공세를 취하여 하루 동안에 영국군 5만 7천 명의 사상자를 냈고, 107일간의 작전이 종결되었을 때 영·불 연합군은 정면 50km, 종심 11km의 면적을 점령하였지만 그것은 영국군 42만 명과 프랑스군 19만 명을 희생하고 얻은 대가였다.[277]

이러한 전쟁의 참혹한 경험을 극복하기 위한 다각적인 노력이 시도되었다. 즉, 참호와 철조망을 극복하고 기동력으로 기습을 달성하고자 하는 노력들과 함께 대량살육전으로 변한 1차 대전의 전쟁양상을 타개하기 위한 수단으로 섬멸전 대신 마비이론이 등장하였다. 이때 등장한 이론이 리델 하트의 간접접근전략과 풀러의 전차에 의한 마비전략이다. 풀러의 이론은 특히, '마비'라는 용어를 공식적으로 처음 사용했다는 점에서 마비이론의 효시하고 일컬어지고 있으며, 풀러의 이론과 함께 마비이론은 현대에 와서 존 보이드와 존 와든의 이론으로 더욱 발전되어 왔다.

277) 육군본부(1987) 기동전. pp. 15-16.

1) 기동에 의한 마비전략

가) 리델하트의 간접접근전략

제1차 세계대전이 종료된 이후 영국의 군사사상가 리델 하트(Basil H, Lidell Hart)는 『Paris : On the Future of War』라는 저서를 통해 "향후의 전쟁에서는 적의 강한 부위가 아니고, 적의 약한 부분(병참선, 후방)을 집중공격해 혼란을 야기시키고 후방 차단, 기타 교란 작전 등을 통해 사기를 약화시키고 전의를 잃게 만들어야 한다"고 주장하였다.

즉, 적을 '직접' 공격하기 보다는 다른 곳으로 '돌아가서' 간접적으로 공격한다는 점에서 간섭섭근 전략이라고 하며, 그는 강력하고 경제적인 전쟁형태는 바로 혼란에 의한 무장해제이지, 섬멸을 통한 파괴는 아니라고 했다.[278]

리델 하트의 간접접근전략은 공식적으로 마비라는 용어를 사용하지는 않았으나 적의 약한 부위를 공격하여 혼란과 교란을 통해 전의를 상실하게 만들고자 했다는 점에서 마비전략의 시초라고 할 수 있다.

나) 퓰러의 전차에 의한 마비 전략

이러한 마비이론의 효시는 퓰러의 마비이론이다. 마비라는 용어가 공식적으로 등장한 것은 1차 세계대전 막바지에 이르렀던 1918년 퓰러가 연합군 총사령부에 제출한 "결정적 공격목표로서의 전략적 마비(Strategic pralysis as object of the Decisive Attack)"라는 보고서가 처음이다. 이 보고서를 통해서 퓰러는 전차를 이용한 마비이론을 창안하였다. 그 이론은 빠른 기동력을 이용하여 적의 후방에 있는 지휘체계를 마비시키고 중심을 교란하여 전쟁을 승리하는 개념이다.

퓰러가 이 보고서에서 주장한 마비의 개념은 '군의 지휘 또는 그 지휘체계'를 갑자기 제거하거나 절단시킴으로써 적의 전투력이 지휘가 없는 상태로 남겨지는 것을 의미하였다. 즉, 마비의 목표는 물리적인 것 보다는 심리적인 것이며, 따라서,

278) 권정민(2011) "리델하트의 간접접근 이론에 의한 사이버전 분석". 국민대학교 석사학위논문, p. 8.

공격의 제1의 목표는 전선에 위치한 전투부대가 아니라 그 후방에 위치한 적의 사령부가 되어야 한다는 것이다.[279)]

2) 항공에 의한 마비전략

퓰러 이후 현대에 와서 이 마비이론을 체계적으로 발전시킨 사람은 존 보이드와 존 와든이다. 이들은 공통적으로 적의 중심이 되는 표적을 공군력에 의해 타격함으로써 적의 전투 의지를 마비시켜야 한다는 논리를 가지고 있었다. 따라서 이들을 모두 항공력에 의한 마비전략으로 분류할 수 있다.

가) 존 보이드의『OODA Loop』에 의한 마비이론

존 보이드는 미군의 F-86 조종사로서 한국전에도 참전한 바 있는 전투조종사이다. 항공전투경험을 기초로 한 그의 이론의 핵심은 작전 전략적 측면에서 기습적이고도 매우 위험한 상황을 연출함으로써 적 지휘부의 전쟁수행 의지를 말살하겠다는 것이다. 이 같은 목표를 달성하기 위해서 상대방보다 빠른 속도로 작전을 수행해야 한다는 것이다.

이를 위해서 보이드는 판단주기를 빨리 수행해야 한다는 점을 강조하였다. 보이드에 의하면, 〈그림 13〉에서 보는 것처럼, 모든 이성적인 인간들은 주기적으로 '관찰(Observe)-상황파악(Orient)-의사결정(Decide)-행동(Act)'을 반복하면서 즉, OODA 주기를 가지고 행동한다고 주장한다. 즉, 전쟁에서의 승리란 OODA 주기를 상대방보다 빠르고, 정확하고, 지속적으로 수행하는 측이 이론적으로 승리할 수 있다는 주장이다.[280)]

이러한 과정을 통해서, 매우 빠른 속도로 공격하면, 상대방은 어떤 것을 먼저 대응해야 할 지 모르는 상태에 빠지게 되어 방향감각을 상실하게 된다. 이는 적의 물

---

279) J.F.C. Fuller(1951) Machine Warfare. Washington D.C. : Infantry Jounal, p. 20; 채호성(2001) "일본의 전략적 마비 수행능력에 관한 연구". 외대 석사학위논문, p. 8에서 재인용.

280) 권태영 · 노훈(2008) 21세기 군사혁신과 미래전. 법문사, 서울, pp. 173-174 참조.

리적 및 정신적 능력을 점차 저하시키면 적의 저항의지도 말살할 수 있다는 논리다. 보이드는 적을 의지적·정신적·물리적 보루 그리고 이들을 연결하는 연결고리 또는 행위로 구성되어 있는 3차원의 존재로 보았으며, 적의 중심을 마비시킴으로써 그 연결고리를 차단할 수 있다고 주장한다.281)

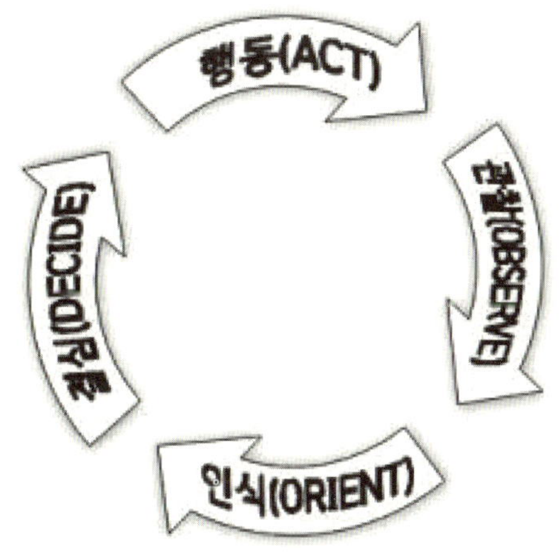

출처: 권태영·노훈(2008) 21세기 군사혁신과 미래전. 법문사, 서울, p. 173.

〈그림 13〉 존 보이드의 OODA Loop

적의 '중심'이라는 용어를 처음 사용한 사람은 클라우제비츠였다. 클라우제비츠에 의하면, 상대방 적을 격파하려면 '중심(Center of Gravity)'을 공격할 필요가 있다고 주장하였다.282) 그러나 보이드는 적의 중심을 모두 격파할 필요는 없으며 이들 중심을 묶어주고 있는 의지적, 정신적, 물리적 연결부위를 공격하여 상대방 적의 중심들이 상호협조할 수 없도록 하는 것이 더 중요하다는 논리이다.283)

나) 존 와든의 『5원이론(Five Ring Theory)』에 의한 마비이론

1991년 걸프전 당시 다국적군이 승리하는 과정에서 결정적인 역할을 담당한 바

281) John Boyd(2007) *Patterns of Conflict*. Defense and the National Interest, p. 141.
282) Carl von Clausewitz(1976) *ON WAR*. New Jersey : Prinston University Press, p. 596.
283) John Boyd(2007) op. cit. p. 141.

있는 존 와든(John Warden Ⅲ) 대령은 존 보이드에 이어서 항공력에 의한 표적 공격의 중요성을 강조한 5원이론을 제기하였다. 그는 항공력을 이용해서 적의 리더십을 공격함으로써 의도하는 바에 따라 정치적 변화를 유도할 수 있도록 적의 지휘부를 공격하는 것이야말로 공군운용의 지침이 되어야 할 최우선의 목표이어야 한다고 주장하였다.

와든은 항공력의 본질인 빠른 속도, 폭넓은 작전반경 그리고 융통성을 활용하면 신속하고도 결정적인 방식으로 전 전장에 걸쳐있는 적의 '중심'을 공격할 수 있다는 주장이다. 여기서 그가 말하는 중심이란 적의 가장 취약한 부분, 그리고 공격을 가했을 때 가장 결정적인 효과가 유발되는 부위라고 정의하였다.[284)]

이어서 그의 연구는 1995년에 The Enemy as a System 이라는 저서를 통해 중심이라는 개념에 적합한 조직구도를 찾는 과정에서 〈그림 14〉에서 볼 수 있는 5개의 동심원 형태의 모델을 개발하였다.[285)]

시스템 측면에서 적을 바라볼 때, 적을 5개의 시스템으로 구분할 수 있으며, 이들은 중심에서 외부로 나아감에 따라 그 중요도가 감소되고, 개개 동심원의 핵심부를 공격해야 한다는 것이다. 이 이론의 의미는 지휘부의 파괴가 체계의 전체적인 물리적 마비를 가져옴은 물론이고, 여타 동심원의 전략적 중심에 대한 성공적인 공격은 부분적인 전략적 마비 뿐만 아니라 지휘부에 견디기 힘든 심리적인 압박을 가할 수 있다는 것이다.

이러한 와든의 5원이론은 전장운영 방법면에서 새로운 차원을 제시한 것이다. 즉, 과거에는 적 지휘부를 손상, 무력화하려면, 제Ⅴ원(체계)의 군대와 접전해서 영토를 축차적으로 점령해야 제1원(체계)의 지휘부에 근접할 수 있었다. 따라서 대량살상 · 대량파괴가 불가피하였고 장기소모전 양상이 되었다. 그러나 이제는 원거리 감시정찰 능력과 장사정 정밀 유도무기의 비약적인 발전으로 인해 제Ⅱ원 및 제Ⅲ

284) John A. Warden Ⅲ(1994) *Air Theory for the Twenty-First Century: Battlefield of the Future*. Allabama: Air University Press, 공군대학 역(1997) 항공전략. 제81호, pp. 10-11.
285) John A. Warden Ⅲ(1995) The Enemy as a System. Allabama: Air University Press, p. 55.

원의 중요 표적은 물론이고, 제Ⅰ원의 지휘부도 정확하게 식별하여 원거리 정밀 타격할 수 있게 되었다. 따라서, 적의 지휘부를 비접적, 원거리 공격하여 중추신경을 마비시킬 수 있게 되고, 적 지도부의 전쟁의지를 파괴하는데 촛점을 두고 전장을 운용할 수 있게 된 것이다.286)

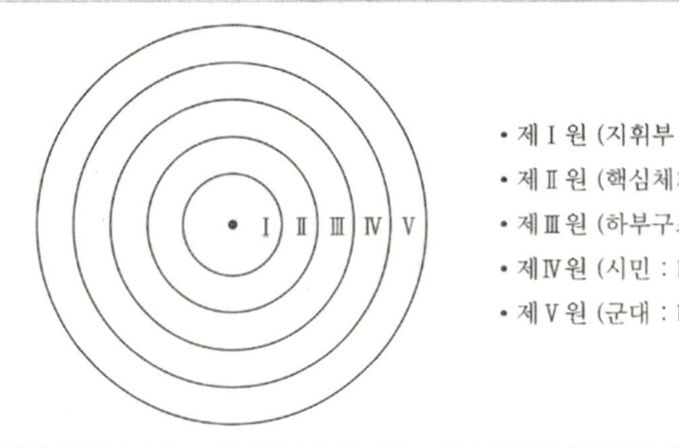

출처: 권태영 · 노훈(2008) 21세기 군사혁신과 미래전. 법문사, 서울, p. 175.

〈그림 14〉 존 와든의 5개 전략동심원(Five Strategic Rings)

실제로 걸프전 당시 미군은 전략적 마비를 위한 'Instant Thunder' 개념에 의해 작전명령의 공세적 전역은 4단계로 계획되었는데, 3단계까지는 항공전역이었고, 마지막 4단계는 지상공세로 이어지는 것이었다.

3) 네트워크에 대한 마비전략으로의 변화

퓰러로부터 시작된 위와 같은 마비 이론은 과학기술의 발전을 중심으로 하는 시대적 흐름에 따라 계속 변화되어 갈 것이다. 즉, 기동에 의한 마비전략 ⇒ 항공력에 의한 마비전략 ⇒ 네트워크에 대한 마비전략으로 진화하고 있다.

네트워크에 대한 마비전략은 아직 이론적으로 구체화되지 않았다. 본 고 제5장

286) 권태영 · 노훈(2008) 앞의 책, pp. 180-181.

에서 상술하겠지만, 마비이론의 시대적 변천과정을 비교해 보기 위해서 핵심적인 내용만 제시하면, 네트워크마비전략은 적 부대 격멸보다는 적국의 네트워크를 대상으로 그 기능을 무력화함으로써 전투기능을 마비시키는 데 중점을 둔다. 적의 네트워크 체계는 크게 지휘통제망, 무기체계망, 기반체계망을 구성되어 있다고 분류하고 있으며, 이러한 네트워크를 대상으로 사이버, 전자전 및 사이버전자전과 같은 비살상적, 비물리적인 수단에 의해서 그 기능을 파괴함으로써 궁극적으로 적국의 전쟁의지를 상실토록 하는 전략이다.

따라서, 기존의 기동에 의한 마비이론과 항공력에 의한 마비이론과의 이론적인 비교를 통해 네트워크 마비전략의 특성을 제시하자면 〈표 8〉과 같다. 전차부대 위주의 마비전략에서 공군력 위주의 마비전략으로 진화하고, 이제는 사이버전자전에 의한 네트워크마비전략으로 발전해 가는 것이다.

〈표 8〉 마비이론의 시대적 변천과정 비교

구분	기동에 의한 마비전략	항공력에 의한 마비전략	네트워크에 대한 마비전략
목표	적 부대 격멸 전투기능 마비	전쟁의지 상실 전투기능 마비	전쟁의지 상실 전투기능 마비
분석	적 부대 취약점	5원 이론에 의한 표적분석 - 지휘부 - 핵심체계 - 하부구조 - 시민 - 군대	적 네트워크 체계 분석 - 지휘통제망 - 무기체계망 - 기반체계망
대상	후방교란, 군수지원시설 (취약표적)	적 지휘부, 미사일, 비행장 (핵심표적)	시스템 네트워크 (핵심시스템)
수단	전차부대 위주	공군력 위주	사이버, 전자전, 사이버전자전 - 비살상무기체계

제3절 네트워크마비전의 개념과 대상표적

1. 네트워크마비전의 개념과 요구능력

앞에서 필요성을 도출한, 본 연구의 '네트워크마비전'(NPW: Network Paralysis Warfare, 이하 NPW) 개념은 한마디로 적국의 네트워크중심전(NCW)을 마비시키는 전략이다.287) 여기서 '마비'란, 총, 포, 미사일 등으로 직접적인 물리적인 파괴를 유발하지 않고, 컴퓨터 바이러스, 해킹, 전자적 교란 · 방해 · 파괴 등의 방식으로 그 기능을 발휘하지 못하도록 하는 것을 의미한다.

네트워크마비전(NPW) 개념은 다음의 4가지 성격으로 그 특징이 설명된다. 즉, ① 적국의 전력체계의 핵심기능이 되는 네트워크에 대해서 ② 물리적인 파괴를 하지 않더라도 ③ 아군의 사이버 · 전자전 등 비살상 무기체계로 ④ 그 기능을 발휘하지 못하게 함으로써 전투기능을 무력화시키는 비살상 전략이다. 따라서 네트워크마비전은 기존의 대량살상전, 화력전, 진지전, 기동전과는 대칭되는 개념이며, 네트워크중심전, 효과중심작전, 비살상전, 정보 · 사이버전 등과 유사한 작전수행 개념이다. 또한, 네트워크마비전은 단독으로 이루어지기 보다는 기존의 작전수행 개념과 병행되어서 통합작전이 요구되는 개념이다.288)

이러한 네트워크마비전(NPW)은 수행하는 목적과 그 목적을 달성하기 위해 어떠한 능력을 가져야 하는가 하는 것은 매우 중요하다. 우선 네트워크마비전을 수행하고자 하는 목적은 다음과 같은 세 가지로 요약된다.

첫째, 적국의 국가기능 및 전투기능을 마비시키고자 하는 것이다. 적국에 대한

287) '네트워크마비전'이라는 용어는 아직까지 군에서 공식적으로 사용되는 개념이 아니지만, 본 논문에서는 이의 영문 표기를 NPW(Network Paralysis Warfare)로 쓰기로 한다.

288) 송운수 · 조한승(2021) "발사의 왼편작전과 한반도 사이버 억지전략 제언". 전략연구, 제28권 제3호(통권 제85호), p. 56.

대량살상, 대량파괴보다는 전쟁 및 전투기능을 수행하지 못하도록 하는 데 중점을 둔다. 이를 위해서는 ① 적국의 군 및 국가의 지휘체계를 불능화해야 하고, ② 적국의 가장 위협적인 무기체계가 작동되지 못해야 하고, ③ 전기, 통신, 인터넷 등 군 및 사회기반체계가 마비되어야 한다.

둘째, 아군의 피해를 최소화하기 위한 것이다. 적의 선제공격이나 보복공격을 예방 및 억지하여 아군 피해를 최소화해야 한다. 따라서 적을 비파괴, 비살상 방법으로 공략하는 동시에 적으로 하여금 공격의 주체가 누구인지 불명확하게 함으로써 적의 보복공격을 받지 않고 종료할 수 있어야 한다.

셋째, 전쟁확대를 억지하기 위한 것이다. 특히 한반도의 경우 지정학적인 인접성, 밀집성으로 전쟁이 발발하여 상호 대규모 피해와 살상이 발생하고 물리적인 피해가 발생하면 전쟁에 승리한다 하더라도 아군의 대량 전쟁피해도 불가피하다. 그러므로 전쟁확대를 예방하는 전략이 되어야 한다.

이러한 목적을 달성하기 위해서 네트워크마비전(NPW)은 다음과 같은 능력이 요구된다. ① 비살상 무기체계 특성을 통해서 전·평시 구분없이 적용될 수 있어야 한다. 그래서 전면전이 발발하기 전에 국지도발 상황에서도 즉각 대응할 수 있는 수단이 되어야 한다. ② 누가 공격했는지 알 수 없고 선제공격이 용이해야 한다. 상대방의 즉각적인 보복을 회피하기 위해서 누가 공격했는지 판단이 곤란해야 하고, 특히, 적의 선제공격으로부터 대량피해를 받은 다음에 대량보복은 차선책에 불과하므로 적의 미사일 등 기습공격에 대비한 선제공격이 가능한 수단을 가져야 한다. ③ 물리적인 파괴없이 상대방의 조직과 기능을 무능화시킬 수 있어야 한다. 적의 즉각적인 보복을 받지 않기 위해서 아군도 가능한 한 물리적인 파괴없이 적을 무력화할 수 있어야 한다. ④ 저비용으로 무기체계 개발이 가능해야 한다. 대량보복 무기체계 즉, 핵, 미사일 등은 매우 고비용의 무기체계들이며, 더구나 전면전시 이외에는 사용할 수도 없는 무기체계이다. 네트워크마비전은 적국의 네트워크에 대한 마비를 통해서 기능 발휘를 못하게 하는 무기체계이므로 저비용으로 개발이 가능할 수 있다. ⑤ 그럼에도 불구하고 핵무기 못지 않는 치명적인 손상을 줄 수 있어야 한다. 네트워크를 공격하여 마비시킨 후에 재보복을 받는다면 마비효과가 반감되는 것이다. 따라서 네트워크 마비효과는 상대방 무기체계가 더 이상 공격 능력을 갖지 못해야 하므로 그 효과는 치명적인 손상을 줄 수 있어야 한다. 사이버전 또는 전자전 그리고 사이버전자전 등은 그러한 치명적인 능력을 가지고 있다. ⑥ 지역 구분 없이 전후방 어디에도 적용이 가능해야 한다. 전면전 이전이라 하더라도 만일 적의 핵 및 미사일에 의한 기습공격이 임박하여 자위권에 의한 선제공격으로서 네트워크마비전을 수행한다면 전방 접적지역 뿐만 아니라 후방지역까지 그 영향력이 가능해야 한다.[289]

2. 네트워크마비전 개념의 구조

네트워크마비전(NPW) 개념은 무엇을 대상으로, 어떤 이론적 구조를 가져야 할까? 위에서 언급한 것처럼 네트워크마비전의 첫번째 목적은 적국의 국가 기능 및 전투 기능을 마비시키는 것이며, 이를 위해서는 첫째, 적국의 군 및 국가의 지휘체계가 사용되지 못해야 하고, 둘째, 적국의 가장 위협적인 무기체계가 작동되지 못해야 하며, 셋째, 전기, 통신, 인터넷 등 군 및 사회기반체계가 마비되어야 한다. 따라서 그 대상은 〈그림 15〉와 같이 삼각형의 구조로 설명된다.

첫째, 지휘통제망에 대한 마비이다. 만약 적이 도발한다면, 초연결·초지능성 C4ISR-PGM[290] 체계와 네크워크마비전을 통해서 적의 도발과 동시에 또는 적이 공격 개시하기 직전에 적의 전쟁지도부를 완전히 파괴하여 조직적인 전쟁지도가 불가능하도록 해야 한다. 또한, 적의 집단군 및 군단, 사단의 지휘부와 지휘통신망

289) 위의 논문, p. 57.

290) C4ISR-PGM 체계란 Command, Control, Communications, Computers, Intelligence, Surveillance and Reconnaissance - Precision Guided Munition, 지휘통제통신컴퓨터 기반하의 정밀유도무기 체계를 의미한다.

을 완전히 파괴하여 조직적인 작전지휘가 불가능하도록 해야 한다. 그리고 적의 정치 및 군 핵심 직위자를 정밀 저격이 가능한 첨단 타격체계로 제거함으로써 사단급 이상의 모든 지휘체계를 마비시켜야 한다.

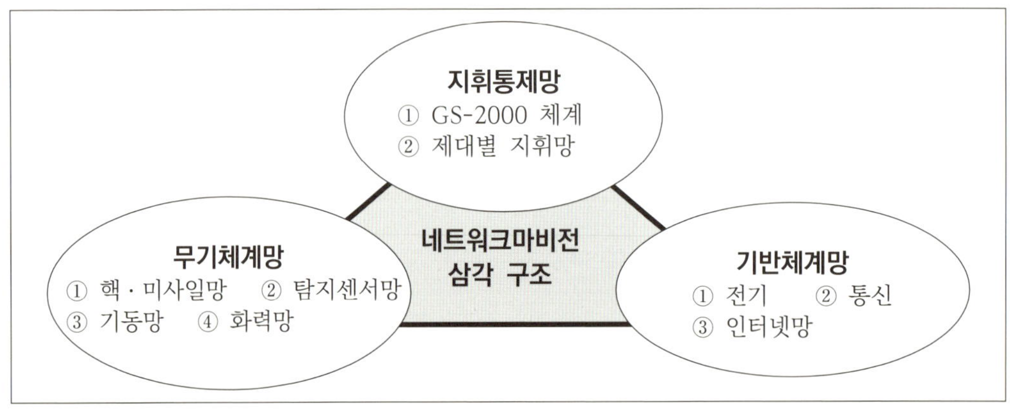

〈그림 15〉 네트워크마비전(NPW) 개념의 삼각 구조

둘째, 무기체계망에 대한 마비이다. 적의 핵폭탄 및 핵 투발이 가능한 미사일 등 전략적, 작전적 핵심표적을 개전과 동시에 파괴 또는 무능화시켜야 한다. 또한, 작전적, 전술적 차원에서도 상대방의 표적포착용 센서망, 항공기, 함정, 지상차량 등의 기동망, 전술미사일 발사통제 및 대포병레이더 등 화력통제망 등 네트워크로 통제되는 무기체계들은 사용되지 못하도록 통제되어야 한다. 특히, 핵 · 미사일망, 탐지센서망, 기동망, 화력망 등 네 가지 유형의 네트워크 무기체계망은 반드시 통제되어야 한다. 따라서 제대별 지휘통제망과 동시에 이들 무기체계망이 파괴되어 고립된 적에 대해 신속히 지상군을 투입하여 유린함으로써 조기에 전쟁을 종결시킬 수 있도록 해야 한다.

셋째, 기반체계망에 대한 마비이다. 상대방의 군사조직 뿐만 아니라 사회기능 마비를 통해서 군과 사회가 연계된 기능을 수행하지 못하도록 전기, 통신, 인터넷 환경 등 사회기반체계 및 도시기능을 마비시킬 수 있어야 한다. 아군도 사회기반체계망이 대단히 취약하다. 전기가 단절되고, 유 · 무선 전화가 불통되고, 인터넷이 단절되고, 금융기관이 마비되면 엄청난 사회혼란과 동시에 국가기능이 마비되어 전쟁수행이 어려워 질 것이다. 따라서 역으로 아군의 기반체계망은 보호하고 적국의 기반체계망을 먼저 마비시킴으로써 전쟁 수행 의지를 마비시킬 수 있어야 한다.

네트워크마비전은 이러한 트라이앵글 구조를 가지고 각 제대별로, 즉, 전략적, 작전적, 전술적 제대에 공통적으로 적용될 수 있어야 한다. '육군 비전 2050'에서도 전면전시 전략개념을 다음과 같이 '적 중심 마비전'으로 제시하고 있다.

적 전투력의 파괴와 살상의 극대화를 지향하는 기존의 섬멸전 중심의 전쟁수행 방식에서 적국의 군사적 강점과 중추기능을 선별적으로 제압하는 중심마비전으로 전환해야 한다. …… 전쟁을 지속하는데 핵심적인 능력을 전쟁 초기부터 무력화시키는 것이다. 적의 중심은 일반적으로 전쟁 초기에는 핵무기를 포함한 적군의 대량살상무기 배치 지역과 기지, 적국의 정치 및 군사 지도부, 군수물자 저장시설 및 무기공장 등이 될 것이며, 전쟁이 확대되면 점차 에너지 시설, 항만 및 공항, 해상교통로 등의 국가 중추 기능과 적국민의 심리 및 여론 등 인지 영역으로 옮겨간다. 그러나 초지능 및 초연결시대의 미래전쟁에서는 전쟁의 흐름과 관계없이 상황과 작전 목적에 따라 적의 중심은 수시로 변화할 수 있다.291)

그 연장선에서 네트워크마비전은 전략적, 작전적, 전술적 수준 등 모든 수준에서 적용이 되어야 하며, 각 제대별로 위에서 언급한 지휘통제망, 무기체계망, 기반체계망 등의 구체적인 대상으로 선정되어야 한다.

3. 네트워크마비전의 목표와 대상표적

네트워크마비전을 구현하기 위한 작전적 운용을 위해서는 다음 두 가지 특징을 고려해야 한다. 하나는 네트워크를 그 대상으로 하는 작전활동이며, 다른 하나는 비물리적이고 비살상적인 무기체계를 사용한다는 점이다. 따라서 네트워크마비전

291) 육군본부(2019) 육군 비전 2050. p. 110.

의 작전적 운용을 위해서는 이러한 특징을 반영하여 첫째, 전략-작전-전술 제대별로 작전을 수행하되 작전목표를 명확하게 하고, 둘째, 네트워크 표적대상을 미리 선정하여 표적대상에 맞는 맞춤식 무기체계를 개발해야 한다.

네트워크마비전은 네트워크로 구성된 지휘통제망, 무기체계망 그리고 기반체계망을 그 구성요소로 하고 있으므로 〈표 9〉와 같이 전략적, 작전적, 전술적 수준 등 모든 수준에서 적용이 되어야 하며, 각 제대별로 위에서 언급한 지휘통제망, 무기체계망, 기반체계망 등의 구체적인 대상으로 선정되어야 한다.292)

전략적 수준에서는 적의 전쟁의지 마비 및 전쟁 억제를 위하여 적 전쟁지도부 지휘통제시스템, 적 핵 · 미사일 통제시스템, 항만, 공항, 군수공장 등의 전기, 통신 등 국가 핵심 기반시설 등을 대상으로 공격한다.

〈표 9〉 **제대별 네트워크마비전 목표 및 대상표적**

구 분	목 표	대 상 표 적
전략적 제대	• 전쟁억제 • 전쟁의지 마비	① 적 전쟁지도부 지휘통제시스템 ② 적 핵 · 미사일 통제시스템 ③ 항만, 비행장, 군수공장 등 국가 핵심기반시설
작전적 제대	• 군사능력 약화 • 군사지휘체계 마비	① 적 집단군 이상 지휘체계시스템 ② 단거리미사일 체계 ③ 대공미사일 시스템 ④ 광통신망 ⑤ 통신중계소
전술적 제대	• 해당 무기체계 무력화 • 전투기능 마비	① 군단급 이하 지휘통제시스템 ② 적 대포병레이더 ③ 무인기시스템

출처: 송운수 · 조한승(2021) "사이버억지 수단으로서의 사이버전자전 작전수행개념". 한국군사학논집, 77(1). p. 510.

작전적 수준에서는 적의 군사지휘체계 마비 및 군사능력 약화를 위하여 적 집단

292) 송운수 · 조한승(2021) "사이버억지 수단으로서의 사이버전자전 작전수행개념". 한국군사학논집, 77(1). pp. 509-510.

군 이상 지휘통제시스템, 단거리미사일 체계, 대공미사일 시스템, 광통신망, 통신중계소 등을 대상으로 공격한다.

전술적 수준에서는 해당 무기체계 무력화 및 전투기능 마비를 위하여 군단급 이하 지휘통제시스템과 적 대포병레이더, 무인기시스템 등을 대상으로 공격한다.

이러한 분류개념 하에 각 제대 및 부대에서는 해당 대상별로 구체적인 표적목록을 도출하여 그와 관련된 자료들을 평시 지속적으로 수집 및 구축해야 한다. 네트워크에 대한 공격은 해당 네트워크별로 필요한 정보들이 사전에 확인되어야 하기 때문이다. 특히 사이버전자전은 독립적으로 수행될 수도 있으나 전시에는 기본적으로 지휘관을 중심으로 제병협동작전을 지원하는 기능을 수행해야 하기 때문에[293] 실시간에 적시적인 지원을 위해서는 제대별로 대상 표적목록을 구체화할 필요가 있다.

이러한 대상표적들의 네트워크에 대한 무기체계는 해당 네트워크의 유형별 특성을 고려하여 맞춤식으로 개발될 필요가 있다. 무기체계 대상에 따라 사이버전 무기체계도 필요하고, 전자전 무기체계도 필요하며, 새로운 연구가 필요한 사이버전자전 무기체계도 필요하다. 즉, 이 세 가지의 통합개념인 '사이버 · 전자전' 무기체계가 필요한 것이다. 이중에서도 사이버전과 전자전 무기체계는 이미 널리 알려져 있으나, 새로운 연구가 필요한 '사이버전자전' 무기체계의 경우는 네트워크마비전의 가장 중요한 수단이 될 수 있다. 즉, 사이버전자전 무기체계는 모든 제대별 C4I체계 뿐만 아니라, 비록 폐쇄망이라 하더라도 안테나를 이용한 무기체계는 어떤 무기체계라도 그 대상으로 할 수 있기 때문이다.

사이버전은 사이버공간 내에서 이루어지므로 비물리적인 공격이지만, 사이버전자전은 비살상전의 성격을 가지고 있으면서도 핵 · 미사일 발사시스템 또는 레이더 시스템 등의 무기체계에 대해 그 통제 프로그램의 기능을 마비시키는 등 물리적인 기능 마비 또는 파괴 효과까지도 가능하다.

---

293) TRADOC(2018) "The U.S. Army Concept for Cyber-Electronic Warfare Operations 2025-2040". TRADOC Pamphlet 525-8-6, pp. 15-16.

따라서, 사이버전자전 능력을 고도화할 경우 북한의 핵·미사일 시스템까지도 무력화시켜 전쟁 억제 및 작전목적 달성에 크게 기여할 수 있을 것이며, 특히, 사이버전자전의 영향범위가 물리적 수준으로까지 확대되어 사이버전자전 공격을 통해서 적의 지휘통제시스템, 무기체계, 기반시설까지 무력화 및 무능화시키는 기술로 발전할 것이다. 나아가 전시 뿐만 아니라 국지도발 시에도 주로 적이 물리적 수단을 사용하기 이전에 사이버전자전 능력으로 적 포병, 미사일, ISR 자산, 전자전 무기체계, 대공망 등의 표적들을 사전에 무력화시키며, 지상, 해상, 공중, 우주영역의 물리적 군사능력과 결합하여 결정적 작전으로 적을 무력화 및 격멸시킬 수 있다.294)

4. 네트워크마비전략의 군사전략적 가치

네트워크마비전은, 앞에서 언급한 것처럼, ① 물리적인 파괴없이 상대방의 조직과 기능을 무능화시킬 수 있고, ② 누가 공격했는지 알 수 없고, 설령 추정이 가능하다고 하더라도 그 증거를 찾기 어려우며, ③ 상대방 무기체계 전체를 파괴하지 않는다고 하더라도 그 기능을 발휘하지 못하게 함으로써 물리적 파괴 이상의 치명적인 피해를 줄 수 있다는 특성을 가지고 있다. 이러한 특성으로 인해 네트워크마비전은 다음과 같은 군사전략적 가치를 갖는다.

첫째, '자위권에 의한 선제공격'295)이 가능하다는 점이다. 비살상무기체계라는 특성을 통해서 누가 공격했는지 알 수 없고 물리적인 피해가 없으므로 즉각적인 보복을 회피할 수 있는 장점을 이용하여 전·평시 구분없이 적용될 수 있다. 그래서 전면전이 발발하기 전에 국지도발 상황에서도 즉각 대응할 수 있는 수단이 될

294) 육군정보학교(2019) "육군 사이버전자전 작전수행개념 연구". 육군교육사령부, pp. 10-11.

295) 자위적 차원의 선제공격 개념은 '적의 기습 또는 개전의 의도가 명백하게 되었을 때 자위권을 준용하여 적의 기선을 제압하기 위해 행하는 공격행위'이다. 북한의 대량살상무기와 기습공격 군사전략 및 수많은 도발 사례들은 안보상 자위적 차원의 선제공격의 필요성이 요구된다. 권재상(1995) "자위적 선제기습공격 개념의 수용문제에 대한 소고". 합동참모대학, p. 8.

수 있다.

둘째, 핵·미사일의 기능을 마비시킬 수 있는 상쇄전력으로서의 운용이 가능하다. 핵·미사일을 물리적으로 파괴하지 않더라도 미사일망이라는 폐쇄망에 대한 침투가 가능하고 네트워크를 무력화시킴으로써 그 기능을 사용하지 못하게 하는 효과가 가능한 것이다.

셋째, 사이버공간 뿐만 아니라 전자기스펙트럼 공간, 즉 무선공간에서도 전파를 이용하여 적의 네트워크를 무력화할 수 있다는 점이다. 따라서, 평시 보복에 의한 사이버억지 수단으로서의 가치 뿐만 아니라 전시에도 모든 작전환경에서 기동과 화력 등 타 전장기능과 합동작전을 수행할 수 있는 전략이다.296)

따라서, 이러한 군사전략적 가치는 현재 한국의 대북한 핵·미사일에 대한 전략의 제한사항을 보완할 수 있는 의미를 가지고 있다. 한국은 북한의 핵·미사일과 같은 다양한 유형의 WMD(대량살상무기) 전력에 직면하여 '한국형 3축 체계'를 구축하여 대응하고 있다.297) 그런데 이 가운데 1축인 Kill-Chain의 선제적 타격 수단이 현재는 아군의 미사일이다. 만일 전쟁이 실제 발생하지 않은 상황이라면 아무리 적이 WMD를 사용할 징후가 뚜렷하다고 하더라도 우리 군이 먼저 북한지역으로 미사일을 발사하여 선제적 타격을 한다는 것은 현실성이 제한될 것이다. 따라서 전쟁 개시 이전에는 적의 WMD 공격 징후에 맞서 선제적 대응을 하기 위해서 비물리적, 비살상적인 수단을 가지고 적의 군사적 네트워크를 마비시킴으로써 WMD의 발사를 무력화하는 기술과 능력이 요구된다. 즉, 미사일과 같은 물리적인 억지수단을 보완하는 방법으로서 네트워크를 마비시킬 수 있는 사이버억지 수단이 그 대안이 된다.298)

---

296) 송운수·조한승(2021) 앞의 논문, pp. 503-504.

297) 1축(Kill-Chain)은 북한이 미사일을 발사하기 이전에 미사일 발사체계를 무력화시키는 것을 의미하고, 2축(KAMD: Korea Air and Missile Defense, 한국형 미사일 방어)은 북한의 미사일이 발사된 이후 공중에서 적 미사일을 요격하는 것을 의미하며, 3축(KMPR: Korea Massive Punishment & Retaliation, 대량응징보복)은 북한의 미사일에 피해를 입을 경우 대량 보복하는 것을 의미한다. 그러나 이 '3축 체계'라는 용어는 2019년에 공식적으로 폐기되고 '핵·WMD 대응체계'로 용어가 변경되었다. 용어변경에 관해서는 본 논문 각주 4) 참조.

이러한 보복을 통한 억지전략이 성공하기 위해서는, 과거 냉전기의 핵억지 전략의 성공조건으로 제시된 것처럼, 다음 세 가지의 요건이 충족되어야 한다. 첫째, 억지능력의 확보, 둘째, 억지위협의 신뢰성, 그리고 셋째, 억지위협의 전달이다.[299) 사이버억지에서도 이러한 세 가지 요건이 충족되어야 할 것이며, '네트워크마비전'의 개념은 이러한 요건을 충족할 수 있는가에 대한 평가가 필요하다.

먼저, 억지능력의 측면에서 보면, 이란 원전을 무력화하고 피해를 입혔던 Stuxnet이나, 발사의 왼편작전에서의 사이버전자전은 실제로 그 능력은 상대방이 받아들이기 힘든 정도의 치명적인 피해라고 할 수 있다. 따라서, 그 억지능력은 충분히 가지고 있다고 평가된다. 또한, 사이버전에서의 보복 수단이 반드시 사이버 수단 및 사이버공간으로 한정될 필요가 없다는 것이다. 방어국가가 경제적이든, 군사적이든, 사법시스템이든 어떤 수단을 통해서도 보복할 수 있다고 보는 것이 일반적인 견해이다.[300) 이렇게 본다면, 인터넷망 뿐만 아니라 폐쇄망에 대한 사이버전자전을 핵심기술로 하는 네트워크마비전의 억지력도 다른 수단과 함께 고려가 된다면 그 억지능력은 훨씬 커질 것이다.

둘째, 억지위협의 신뢰성을 높이기 위해서 방어자의 능력을 노출시키는 것이다. 이것은 보복에 의한 억지이든, 거부에 의한 억지이든 마찬가지 효과를 가진다. 공격자가 공격했을 때, 어떤 보복조치가 있을 수 있다는 것을 인식하게 함으로써 공격을 하지 못하게 하는 효과를 갖게 된다. 따라서, 미국이 '발사의 왼편작전'을 북한 미사일에 실제로 적용했는지, 하지 않았는지 긍정도 부정도 하지 않는 NCND (Neither Confirm Nor Deny) 입장을 취하면서, 그러한 능력이 사실이라는 것을 믿게 만드는 것도 신뢰성을 제고하는 효과를 가지게 되는 것이다. 미국이 사이버전을 관리하고자 하는 사령부를 설립하고, 여기에 필요한 예산이나 자원, 인력의 범위를 공개하는 것도 신뢰성을 높이는 데 도움이 된다. 네트워크마비전의 개념도

---

298) 송운수 · 조한승(2021) "발사의 왼편작전과 한반도 사이버 억지전략 제언". 전략연구, 제28권 제3호(통권 제85호), pp. 65-66.

299) Amir Lupovici(2011) op. cit. pp. 52-53.

300) Joseph S. Nye(2017) op. cit. p. 55; Amir Lupovici(2011) op. cit. p. 54.

그 본질에 대한 모호성을 유지하면서도 그 능력을 공개하고 그와 관련된 조직과 예산 및 인력의 범위를 공개함으로써 신뢰성을 높일 수 있을 것이다.

셋째, 억지위협의 전달 효과를 높이기 위해서는 억지전략을 천명하는 것이 중요하다. 억지전략의 효과는 특정 공격자의 위협유형에 맞춘 억지력과 의지를 갖추고 있어야 증대된다. 사이버 억지전략은 잠재적인 사이버공격자가 사이버방어자의 응징역량과 의지가 확고하다는 것을 믿어야 성공한다. 다시 말해서, 억지전략을 천명한 국가는 자신의 역량과 의지를 잠재적인 공격자에게 확실하게 전달함으로써 공격자의 행위에 영향을 미칠 수 있다.[301] 하지만, 사이버 억지전략의 대상이 되는 세력이 분명하게 드러나 있지 않은 안보구조에서 공격을 받을 경우 보복하겠다는 의사를 전달하는 것은 쉽지 않다. 그러나 우리 한국의 경우에는 사이버공격의 가능성이 높은 대상은 거의 확실하다. 따라서, 어떠한 공격자라고 하더라도 명확한 억지 의지를 천명함으로써 억지위협의 전달의 효과는 있을 것이다.

이렇게 본다면, 보복에 의한 사이버억지 전략으로서의 '네트워크마비전'의 개념은 군사전략적인 가치와 함께 사이버억지 전략으로서의 타당성을 가지고 있다고 평가된다.

---

301) 장노순 · 한인택(2013) "사이버안보의 쟁점과 연구 경향". 국제정치논총, 53(3). p. 594.

Chapter V

네트워크마비전의 작전수행개념과 요구능력

Chapter V 네트워크마비전의 작전수행개념과 요구능력

제1절 네트워크마비전 구현을 위한 사이버전자전 수행개념

1. 사이버전자전 작전환경

미래전장은 모든 전투체계가 연결된 네트워크 환경에서 작전을 수행하게 될 것이다. 초연결된 네트워크 환경은 사이버공간과 전자기스펙트럼 공간으로 구성되며, 무기체계의 과학화는 결국에 사이버공간과 전자기스펙트럼 공간의 의존도를 높이므로 사이버 · 전자전 양상이 불가피할 것이다. 따라서 이러한 사이버전자전이 전개되는 작전환경을 다음과 같이 네 가지로 요약해 볼 수 있다.

첫째, 사이버전자전은 전 전장영역을 망라하게 될 것이다. 전장환경이 지 · 해 · 공중 뿐만 아니라 우주, 사이버 · 전자기 영역으로까지 확대되고 있는 데다가 사이버공간과 전자기스펙트럼은 지 · 해 · 공 · 우주 영역을 모두 연결하고 있다. 따라서 사이버전자전 양상의 영역은 지상, 해상, 공중이라는 물리적 영역을 초월하여 비물리적 영역뿐만 아니라 전쟁의 주체가 되는 인간의 인지적, 심리적 영역과 정보환경 전체에 영향을 줄 것이다.302)

둘째, 사이버전자전은 전 제대를 망라하게 될 것이다. 인터넷망이 아닌 독립망이나 폐쇄망이라 하더라도 침투 및 접속이 가능하므로 적국의 전략적 차원의 핵 · 미

302) U.S. Army(2017) FM 3-12, op. cit. p. 13.

사일시스템 뿐만 아니라 전술제대의 대포병레이더나 방공망 등에 이르기까지 전략-작전-전술적 전 제대를 망라하여 영향을 미치게 될 것이다.

셋째, 사이버전자전은 그 영향범위가 사이버공간 뿐만 아니라 물리적 수준으로까지 확대될 것이다. 사이버전자전 공격을 통해 적의 지휘통제시스템이나 무기체계 그리고 기반시설까지도 무력화하고 무능화할 수 있게 될 것이기 때문이다.

넷째, 사이버전자전은 군사적 영역뿐만 아니라 민간영역에까지 영향을 줄 것이다. 군사적 전장환경 뿐만 아니라 초연결된 민간영역의 인터넷, 전기, 통신, 금융 부문에 이르기까지 그 기능을 마비시키거나 무력화할 수 있게 될 것이다.[303)]

즉, 사이버전자전의 전장환경은 전전장영역, 전제대, 사이버 및 물리적 영역, 군사 및 민간영역 등 광범위한 영역에서 적용될 수 있을 것이다.

2. 한반도에서의 네트워크마비전을 위한 전략수행개념

사이버전자전의 대상은 네트워크를 사용하는 모든 시스템을 포함할 수 있다. 즉, 적국의 모든 군사적 지휘통제 시스템으로부터 핵·미사일 발사시스템, 전술적인 대포병레이더시스템 그리고 국가 사회기반체계에 이르기까지 전략-작전-전술적 모든 차원에서 그 대상은 넓고 다양하다. 그러나 본 연구는 논의의 초점을 가장 상위의 개념인 전략적 차원에 맞추어서 네트워크마비전이 전략적 차원에서 어떻게 수행될 수 있는지 살펴보도록 한다. 이를 위해서는 아래와 같이 사이버전자전의 전략적 수행개념을 3가지로 구분하여 정립할 필요가 있다.

1) 선제자위권

자위적 차원의 선제공격 개념은 '적의 기습 또는 개전의 의도가 명백하게 되었

---

303) 송운수·조한승(2021) "사이버억지 수단으로서의 사이버전자전 작전수행개념". 한국군사학논집, 77(1). pp. 508-509.

을 때 자위권을 준용하여 적의 기선을 제압하기 위해 행하는 공격행위'이다. 한반도의 경우 두 가지 측면에서 선제자위권 문제를 검토할 필요가 있다. 첫째, 지정학적 측면에서 한반도는 정치, 경제, 군사적 가치의 중추인 서울이 적 미사일 외에도 장사정포 사거리내에 있을 뿐만 아니라, 공중공격으로도 5분 이내의 거리에 있기 때문에 전략 지정학적 취약점은 지대하다. 따라서 적의 공격을 흡수한 후 반격을 통한 전쟁의 수행은 작전상 지극히 불리한 상황을 초래할 뿐이기 때문에 선제자위권 문제를 신중하게 검토해야 한다.304) 북한의 대량살상무기와 기습공격 군사전략 및 수많은 도발 사례들은 안보상 자위적 차원의 선제공격의 필요성이 요구된다.305)

둘째, 북한의 실질적인 선제공격 능력 측면에서 한국군의 군사전략 수립을 위한 핵심적인 위협은 북한의 핵무기와 재래식 진력의 결합이다. 따라서 한국은 평소 또는 유사시에도 북한의 핵무기 사용을 억제할 수 있어야 하고, 상황이 더욱 악화될 때는 북한의 핵무기를 일거에 제거할 수 있어야 한다. 특히 북한의 핵무기 제거는 결코 쉽지 않다는 점에서 한국이 우위에 있는 첨단기술을 통하여 북한이 피할 수 없는 새로운 방법이나 수단을 개발해야 한다. 다시 말해 북한의 핵무기 위치를 확실하게 파악하고, 정밀하게 타격하거나 첨단기법을 통하여 사용 또는 발사하지 못하도록 하는 선제자위권적인 기술을 개발하는 것이 핵심이다. 이것이 군에서 4차 산업혁명과 관련하여 노력해야 하는 핵심적인 과제라고 할 것이다.306)

따라서 이 두 가지 측면에서만 보더라도 현존하는 대북 위협에 대한 대응전략의 발전 개념으로서 전쟁초기 대량살상무기 및 기습공격 피해를 최소화하기 위해서

---

304) 권재상(1995) "자위적 선제기습공격 개념의 수용문제에 대한 소고". 합동참모대학, p. 8.

305) 자위권은 예방적 자위권(anticipatory self-defense) 또는 선제적 자위권(preemptive self-defense)으로도 불리며, 이를 인정할 것인가에 관하여 '긍정설과 부정설'로 나뉜다. Bowett, Waldock, McDougal, Goodrich, Friedmann, O'Connell 등의 학자들이 긍정설을 취하고 있으며, 예방적 자위권을 부정하면 최초의 공격대상이 되는 국가에 심히 불리한 결과를 초래하게 된다는 것이 그들의 논거이다. Jessup, Brownlie, Henkin, Kunz, Kelsen, Schachter, Nincic 등의 학자들이 부정설을 취하고 있으며, 예방적 자위권을 인정하게 되면 예방전쟁을 시인하여 무력행사에 대한 통제가 곤란해진다는 것이 그들의 논거이다. 김용태(2003) "한반도 전구에서 전략적 마비를 위한 표적선정에 관한 연구". 국방대, 석사학위논문, p. 81.

306) 최장옥(2018) "4차 산업혁명 시대의 지상작전개념에 대한 연구". 군사발전연구, 12권 2호, p. 16.

적의 명확한 공격징후 포착 시 자위적 차원의 선제공격 개념의 적용 문제는 신중하게 검토되어야 한다. 평화를 존중하는 민주국가로서 한국이 '공세전략'을 추구하기는 어렵다. 그러나 적의 기습공격을 허용한다면 그 피해는 감당할 수 없을 만큼 엄청날 수 있기 때문에 '수세후 공세전략'을 견지하는 것은 불합리하다. 그러므로 초연결·초지능의 정찰감시 및 지휘통제체계를 기반으로 적의 도발징후를 확실하게 탐지할 경우, 기습공격으로 인한 치명적인 피해를 회피하기 위해 '선제자위권'을 견지하거나 최소한 적의 공격과 동시에 반격하는 '즉응공세전략'을 추구하여야 한다. 특히 그러한 선제자위권 수단으로 물리적 대량파괴 또는 북한지역 전면 공격은 비현실적이다. 그 보다는 파괴나 대량살상 없이도 북한의 기습공격 능력을 마비시킬 수 있는 네트워크마비전, 즉, 사이버전자전 능력과 기술의 개발이 요구된다.[307] 왜냐하면, 물리적인 피해가 없고, 누가했는지 알 수가 없어서 즉각적인 보복을 하기 어렵기 때문이다.

2) 다영역작전(MDO)

사이버전자전과 같은 네트워크마비전은 물리적인 파괴무기라기 보다는 네트워크를 마비시켜서 기능을 수행하지 못하게 하는 비살상 공격능력이다. 따라서 공격이 단독으로 수행될 수도 있다. 특히, 평시 적의 국지도발이 임박하거나 시행되었을 때, 전시 개념의 합동작전이 아니라 단독 대응 또는 선제자위권에 의한 초기 대응일 경우는 단독작전으로 수행될 수 있을 것이다. 그러나 전면전 상황에서는 네트워크마비전은 다영역으로부터 제공되는 다양한 수단과 방법과 합동작전 또는 다영역작전(MDO)[308] 개념으로 통합되어야 한다. 미래에는 공간으로 구분되는 지·

307) 송운수 · 조한승(2021) "발사의 윈편작전과 한반도 사이버 억지전략 제언". 전략연구, 제28권 제3호(통권 제85호), pp. 67-68.

308) 다영역작전(MDO: Multi-Domain Operations)은 미 육군이 지상, 해상, 공중, 우주 및 사이버의 5개 영역의 전장을 통합운영하고자 하는 작전적 수준의 미래 작전개념이다. 최근 중국의 부상과 러시아의 도전을 배경으로 미 육군이 2015년부터 연구를 시작하여 2028년을 목표연도로 설정하여 개념과 교리를 발전시키고 있다. 한반도의 작전환경과 우리 육군의 상황을 고려해 볼 때, 우리 군이 이를 당장 직접적으로 적용하기는 어렵다. 그러나 장차 우리 군도 이러한 작전개념으로 발전시켜 가야 할

해 · 공군의 분절적 작전보다는 작전목표를 기반으로 입체적 통합작전이 되어야 할 것이기 때문이다.

이라크전에서 최단기간에 전쟁을 종결하였던 전략적 마비의 요건은 합동작전 개념이 적용된 신속결정작전(RDO: Rapid Decisive Operations) 개념이었다. 당시 미군은 이라크 핵심표적에 대해서 지 · 해 · 공군이 통합된 이 합동작전의 개념과 효과중심작전(EBO) 개념으로 최대의 충격을 가하여 적의 전투 능력과 의지를 마비시켰던 것이다.[309] 오늘날은 지 · 해 · 공군을 통합하는 합동작전을 넘어서 우주, 사이버 · 전자기 영역까지 통합하는 다영역작전(MDO)을 추구하고 있다. 네트워크 중심 작전환경(NCOE)[310] 하에서 모든 작전 요소들이 초연결되어 있기 때문에 전 영역에서 각 군의 통합이 가능할 것이다. 지 · 해 · 공 · 우주 및 사이버 · 전자기 영역에 존재하는 다양한 무기체계를 작전 임무에 맞도록 조합하고 이를 통합적으로 운용할 수 있는 지휘체계가 구성되어야 할 것이다. 육군 비전 2050 연구에서는 이를 '작전임무별 맞춤식 모자이크 작전(Mission-Customized Mosaic Operations)'이라고 칭하고 있다.[311]

이러한 다영역작전 임무는 평시 국지도발시보다는 전면전시에 적용이 될 것이며, 예를 들어, 개전과 동시에 적 미사일 발사 시도 식별시 미사일 발사 네트워크 및 미사일 기지 파괴, 적 전쟁지도부 무력화, 적의 군사 통합 지휘통제시스템 마비, 아 공군기 활동 보장을 위한 적 대공망 네트워크 시스템 및 기지 파괴, 적 공군기 활동 통제시스템 마비 및 기지 무력화 등이 포함될 수 있다.

것이기 때문에 본 고에서도 '다영역작전'이라는 용어를 '합동작전'의 발전된 의미로 사용한다. TRADOC(2018) "The U.S. Army in Multi-Domain Operation 2028". Pamphlet 525-3-1; 육군교육사령부(2019) "미 육군의 다영역작전과 교리발전 소요". 교리선행연구 참조.

309) 김용태(2003) "한반도 전구에서 전략적 마비를 위한 표적선정에 관한 연구". 국방대, 석사학위논문, p. 83.

310) NCOE(Network Centric Operation Environment, 네트워크중심작전환경): 전장의 제전투요소들을 네트워킹하여 전장상황을 공유함으로써 네트워크중심의 동시 · 통합작전을 보장하는 개념이다.

311) 육군본부(2019), 육군비전 2050. pp. 115-118 참조.

3) 동시·병렬적 작전

네트워크마비전은 적 도발시 혹은 전시 이전에는 단독으로 수행될 수 있으나, 전시에는 동시·병렬적으로 이루어져야 한다. 병렬공격이란 적의 여러 중심에 대하여 거의 동시에 공격을 가하여 적을 전략적으로 마비시키는 것이다. 여기에서 전략적 마비는 가능한 한 최단 시간 내에 달성되는 것을 전제조건으로 한다. 따라서 병렬공격의 목표는 전략적, 작전적, 전술적 차원의 모든 전투에서 적의 재정비 및 재배치를 할 겨를도 없게 적의 중심들을 동시에 공격하는 것이다.[312] 즉, 병렬공격은 ① 적이 보유하고 있는 다수의 전략적, 작전적, 전술적 표적들을, ② 아측이 보유하고 있는 다수의 다양한 타격수단들로, ③ 지리적 공간의 제한없이 동시에 일제히 공격하여, ④ 적이 재정비, 복구, 회생할 시간적 여유를 박탈당하고 혼절 및 마비효과를 창출하여, ⑤ 단기간 내 전쟁을 종결하게 되는 작전방식이다.

이러한 병렬공격은 기존의 순차적 공격(Serial Attack)과는 완전히 다른 개념이다. 순차적 공격은 적의 외부로부터 시작하여 하나하나씩 차례로 공격과 점령을 통하여 최종적으로 적의 중심에 도달하는 방식이기 때문이다. 순차적 공격에서 앞의 표적 집단은 다음 표적 집단에 대한 공격을 계획하기 전에 파괴되어야 하지만 병렬공격에서는 각 표적 집단을 동시에 공격한다는 개념이다.[313] 걸프전에서 미공군은 병렬작전을 적용하여 개전 24시간 내 이라크의 전략적 표적 148개를 공격하였고, 현재의 기술로 미군의 병렬공격 능력은 1시간에 약 1,500개의 표적을 공격할 수 있다.

한반도의 경우는 전략적 환경으로 인해 전략적 마비를 위한 요건으로서 이러한 병렬형 공격이 이루어져야 한다. 따라서 사이버전자전도 바로 초정밀·초장거리 타격체계와 연계한 적 중심 파괴작전과 통합되어야 한다. 표적이 선정되면 동시·복합적인 표적에 대하여 먼저 사이버전자전을 통해서 적 중심이 되는 무기체계의

312) Jeffery R. Barnett(1996) *Future War*. Air University Press, Alabama; 홍성표 역(2001) 미래전. 연경문화사, 서울, p. 17에서 재인용.

313) 권태영·노훈(2008) 21세기 군사혁신과 미래전. 법문사, 서울, pp. 182-184 참조.

네트워크 마비작전을 선행하여 무력화시켜놓은 이후에 타격체계로 파괴하는 등의 동시 · 병렬작전이 요구된다.[314] 따라서 사이버전자전을 수행하는 부대는 전략적, 작전적, 전술적 표적을 동시에 공격할 수 있도록 전략적 제대만이 아니라 작전적, 전술적 제대까지 제대별로 편제되어야 할 것이다.

3. 작전범주별 작전수행개념

사이버전자전은 물리적인 파괴무기라기 보다는 네트워크를 마비시켜서 기능을 수행하지 못하게 하는 비살상 공격능력이다. 따라서 공격이 단독으로 수행될 수도 있다. 특히, 평시 적의 국지도발이 임박하거나 시행되었을 때, 전시 개념의 합동작전이 아니라 단독 대응 또는 선제자위권에 의한 초기대응일 경우는 단독작전으로 수행될 수 있을 것이다. 그러나 전면전 상황에서는 다영역으로부터 제공되는 다양한 수단과 방법과 합동작전 또는 다영역작전 개념으로 통합되어야 한다. 미래에는 공간으로 구분되는 지 · 해 · 공군의 분절적 작전보다는 작전목표를 기반으로 입체적 통합작전이 되어야 할 것이기 때문이다. 따라서, 사이버전자전은 전 · 평시 모두 적용이 가능하며, 전쟁 이전단계부터 종결단계까지 모든 상황에서 수행된다.[315]

1) 국지도발시 사이버전자전

적 도발시에는 합참의 교전규칙 및 자위권 개념에 의해 즉각적인 대응 및 보복조치를 수행한다. 그러나, 포병, 미사일, 공군 등의 물리적 대응 수단은 확전의 가능성으로 인해 대응조치에 더 신중해질 수밖에 없다. 또한, 이러한 물리적 수단들은 적의 도발징후를 사전 파악했다고 하더라도 선제자위권을 행사하기에는 선제공격이라는 부담 때문에 실행하기 쉽지 않다. 한반도는 정치, 경제, 군사적 가치의

314) 송운수 · 조한승(2021) 앞의 논문, p. 70.
315) 송운수 · 조한승(2021) "사이버억지 수단으로서의 사이버전자전 작전수행개념". 한국군사학논집, 77(1). p. 512.

중추인 서울이 적 미사일 외에도 장사정포 사거리 내에 있을 뿐만 아니라, 공중공격으로도 5분 이내의 거리에 있기 때문에 전략 지정학적 취약점은 지대하다. 따라서 적의 공격을 흡수한 후 반격을 통한 전쟁의 수행은 작전상 지극히 불리한 상황을 초래할 뿐이기 때문에 선제자위권 문제를 신중하게 검토해야 한다.[316)]

사이버전자전은 비물리적 비살상적 무기체계이다. 따라서 국지도발 또는 테러시에 적의 도발징후를 사전 파악했다면 필요시 사이버전자전으로 선제자위권을 행사하기에 보다 용이하다. 즉, 비살상 무기체계로서 다음과 같은 장점이 있기 때문이다. 첫째, 누가 했는지 그 주체를 파악하기도 쉽지 않을 뿐만 아니라 비파괴적인 방법이기 때문에 즉각 보복을 수행하기도 쉽지 않다. 둘째, 즉각 대응 및 보복이 용이하다. 물리적인 파괴무기체계에 비해서 상대적으로 확전 가능성에 대한 우려를 최소화할 수 있다. 셋째, 사이버전자전 단독으로 대응 및 보복조치도 가능하며, 통합작전도 가능하다. 즉, 도발 원점과 지휘 및 지원세력의 사이버전자전 정보를 수집, 공유하고, 현장 가용전력과 지상 · 해상 · 공중 신속대응전력 및 사이버전자전 전력을 추가하여 초기대응에 통합전투력을 발휘해야 한다.[317)]

적 도발 유형별로 사이버전자전의 대응방법을 도표화 해보면 〈표 10〉과 같이 요약할 수 있다. 우선, 적 포병 및 무인기 도발시에는 전자기펄스탄(EMP) 및 고출력탄(HPM)[318)]과 같이 비물리적인 무기체계로 적 포병사격통제체계 또는 표적획득 레이더 등을 무력화할 수 있으며, 특히, 무인기 등은 사이버전자 유인공격으로 무인기를 아군이 유도하는 위치로 유인하는 그러한 대응이 가능하다.

---

316) 권재상(1995) 앞의 논문, p. 8.
317) 송운수 · 조한승(2021) 앞의 논문, pp. 512-513.
318) EMP : Electro-Magnetic Pulse(전자기펄스탄), HPM : High Powered Microwave(고출력 마이크로 웨이브파)

〈표 10〉 적 도발 유형별 사이버전자전 대응모델

사이버전자전 무기체계	포병 화력도발	무인기 도발	GPS 및 사이버공격	미사일 도발
사이버 능동대응	포병사격통제체계, 적 GS-2000체계	적 GS-2000체계	대응 사이버공격	미사일 발사체계 사전 마비
모바일 공격	포병사격 위치 추적			
EMP / HPM	포병 사격통제체계, 표적획득레이더 체계	무인기		
사이버 전자공격/유인		무인기	대응 GPS 공격	

또한, 적의 비대칭 공격의 한 유형으로 전술미사일 도발시에는 도발징후를 사전에 파악하여 미사일 발사 전에 그 기능을 마비 또는 무력화시킴으로써 선제자위권을 통해서 미사일 도발을 예방할 수 있다. 북한의 핵 · 미사일 위협에 대응하기 위한 '3축 체계'[319]에도 북한의 미사일을 발사하기 전에 그 미사일 체계를 무력화하는 한 축으로서 Kill-Chain 전략이 있다. 그러나 이 Kill-Chain 전략은 현재로서는 물리적인 파괴 무기체계이다. 따라서, 그 징후를 사전에 미리 파악했다고 하더라도 선제공격을 결행하기는 쉽지 않을 것이다. 그러나 비살상무기체계인 사이버전자전 무기체계가 실용화된다면 가장 효과적이고 실질적인 Kill-Chain 무기체계가 될 것이다.

319) 1축(Kill-Chain) : 북한이 미사일을 발사하기 이전에 미사일 발사체계를 무력화시키는 것, 2축(KAMD : Korea Air and Missile Defense, 한국형 미사일 방어) : 북한의 미사일이 발사된 이후 공중에서 적 미사일을 요격하는 것, 3축(KMPR : Korea Massive Punishment & Retaliation, 대량응징보복) : 북한의 미사일에 피해를 입을 경우 대량 보복하는 것.
그러나, 국방부는 2019년에 '3축 체계'라는 용어를 공식적으로 폐기하고 '핵 · WMD 대응체계'로 용어를 변경했다. 1축을 의미하는 'Kill-Chain'은 '전략목표 타격'으로 바꾸고, 3축을 의미하는 '대량응징보복'은 '압도적 대응'으로 바뀌었다. 2축을 의미하는 '한국형 미사일 방어'는 지금처럼 그대로 쓰지만, '전략목표 타격', '압도적 대응'처럼 영문 표기를 함께 하지 않기로 했다. 그러나, '3축 체계'의 명칭을 바꾸는 것이지 개념이 바뀐 것은 아니며, '핵 · WMD 대응체계'에 대한 전력증강사업은 계속 추진한다. 국방부는 '2019-2023 국방중기계획' 문서에서부터 이 용어를 사용하고 있다. 중앙일보, 2019.1.10.일자.

2) 전면전시 사이버전자전

전면전시 사이버전자전은 본질적으로 합동작전이다. 제대별로 운용되는 사이버전자전 역량은 지휘관을 중심으로 다영역작전(MDO) 개념 하에 통합되어 운용되어야 한다. 작전적 기동부대에 대한 여건조성 뿐만 아니라 특히 통합된 화력지원의 일부로서 전술적인 부분까지 그들이 선택한 시간과 장소에 사이버전자전 효과를 생성할 수 있어야 한다.320)

이러한 다영역 통합작전 임무는 평시 국지도발시 보다는 전면전시에 적용이 될 것이며, 예를 들면, ① 개전과 동시에 적 미사일 발사 시도 식별시 미사일 발사 네트워크 및 미사일 기지 파괴, ② 적 전쟁지도부 무력화, ③ 적의 군사 통합 지휘통제시스템 마비, ④ 아 공군기 활동 보장을 위한 적 대공망 네트워크 시스템 및 기지 파괴, ⑤ 적 공군기 활동 통제시스템 마비 및 기지 무력화 등을 들 수 있다. 이러한 통합작전 임무시 사이버전자전은 기존 사이버작전 및 전자전과 연계하여 아군 C4I체계, 국가기반시설을 보호하고 공세적인 사이버전자전을 통해서 적의 C4I 체계 및 미사일, 대공미사일 등 기습공격이 가능한 무기체계를 감시 및 무력화함으로써 아군의 통합작전에 기여한다.321)

사이버공간 및 전자기스펙트럼 영역에서의 우위를 통해 적의 사이버전자전 능력, ISR 자산, 미사일, 장사정포, 방공시스템, 전술 C4I체계를 조기에 무력화시켜 사이버영역에서 지상 · 해상 · 공중기동을 지원하고, 적 중심에 접근하여 조기에 전쟁 종결에 기여하며, 연합 및 합동작전 지원과업을 수행한다.

전면전 단계별 사이버전자전 수행 모습은 다음과 같다. 전면전 억제 및 위기관리를 위해서 사이버전자전은 기존 사이버작전 및 전자전과 연계하여 아군 C4I체계, 국가기반시설을 보호하고 공세적인 사이버전자전을 통해서 적의 C4I체계 및

---

320) TRADOC(2018) "The U.S. Army Concept for Cyber and Electronic Warfare Operations 2025-2040", TRADOC pamphlet 525-8-6, p. 11.

321) 송운수 · 조한승(2021) "발사의 왼편작전과 한반도 사이버 억지전략 제언". 전략연구, 제28권 제3호(통권 제85호), p. 69.

미사일, 대공미사일 등 기습공격이 가능한 무기체계를 감시 및 무력화할 준비를 한다.

방어 및 공세적 반격은 핵·WMD, 장사정포 발사 징후 또는 전면전 압박징후 포착시 사이버전자전 전력으로 적 비대칭무기체계 사용을 방해 및 거부하고 물리적 군사능력과 통합하여 최단시간내 무력화하여 수도권 및 국토의 초전 생존성을 보장하고, 전방지역에서 사이버전자전 능력을 통해서 집단군 및 전선사 C4I체계, 단거리미사일 및 장사정포 통제시스템, ISR 자산 및 무인공중공격체계, 지대공레이더시스템 등을 조기에 무력화시키며, 물리적 타격과 통합하여 지상작전의 과업을 수행한다.

여건조성 및 종심기동 준비를 위해서 적 전쟁지노부 시위동제시스템을 마비시켜, 고립여건을 조성하고, 군사정보지원작전 능력과 연계하여 라디오, SNS, 휴대폰 SMS 등을 활용하여 병력의 전투의지를 저하시키고, 주민들의 협조 여건을 조성한다.

적 중심 확보 및 고립시 다영역(지상·해상·공중·우주·사이버공간) 전장에서 사이버전자전 전력으로 적 중심을 식별하여 마비시키고 적의 작전적, 전략적 예비부대의 기동과 C4I체계를 무력화하여 전략 기동부대의 기동여건을 보장하며, 북한군인과 북한주민을 대상으로 사이버전자전 능력과 연계한 군사정보지원작전을 수행하여 잔존세력을 고립시켜 조기 항복을 유도한다.

국경선 확보와 안정화작전간 사이버전자전 능력을 사용하여 적의 전쟁지도부의 C4I체계 및 최고사 기동예비 무기체계시스템 마비, 북한 주민을 대상으로 한 군사정보지원작전(MISO[322])으로 통일여건을 조성한다.

322) MISO : Military Information Support Operations(군사정보지원작전), 한미 연합사 심리전위원회 합의에 의거 기존의 심리작전에서 2014.1.1.부터 '군사정보지원작전'으로 명칭이 변경되어 적용중임.

3) 주변국 잠재적 위협대비 사이버전자전

주변국과 예상되는 잠재적 분쟁에 대비하기 위한 전장권역[323]은 결전권역, 방위권역, 억제권역, 관심권역으로 구분하며, 사이버·우주 공간[324]은 지리적 개념의 전장과 구분하여 별도로 사이버권과 우주권을 분리한다.

주변국 잠재적 위협대비 작전은 합동작전 개념하에 시행되며, ① 해상 교통로 및 해양관할권, ② 도서 영유권, ③ 한국방공식별구역 분쟁을 억제한다.

지상군은 주변국과의 분쟁에 대응하기 위해서 관련 정보를 수집하며, 신속대응전력에 사이버전자전 부대를 편성하여 주변국 해·공군에 대한 C4I체계, 초음속미사일, 드론공격 등 무기체계를 무력화할 수 있는 사이버전자전 무기체계를 구비하여 비살상·비물리적으로 대응한다. 주변국의 도발시에는 합동전력과 연계하여, 지상군의 사이버전자전 공격무인기를 이용하여 적의 상륙을 거부하는 등 합동작전을 지원한다.

제2절 제대별 작전수행방안

1. 작전수행방안

전면전 상황에서는 사이버전자전은 다양한 타 전장기능과 함께 합동작전 또는

323) 전장권역 구분 : 결전권역(헌법 제 3조에 명시된 한반도와 부속도서를 포함하는 영토, 영해, 영공을 포함), 방위권역(외부세력의 영토·영해·영공 침범을 차단 및 격퇴하기 위해 배타적 경제수역, 한국방공식별구역 포함), 억제권역(서울 기점 반경 2,000km를 기본 설정, 정보·감시·정찰 자산을 활용 조기 경고하는 권역), 관심권역(우리 국민이 활동하는 해외 주요지역과 해역을 포함)

324) 국방부는 우주(Space) 영역을 지표면으로부터 약 100km 상공 이상의 영역으로 인공위성의 궤도비행이 가능한 고도로 정의하고 있다. 국방부, 국방우주력 발전 기본계획서 2019-2033 참조.

다영역작전 개념으로 통합되어야 한다. 미래에는 공간으로 구분되는 기존의 지·해·공중 작전으로 제한되기 보다는 우주 및 사이버·전자기 공간까지도 입체적으로 통합작전이 되어야 할 것이기 때문이다. 따라서 사이버전자전은 평시 억지전력으로 적용될 뿐만 아니라 전시에도 모두 적용이 가능하며, 전쟁 이전단계부터 종결단계까지 모든 상황에서 수행된다.

수행시기는 주로 물리적 수단 사용 이전에 사이버전자전 능력으로 적 포병, 미사일, ISR 자산, 신호정보 및 전자전 무기체계, 대공망 등의 대상표적을 사전에 무력화시키며, 지상·해상·공중·우주영역의 물리적 군사능력과 결합하여 결정적 작전으로 적을 무력화 또는 격멸시킨다. 사이버전자전 수행을 위한 정보수집 및 생산은 모든 작전단계에서 지속되며, 사이버전자전 대응 및 공격은 제대별 지휘관의 승인과 작전계획에 의거 지상작전계획과 구체적으로 연계하여 수행한다.

사이버전자전의 전시 임무수행을 위해서 전략-작전-전술제대별로 다음과 같은 작전수행 능력을 갖추어야 한다. 우선, 전술제대는 여단급 이상 제대에서 사이버전자전 능력을 갖출 필요가 있다. 사이버전자전 표적정보를 생산하고 공유할 수 있는 참모부 조직을 활용할 수 있어야 하기 때문이다. 둘째, 네트워크 마비를 위한 사이버전자전의 대상은 평시부터 선정 및 표적분석이 되어서 필요시 즉시 이행될 수 있는 준비가 되어 있어야 한다. 셋째, 사이버전자전 표적에 대한 분석자료 및 정보가 관계부대 및 기관간 평시부터 공유체계가 갖추어져 있어야 한다.

따라서, 이러한 조건을 갖추고 다음과 같은 체계를 유지해야 한다. 첫째, 전략적 수준에서의 작전수행 목표는 전쟁억제와 적대세력의 전쟁의지 마비가 될 수 있으며, 그 대상은 전쟁지도부 지휘통제시스템, 핵·미사일 발사통제시스템과 국가 기반시설 등이 될 수 있다. 이를 위한 작전수행 개념은 전략적 사이버전자전 정보활동으로 정보수집, 처리, 분석 판단하여 적 사이버전자전 공격에 대응하고 적 전쟁지도부의 C4I체계 마비, 핵, 미사일, 인공위성 통제시스템 무력화 및 핵심 국가기반시설 마비를 위한 사이버전자전 작전수행을 실시한다.

둘째, 작전적 수준에서의 작전수행 목표는 군사능력 약화와 군사 지휘체계 마비가 될 수 있으며, 대상은 ① 적 집단군, 전선사령부, 최고사령부 C4I체계(GS-2000체계[325]), ② 단거리미사일 체계, ③ 대공미사일 체계, ④ 군사 및 비군사 모바일 휴대폰 체계(군사정보지원작전 지원) 등이 될 수 있다. 이러한 대상들을 무력화하기 위하여 작전적 사이버전자전 정보활동으로 정보수집, 처리, 분석 판단하여 국지도발 대비 작전시 사이버전자전에 대응하고, 적 집단군, 전선사, 최고사의 예비 C4I체계 마비, 적 ISR자산, 장사정포병 및 단거리 미사일, 대공미사일 통제시스템 마비와 사이버전자전의 능력을 이용하여 모바일 심리전을 전개하는 등 사이버전자전 작전수행을 실시한다.

셋째, 전술적 수준에서의 작전수행 목표는 해당 무기체계 무력화와 전술적 지휘통제체계 마비가 될 수 있고, 대상은 ① 적 군단급 이하 C4I체계(GS-2100, 2200, 2500, 2600체계[326]), ② 적 표적탐지레이더, ③ 대공포 통제시스템, ④ 무인기, ⑤ 군사 및 비군사 모바일 휴대폰 체계(군사정보지원작전 지원) 등이 될 수 있다. 이를 대상으로 전술적 지상 및 공중 사이버전자전 정보활동으로 정보수집, 분석, 계획 및 지시하여 지상의 사이버전자전팀(CEMA팀)과 공중 사이버전자전팀(CEMA팀)의 차량 및 드론을 이용하여 적 지휘소 C4I체계를 마비시키는 사이버전자전 작전수행을 실시한다.

위에서 언급한 것처럼, 사이버전자전 표적은 사전에 표적분석이 되어 있어야만 필요시 즉시 수행할 수 있는 여건이 되므로 불특정 다수의 임기표적 보다는 계획된 표적이 될 필요가 있고, 그 대상이 어느 정도 한정되어 있으므로 사전에 선정될 필요가 있다. 따라서, 각 제대에서는 각 표적 유형별로 표적 목록화하고 표적에 맞는 맞춤식 사이버전자전 무기체계를 개발해야 한다.

---

325) GS-2000 : 북한군 통합전술지휘통제체계.
326) GS-2100(여단급 이상 지휘소체계), GS-2200(기계화부대/이동통신체계), GS-2500(특수전 병사체계), GS-2600(무인기 체계)

2. 무기체계 유형

사이버전자전의 핵심기술은 전자기스팩트럼에 악성코드를 주입하여 목적지에서 동작을 할 수 있도록 하는 기술이다. 그러므로 사이버전자전의 무기체계도 핵심기술 기반의 무기체계와 네트워크에 대한 사이버전자전 무기체계는 해당 네트워크의 유형별 특성을 고려하여 맞춤식으로 개발될 필요가 있다.

사이버전과 전자전 무기체계는 이미 널리 알려져 있으나, 새로운 연구가 필요한 사이버전자전 무기체계의 경우는 그 방법이 다양하므로 맞춤식 개발이 요구된다. 육군정보학교에서는 네트워크마비전 개념을 구현하기 위한 가장 중요한 수단인 사이버전자전 무기체계를 4종류로 분류하였다.[327)]

① 사이버 능동대응 무기체계 : 적의 지휘통제체계 및 미사일 통제체계와 같은 독립폐쇄망을 전자기스펙트럼으로 침투하여 사이버공격으로 무력화하고자 하는 무기체계이다.

② 모바일 공격무기 : 적의 군인이나 주민이 사용하고 있는 휴대폰 정보를 전자교란 및 기만하거나 휴대폰의 위치 및 관련 정보를 수집할 수 있는 무기체계이다.

③ 전술 EMP 및 HPM 무기체계 : 적 무기체계를 물리적으로 파괴하지 않더라도 전자기펄스 또는 고주파에 의해 회로를 태워버림으로써 그 기능을 마비시킬 수 있는 무기체계이다.[328)]

④ 사이버전자공격/유인 무기체계 : 다양한 전자기스펙트럼을 수집 및 전자공격

327) 육군정보학교(2019) 육군 전술제대 사이버전자전 기초연구. 육군교육사령부, pp. 57-77 참조.

328) 전술 EMP탄(Electro-Magnetic Pulse)은 전류가 흐르는 코일을 폭약으로 파괴하여 강력한 전자기 펄스를 만들어내는 방식을 사용하여 상대방 전자기기를 파괴하는 무기체계이다. EMP탄은 폭탄 뿐만 아니라 탄도미사일이나 순항미사일에 탑재 운용할 수 있어 전략무기로도 가치가 있으며, 직접적인 인명을 살상할 수 없는 비살상무기이기 때문에 정치적인 부담도 줄어들어 사용하기에 용이하다. HPM탄(High Powered Microwave)은 지향성 고출력 전자파 펄스를 발산하여 적의 전자기기를 파괴하는 것으로 일종의 빔 형태의 EMP탄이다. EMP탄은 고출력의 전자기 펄스를 짧은 시간동안 발생시켜 넓은 범위에 영향을 끼치지만, HPM탄은 EMP탄보다는 낮은 출력의 전자기 펄스를 특정방향으로 장시간 발생시킬 수 있다.

하며, 적의 전자체계를 무력화하거나 무인기 등을 무력화 또는 유인하는 능력을 구비하고자 하는 무기체계이다.

여기서 사이버능동대응 무기체계와 사이버전자공격/유인 무기체계는 사이버 기술과 전자전 기술이 합쳐진 사이버전자전 기술이지만, 모바일 공격은 순수 사이버 기술이고, EMP/HPM 기술은 순수 전자전 기술이다. 그럼에도 불구하고 모바일 공격과 EMP/HPM을 사이버전자전 무기체계에 포함하여 분류하고 있는 데는 두 가지 이유가 있다.

하나는, 현재 우리 군의 사이버전 능력은 군단급 이하 전술제대에서는 사이버 보호 이외에 사이버 공격능력은 갖추지 못하고 있다. 또한 전자전 능력은 군단 정보대대 전자전 소대에서 재래식 전자공격(EA) 능력만 보유하고 있고 EMP/HPM 능력은 갖추지 못하고 있다. 따라서 현재 부대구조에서는 전술제대까지 필요한 모바일 공격이나 전술 EMP/HPM 능력을 보유하기 위해 새로운 부대를 추가로 만든다는 것은 현실성이 없으므로 사이버전자전 부대를 구성할 때 전술제대에 필요한 사이버 모바일공격 능력과 전술 EMP/HPM 능력을 통합하는 것이 효율적이기 때문이다. 둘째는, 사이버 모바일공격 능력과 전술 EMP/HPM 능력은 위에서 언급한 사이버능동대응 능력 등 사이버전자전 능력과 상호보완적인 기능을 수행하기 때문이다. 즉, 전술제대 사이버전자전 부대가 사이버 능력과 전자전 능력 및 사이버전자전 능력을 모두 보유함으로써 작전 목적과 적의 표적 성격에 맞는 공격수단을 선택할 수 있도록 하기 위함이다.

이러한 사이버전자전 무기체계별 대상 표적을 기초로 해서 각 유형별로 무기체계 개발소요를 구체적으로 살펴보면 다음과 같다.

1) 사이버능동대응 무기체계

사이버 능동대응 무기체계는 적의 독립폐쇄망에 대해 전자기스펙트럼을 이용하여 접속하고 사이버 악성코드 등으로 무력화하고자 하는 전형적인 사이버전자전 무기체계이다. 작전반경은 전략 제대 및 작전 제대용은 한반도 전역에 영향을 줄 수 있는 능력이 요구되고, 전술 제대용은 20~40km 정도의 작전반경이 요구된다. 운용방법은 원거리용은 항공기에 탑재 운용하고, 근거리용은 차량탑재 또는 휴대 운용으로 한다. 핵심요구기술은 무선네트워크 취약점 분석 기술로 전자적 접속 및 악성코드 침투목표 지점 선정 기술과 비공개 무선 프로토콜 분석 기술로 악성코드 주입을 위한 필수 소요 기술과 악성코드 생성 및 장입 기술로 비표준화된 OS환경에서도 침투 가능한 악성코드 제작 툴(SW) 구현 기술 등이 있다.

해외 유사무기 현황으로 미국 및 러시아의 무기체계 등이 있다.

① 원거리 사이버전자전 기반 적 유도무기 무력화 체계

유사시 적 지휘통제 및 센서 체계를 무력화하기 위해 무선 네트워크를 이용하여 적 사이버공간에 침투하여 적 시스템을 무력화하는 체계로 사이버전자전을 위한 SW 조작 기술[329]이 핵심기술인 사이버전자전 기반 적 유도무기 무력화 체계이다.

항공기에 탑재할 수 있는 형태로 개발하여 원거리에서 은밀하게 전자기스펙트럼을 이용하여 적의 무기체계나 폐쇄망에 침투하여 악성코드를 주입하거나 교란하고, 정보수집 및 분석 능력, 취약점 분석 및 공격 능력, 치핑 능력, 무선망 침투 및 교란 능력 등을 수행할 수 있는 사이버전자전 무기체계 개발이 요구된다. 미국 BAE사와 L3-COM이 개발한 'Suter'시스템도 항공기에 탑재되어 적의 방공망 또는 미사일망을 사이버전자전 기술을 이용하여 불능 또는 오동작을 유도하는 기술이다.

② 근거리 전술적 무기체계

미국의 NightStand(2014)는 전술제대 사이버전자전 능동대응 무기체계로 핵심기술인 사이버전자전 기반 SW 조작기술을 이용하여 적의 전술급 C4I체계를 사이

329) SW 조작기술 : 무선 네트워크에 원격으로 조작코드를 장입하여 무선 네트워크 및 관련 무기체계를 교란하거나 원격제어할 수 있는 기술이다.

버전자전 공격으로 침투하는 능력을 구비하고 있다. 이 장비는 사람이 들고 다니는 휴대형 사이버전자전 장비이다. 근거리(8마일까지 가능)에서 적 기지나 Wi-Fi 네트워크 보안을 뚫고 침투해 사이버전자전 핵심기술을 이용하여 무선네트워크를 장악, 컴퓨터 네트워크와 적의 통신시스템을 공격하여 제어권 탈취 후 무력화 및 마비시킬 수 있는 기술과 원격제어할 수 있는 기술을 구현한 장비이다. 미국은 현재 이런 장비들을 NSA에서 운용하면서 특수정보요원이나 최고급 해커들만이 사용하고 있지만, 가까운 미래에 병사들이 사이버전자전 무기를 휴대하고 작전을 하게 될 것이다. 즉, 병사들이 적 기지나 Wi-Fi 네트워크 보안을 뚫고 침투해 Windows 운영체제를 사용하는 컴퓨터에 악성코드 삽입하여 네트워크를 무력화시키게 될 것이다. 적의 드론을 추락시키고, 적 지휘소의 C4I체계를 마비시킴으로써 기동 및 화력부대들과 통신을 단절시키게 될 것이다.

사이버전자전 능동대응 무기체계 개발에 따른 기대효과로는 첫째, 핵·미사일, 대공미사일 발사시스템 등에 대한 비파괴적 기능 마비, 둘째, 적 C4I체계에 대한 지휘통제 기능 무력화, 셋째, 비파괴적, 비살상적 수단이기 때문에 즉각적인 보복을 받지 않을 수 있다. 따라서, 사이버전자전 능동대응 무기체계의 경우는, 공중전자전기 또는 전자전 UAV에서 운용할 수 있는 원거리 무기체계와 차량 또는 휴대용으로 운용할 수 있는 근거리 무기체계 등 2개 형태의 사이버전자전 능동대응 무기체계 개발이 요구된다.

2) 모바일 공격 무기체계

스마트폰, 태블릿 PC 등 다양한 모바일 기기들은 Wi-Fi, 블루투스, 3G~5G 등 다양한 경로를 통해서 언제 어디서나 정보를 공유하는 기기이므로 각 네트워크에 존재하는 보안 취약점을 이용하여 공격할 수 있는 무기체계이다. 요구 성능으로 작전반경은 적의 작전 및 전술 제대에서 사용하는 근거리 모바일 대상이며, 운용방법은 휴대용 또는 차량용으로 가짜 휴대전화 기지국을 이용한 모바일 공격,

CBS(Cell Broadcasting Service) 시스템을 활용한 모바일 공격과 스마트폰의 테더링 또는 Wi-Fi를 이용한 모바일 공격 등이다. 실시간 신호정보, 사이버 취약점 수집, 분석과 문자메시지, SNS 통한 허위정보 전파 및 악성코드 장입과 IoT 제품 취약점을 이용한 연동 모바일 기기 마비기술 등이 핵심기술로 요구된다.

모바일 공격 무기체계의 해외 유사 무기체계는 러시아의 근거리 모바일 기기 탐지체계인 RB 340V Leer-3(2014)가 있다. 모바일 공격 무기체계 개발에 따른 기대효과로는 첫째, 문자메시지 등을 이용한 허위정보 전파로 고도의 심리전이 가능하고, 둘째, 모바일 무기체계 공격을 통한 적 C4I 체계 무력화, 셋째, 적 상용 모바일 시스템을 통한 적부대 위치, 군사활동 정보수집 등이 가능하다, 모바일 공격체계는 러시아 Leer-3 무기체계와 같이 근거리 차량 이동형(드론 탑재) 장비로 개발하여 작전 및 전술 제대 운용 목적으로 개발이 요구된다.

3) 전술 EMP 및 HPM 무기체계

적의 무기체계에 대한 물리적인 폭파, 파괴 이외에도 무기체계 내의 컴퓨터 처리기, 전자회로, 센서 등에 대해 전자기펄스탄(EMP), 고출력탄(HPM) 등을 통해서 비물리적인 공격으로 회로를 태워버림으로써 무력화시키는 무기체계이다. 작전반경은 적의 전술제대에서 사용하는 근거리 무기체계가 대상으로 요구되며, 드론용, 차량용, 휴대용(적지종심작전팀 휴대)으로 운용이 요구된다. 전술 EMP, HPM 무기체계 및 해외 유사무기 현황으로는 미국과 러시아의 무기체계들이 개발 중에 있다. 러시아에서 개발한 라네츠 E.(2014) 라는 전술제대 차량형 EMP 장비가 있고, 미국에서 개발한 전술제대 대드론 EMP 및 HPM 공격무기가 있다.

이러한 전술 EMP 및 HPM 무기체계 개발에 대한 기대효과로는 첫째, 대규모 물리적인 파괴를 시도하지 않아도 기능적 무력화가 가능하고, 둘째, 비살상적인 무력화이므로 주체가 불분명하고 즉각 보복이 제한되며. 셋째, EMP의 경우는 지역표적으로 넓은 면적에 대해 무력화 효과가 기대된다는 점이다. 전술제대 EMP

및 HPM 무기체계는 대용량의 발전 설비가 소요되는 등으로 인해 드론 등 공중형은 제한될 것이므로 지상 이동형으로 개발하고, 동시에 적의 드론에 대한 공격용으로 대드론용 EMP 무기체계에 대한 개발 소요를 검토할 필요가 있다.

4) 사이버 전자공격/유인 무기체계

사이버 전자공격/유인 무기체계는 적의 무인기 또는 드론 등에 대하여 전파재밍뿐만 아니라 GPS 스푸핑 수준을 넘어서 적 무인기의 통제제어권을 탈취하여 원하는 장소로 유인할 수 있는 무기체계이다. 작전반경은 전술제대 범위 내에서 운용이 요구되고, 운용방법은 지상 차량용이나 휴대용으로 어디에서든지 운용이 가능해야 한다. 핵심요구기술은 군집드론에 대해서도 GPS 스푸핑으로 유인할 수 있는 기술과 무선네트워크 내 악성코드 장입을 통해 원격 조정으로 유인 및 스마트 재밍장비에 전자보호 기능을 포함하여 재밍위치 노출방지 기술 등이 요구된다.

사이버 전자공격/유인 무기체계 및 해외 유사무기 현황으로는 러시아에서 개발한 '크라수하-4'(1L269 Krasukha-4)라고 하는 통합형 다기능 전자전 장비가 있고, 미국이 개발한 EWTV(Electronic Warfare Tactical Vehicle)라고 하는 차세대 전술전자전 차량이 있다. 러시아의 '크라수하-4'라는 장비는 인공위성에 대한 전파방해가 가능한 최신형 전자전 차량이다. 아군을 공격하는 미사일, 적 대형 레이더에 대한 전파방해를 쏴서 아군의 위치를 숨기거나 고장을 유발할 뿐만 아니라 적의 조기경보기(AWACS)의 레이더에 허위표적을 만들고 저고도 정찰위성(Low Earth Orbit, LEO)에게 전파방해를 쏘아 무력화시킬 수 있는 강력한 출력을 자랑하는 장비이다. 미국의 EWTV라는 차세대 전자전 차량은 휴대폰 등으로 작동하는 IED를 미리 폭파시키거나 폭파명령을 차단해 아군의 안전을 도모할 수 있다. 미군은 여기서 더 나아가 EWTV 장비에 적 드론에 대한 공격 대응, 적 전자공격에 대한 역습도 가능하도록 개량할 것이라고 알려지고 있다.

이러한 사이버 전자공격/유인 무기체계 개발에 대한 기대효과로는 적 군집드론에 대한 차단 및 유인이 가능하고 기존의 전파방해, 교란 기능에 유인 기능까지 통합 기능을 수행할 수 있다. 따라서 전자공격 무기체계에 사이버전자 유인시스템을 개발 및 탑재에 대한 개발 소요를 검토할 필요가 있다.

5) 사이버전자전 무기체계 개발 소요 종합

앞에서 제시한 사이버전자전 무기체계 개발 소요를 종합하면 〈표 11〉과 같다. 즉, 제대별 작전수행 목적과 대상 표적에 따라 운용 무기체계가 상이할 수 있다.

〈표 11〉 사이버전자전 무기체계 개발소요 종합

<table>
<tr><th>사이버 · 전자전
무기체계</th><th>전략적 제대</th><th>작전적 제대</th><th>전술적 제대</th><th>비고</th></tr>
<tr><td>사이버
능동대응</td><td colspan="2">① 공중 사이버능동대응 무기
(전자전기 또는 전자전 UAV)
- 미, Suter 유형</td><td>② 차량(휴대용) 사이버
능동대응 무기
- 미, NightStand 유형</td><td></td></tr>
<tr><td>모바일
공격</td><td></td><td colspan="2">③ 차량탑재형 장비
- 러시아, Leer-3 유형
④ 드론탑재형 장비</td><td></td></tr>
<tr><td>전술 EMP /
HPM</td><td></td><td colspan="2">⑤ 차량이동형 EMP 무기
- 러시아, 라네츠 E 유형
- 지상작전 및 대드론작전 활용</td><td></td></tr>
<tr><td>사이버전자
공격/유인</td><td></td><td></td><td>⑥ 차량(휴대용) 사이버
전자공격/유인 무기
(무인기 대상)</td><td></td></tr>
</table>

좀 더 구체적으로 설명하면, 사이버 능동대응 무기체계의 경우는 전략-작전-전술제대에서 모두 필요하고, 모바일공격 무기체계는 작전-전술제대에서, EMP 및 HPM 무기체계는 주로 근거리에 있는 무기체계의 기능마비가 목적이므로 작전-전술제대에서 운용되는 무기체계로 개발이 요구되며, 무인기에 대한 사이버전자공격/유인 무기체계는 근거리 전술제대에서 주로 요구될 것이다. 이중에서 개발 우선

순위는 적의 핵·미사일 무기체계에 대한 사이버전자전 능력을 갖추는 것이 우선이라는 관점에서 ①→⑥번 순으로 보는 것이 현실적일 것이다.

3. 제대별 수행부대 및 편성

미 육군의 경우를 보면, 2018년부터 전투여단에 사이버·전자기활동팀(CEMA, 이하 CEMA팀)을 배치하고 있다. 미 육군은 2015년에 '군단급 이하 사이버지원(CSCB)330)' 시범사업후 3년 동안 국립훈련센터(NTC)에서 CEMA팀에 대한 오랜 훈련을 거쳐 여단 지휘관의 요구사항을 충족하도록 맞춤구성 가능한 원정 CEMA팀을 발족시켰다.

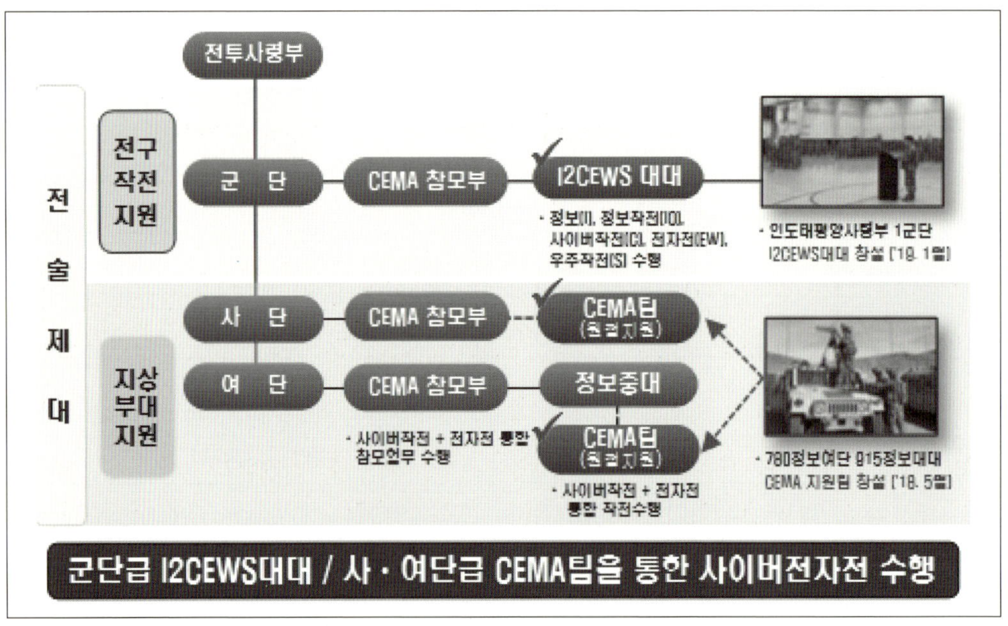

출처: 김영안·송운수·이종훈(2020) "사이버전자전 작전수행개념 및 핵심요구 능력". 미래지상작전 개념구현을 위한 지상군 핵심능력 전투발전 방향. p. 31.

〈그림 16〉 미 육군 전술제대 사이버전자전 조직

---

330) CSCB : Cyber Support to Corps and Below, 군단급 이하 제대에 대한 사이버지원 시범사업

이 CEMA팀은 전투여단에 배치되어 네트워크 운용과 전자전 그리고 공세적, 방어적 사이버·전자전 작전을 수행한다. 여단 지휘관은 제병협동작전을 수행하기 위하여 그 일부로서 CEMA팀을 통해서 사이버전 및 전자전작전을 통합한다. 미 육군은 2016년까지 25개의 CEMA팀을 만들어서 전투여단에 단계적으로 배치하고, 이어서 육군 사단 및 군단 수준까지 확대 배치할 예정이다.[331] 이러한 미 육군의 조직 구상을 그림으로 나타내면 〈그림 16〉과 같다.

즉, 미 육군은 정보보안사령부(INSCOM) 예하 780정보여단에서 CEMA팀을 2018년부터 창설하기 시작했고, 이 부대에서 병력과 장비를 편성 및 훈련하여 2026년까지 해외 전투여단과 사단에 CEMA팀을 단계적으로 원정 배치할 예정이다. 또한, 지난 2019년에 미 1군단에 최초로 I2CEWS[332] 대대를 창설하면서 앞으로 군단급에는 CEMA팀을 포함한 I2CEWS 대대를 단계적으로 조직화할 예정이다.

각 제대의 사이버·전자전 조직은 참모조직과 수행부대로 편성하고, 미군의 여단급 참모부 및 수행부대는 각각 6명과 18명으로 구성되어 있다. 제대별 참모조직은 미군의 경우는 2014년부터 사이버 기능과 전자전 기능을 통합하여 사이버 병과를 창설함으로써 각 제대별로 '사이버·전자기활동반(CEMA Element)'이라는 독립된 참모 기능이 있다.

이 CEMA반은 구성군사령부로부터 여단까지 편성되며, 그들의 기능과 능력을 제병협동 능력의 일부로서 시너지 보장을 위해 통합하고 동시화한다. CEMA반은 전자전장교가 지휘하고 작전참모(장교)에 대해 통합지상작전을 지원하도록 사이버·전자기활동과 관련된 조치들을 통합한다. 이를 위해 CEMA반은 사이버·전자기활동 실무단을 구성하고 지휘한다. 사이버·전자기활동 실무단은 정보참모(장교), 통신참모(장교), 정보작전장교, 화력지원장교, 공역지원장교, 법무장교 등을 포함

331) Todd South(2018) "The Army is putting cyber, electronic warfare teams in its BCTs". https://www.armytimes.com/news/your-army/2018/02/20/the-army-is-putting-cyber-electronic-warfare-teams-in-its-bcts/ (검색일: 2021.6.2.)

332) I2CEWS : Intelligent(정보), Intelligent Operation(정보작전), Cyber(사이버), Electronic Warfare(전자전), Space(우주).

하여 구성한다. CEMA 수행부대는 CEMA반과 실무단의 참모기능과 별도로 사이버 기능, 전자전 기능, 통신 기능으로 합쳐진 사이버병과 기술요원으로 편성한다.[333] 이러한 사이버전자기 활동을 위한 참모기능과 수행부대의 과업과 기능을 요약해보면 〈표 12〉와 같이 구분해 볼 수 있다.

〈표 12〉 사이버전자전 과업 및 기능

구 분	수 행 내 용	조 직
참모 기능	• 사이버전자전 작전계획 수립 • 사이버전자전 정보수집, 처리, 분석 • 사이버전자전 전장정보분석 및 전장가시화 • 사이버전자전 표적분석 및 생산 • 사이버전자전 전투피해평가(BDA) 수행 • 피·아 전자기스펙트럼 관리	CEMA 반
수행부대 기능	• 적 C4I체계 및 무기체계 공격 및 교란 • 전자기스펙트럼 수집 및 사이버 능동대응 • GPS 재밍, 재머 공격 대응 • 사이버전자전 분석 및 전장가시화 지원	CEMA 팀 (무기체계 운용)

출처: U.S. Army(2014) FM 3-38, op. cit. pp. 2-2~2-8을 참조하여 저자가 재구성.

그러나 우리 군은 사이버병과가 없는 상태에서는 사이버전자전의 참모 기능은 사이버전자전에 대한 정보를 수집하고, 표적을 분석하여 제공하는 기능이 요구되므로 일반참모부 중에서 참모기능을 수행하는 것으로 우선 고려할 수 있다.

미 육군은 사이버·전자전 관련 다섯가지 부대 설계변화를 추진하고 있다. 사이버, 전자전, 정보작전, 우주를 포함한 모든 정보 관련 능력을 단일기관 소관으로 정비하는 통합조직을 구상하고 있으며, 이는 다영역작전(MDO)에서 적보다 경쟁 우위를 점하기 위한 목적으로 추진하고 있는 것이다.

첫째, 사이버·전자기 담당 조직의 광범위한 도입이다. 전투여단에서부터 구성군사령부에 이르기까지 모든 제대에 사이버·전자전 작전을 계획·조율·통합하고

333) U.S. Army(2014) FM 3-38, op. cit. p. 2-2.

스펙트럼 관리를 수행하는 CEMA조직을 편성하는 것이다. 위에서 설명한 제대별 CEMA팀 편성계획이 바로 그것이다.

둘째, 전자전 소대 창설이다. 미 육군은 모든 전투여단 내의 군사정보중대 내 전자전 소대를 창설하여 전자기스펙트럼 감지 능력을 2배로 만들 예정이다.

셋째, 전자전 중대 창설이다. 원정 군사정보여단 내에 전자전 중대를 창설하여 장거리 정밀사격을 뒷받침하기 위한 역정찰 임무를 부여한다는 계획이다.

넷째, 다중영역 기동부대 내 파견대 신설계획이다. 미 본토에 있는 포트 루이스에 위치한 다중영역 기동부대 내에 신호, 정보작전, 표적획득까지 통합할 정보 · 사이버 · 전자전 · 우주(ICEWS) 파견대를 신설한다는 계획이다.

다섯째, 사이버전 지원대대 창설이다. 정보, 사이버, 전자전, 신호정보, 작전화력을 모두 하나의 조직으로 통합하는 역할을 수행하는 지원대대를 창설한다는 계획이다.334)

미 육군은 이러한 다섯가지 부대설계 계획을 가지고 전술제대의 사이버 · 전자전 능력을 조직화하고 있는 것이다. 따라서, 우리의 사이버전자전 수행을 위한 조직은 미 육군의 이러한 제대별 사이버전자전 조직과 함께, 앞에서 소개한 작전수행개념에서 도출된 제대별 사이버전자전 표적과 맞춤식 무기체계를 고려하여 조직편성의 방향성을 검토해 볼 수 있다.

334) Mark Pomerleau(2018) “Five way the Army will keep pace in cyber and electronic warfare”. https://sdquebec.ca/en/news/5-ways-the-army-will-keep-pace-in-cyber-and-electronic-warfare (검색일: 2021.6.10.)

제3절 사이버전자전 전투발전요소(DOTMLPF)

본 연구에서의 전투발전 분야별 요구능력은 앞에서 제시한 사이버전자전 작전수행개념에서부터 도출하였다. 즉, 운영개념에 부합되는 DOTMLPF(교리, 조직, 교육훈련, 무기체계, 간부개발, 인적자원, 시설) 능력이 요구되기 때문이다. 다만, 본 연구에서 이 모든 요소를 완전성을 높여서 구체화하는 데 한계가 있으므로 여기에서는 개략적인 요구능력 분야에 중점을 두고 제시하고자 한다.[335]

1. 교리(Doctrine)

미군의 경우 합동교범 체계는 아직 『합동사이버공간작전』 교범(JP 3-12, 2018.6)과 『합동전자전』 교범(JP 3-13.1, 2012.6)으로 이원화되어 있으나, 미 육군의 경우는 통합되어 발간되어 있다. 즉, 2014년에 『사이버 · 전자기활동』 교범(FM 3-38, 2014)으로 최초 발간되었다가, 2017년에 『사이버공간과 전자전 작전』(FM 3-12, 2017)으로 대체되었고, 다시 2019년에는 『사이버전자기활동 정보지원』(ATP 2-91.9)이라는 교범으로 1급 비밀로 발간되어 사이버전자전의 핵심기술 관련 교리는 SI인 1급 비밀로 분류하여 적용하고 있다.

우리 군의 경우는 아직 『전자전』, 『사이버작전』, 『정보작전』 교범으로 분리되어 있다. 따라서 우리 군은 교리적인 측면에서 다음과 같은 세 가지 발전적 계획이 필요하다.

첫째, 합동작전, 지상작전기본개념서('26~'33)에 사이버전자전 작전수행개념을

335) 전투발전요소별 사이버전자전 요구능력에 관한 상세 내용은 필자가 2020년에 육군 연구과제로 공동연구하여 집필한 아래 연구서를 참조.
김영안 · 송운수 · 이종훈(2020) "사이버전자전 작전수행개념 및 핵심요구 능력". 미래지상작전 개념구현을 위한 지상군 핵심능력 전투발전 방향. 2020 육군 전투발전 연구자료.

반영하고, 지상작전 기본교범에 '사이버전자전' 관련 교리내용을 포함시킨다.

둘째, 운용교범체계에 있어서 『전자전』, 『사이버작전』 교범은 그대로 두고, 독립적인 교리체계로 이제는 『사이버전자전』 교범을 발전시켜야 한다. 이 사이버전자전 교범을 통해서 사이버전자전 관련 적 전투서열 및 전장정보분석(IPB) 운용교리 그리고 사이버전자전 관련 비살상 · 비물리적 전투수행 운용교리를 발전시켜야 한다.

셋째, 연합 지상작전간 사이버전자전 수행을 위해서 전투수행방법 및 공세적 사이버전자전 수행을 위한 법적인 제도장치를 검토해 나가야 한다.

2. 조직(Organization)

사이버전자전 수행을 위한 조직은, 앞에서 소개한 것처럼, 작전수행개념에서 도출된 제대별 사이버전자전 표적과 맞춤식 무기체계와 미국의 사이버전자전 조직을 기초로 다음과 같이 조직편성의 방향성을 검토해 볼 수 있다.

첫째는, 전략-작전-전술 제대별로 편성되어 능력을 갖출 필요가 있다는 점이다. 제대별로 사이버전자전을 수행해야 할 대상표적을 가지고 있고, 사이버전자전 지원을 통하여 제대별 통합작전을 수행할 수 있기 때문이다. 지상작전사령부~여단급 정보참모 부서에 사이버전자전 수집, 정보생산, 계획수립 할 수 있는 참모조직을 편성하고, 지상작전사령부의 전자전, 사이버작전, 사이버전자전 수행 조직을 편성하며, 군단급~여단급 정보부대에 사이버전자전 수행부대를 편성한다.

둘째는, 전략-작전-전술 제대별로 편성하되 사이버전자전 무기체계의 개발 능력과 소요기간 등을 고려하여 여단급부터 단계적으로 편성을 확대해나가야 할 것이다. 우선은, 현재 검토되고 있는 Army Tiger 4.0 여단 편성에서 사이버전자전 조직의 편성을 검토할 필요가 있다. 미군의 경우는, 앞에서 본 바와 같이, 정보보안사령부(INSCOM) 예하 780 정보여단에서 26개의 CEMA팀을 편성하여 각 군단급 이하 원정부대의 사단 및 여단에 팀단위로 배속지원할 예정이다.

셋째는, 각 제대는 참모조직과 수행부대로 편성하고, 그 규모는 현재 미군들이 편성하고 있는 규모를 참고하여 검토해 볼 수 있다. 미군의 여단급 참모부 및 수행부대는 각각 6명과 18명으로 구성되어 있다. 이를 기초로 우리의 여단급 편성을 검토해 보면 참모부 6명, 수행부대는 14명 규모로 편성될 수 있다.

넷째, 제대별 참모조직은 우리 군의 경우는 일반참모부 중에 편성되는 것이 바람직하리라 판단된다. 미군의 경우는 2014년부터 사이버 기능과 전자전 기능을 통합하여 사이버병과를 창설함으로써 각 제대별로 'CEMA 참모부'라는 독립된 참모 기능이 있다. 그러나 우리 군은 사이버병과가 없는 상태에서는 사이버전자전의 참모 기능은 사이버전자전에 대한 정보를 수집하고, 표적을 분석하여 제공하는 기능이 요구되므로 일반참모부 중에서 참모기능을 수행하는 것이 현실적이다.

다섯째는, 육군 전자전, 사이버전, 사이버전자전 발전을 위한 컨트롤타워가 필요하며, 단계적으로 조직에 대한 편성이 필요하다. 최초에는 현재의 사이버전과 전자전을 담당하는 조직들이 모듈 형태로 구성되어 사이버 조직은 전자전 관련 분야를 학습하고, 전자전 조직은 사이버전 관련 분야를 학습하여 최종적인 육군본부의 조직으로는 일반참모부에 사이버전자전과를 편성하여 사이버전자전에 대한 컨트롤 타워 역할을 해야 하며, 전자전, 사이버전, 사이버전자전의 조직이 하나의 참모부로 통합되어야 한다.

3. 교육훈련(Training)

사이버전자전 교육훈련은 학교교육과 야전교육으로 구분하여 교육체계의 기초를 정립해야 한다. 우선, 학교교육 체계는 교육사령부 예하에 '사이버전자전 교육센터'를 설립하여 이를 통해서 사이버전자전 전문화 교육과정에서 사이버전자전 전문가를 양성하고, 모든 병과학교를 대상으로 사이버전자전 교육훈련을 지원한다. 야전부대 교육은 다음과 같은 단계적 절차를 거쳐 교육훈련 체계의 기틀을 다진다.

첫째, 미 8군 및 미 2사단 CEMA 참모부 주관 직무교육(OJT)에 전문교관들을 입과시켜 연합 사이버전자전 야전 수행능력을 경험하도록 한다.

둘째, 미 8군 및 미 2사단 CEMA팀 훈련을 우리 한국군과 연계하여 연합 지상 훈련을 정례화 함으로써 우리 군의 사이버전자전 실전 능력을 구비해 간다.

셋째, 미 육군이 현재 정보보안사령부(INSCOM)을 중심으로 야외 통합훈련으로 시행하고 있는 신호정보(SIGINT)+전자전+사이버전자전+특수작전+정보작전이 통합된 '사이버전자전 전격전' 훈련방식을 참관하여 점차 독자적인 야외 통합훈련을 시행할 수 있는 능력을 확보한다.

넷째, BCTP 및 KCTC에 사이버전자전 관련 훈련소요를 반영하고, 전문적인 사이버전자전 대항군을 운영하여 훈련부대의 대응능력을 구비한다.

4. 무기체계(Material)

사이버전과 전자전 무기체계는 이미 널리 알려져 있으나, 새로운 연구가 필요한 사이버전자전 무기체계의 경우는 그 방법이 다양하므로 맞춤식 개발이 요구된다. 각 제대에 요구되는 사이버전자전 무기체계는, 앞에서 본 바와 같이, 4종류로 분류하였다. ① 사이버 능동대응 무기체계, ② 모바일 공격무기, ③ 전술 EMP 및 HPM 무기체계, ④ 사이버전자공격/유인 무기체계 등이 그것이다. 우리 군의 전술제대의 현실을 고려하여 사이버 능동대응 무기체계 및 사이버 전자공격/유인 무기체계와 같은 순수 사이버전자전 무기체계 외에도 모바일 공격무기와 같은 사이버전 무기와 전술 EMP 및 HPM와 같은 전자전 무기체계를 혼합편성할 필요가 있다. 즉, 사이버전 무기체계와 전자전 무기체계 및 사이버전자전 무기체계를 혼합편성함으로써 다양한 상황에 대하여 맞춤식으로 대응할 수 있는 능력을 갖추기 위함이다. 따라서 다음과 같이 소요를 제기할 수 있다.

첫째, 제대별 사이버전자전 무기체계는 위와 같은 4개 유형의 무기체계로 개발될 필요가 있다.

둘째, 사이버 능동대응 무기체계는 전략제대에서 사용할 원거리 작전용을 위해서 전자전기 등 공중형 무기체계와 전술제대에서 사용하기 용이한 차량형(휴대용) 무기체계로 개발하는 방안이 검토되어야 한다.

셋째, 모바일공격 무기는 근거리 작전용이므로 차량탑재형 또는 드론탑재형 무기로 개발되는 것이 현실적이다.

넷째, 전술 EMP/HPM은 전술제대 근거리 작전용이므로 차량이동형 EMP/HPM 무기체계로 개발하여 지상작전과 대드론 작전을 수행할 수 있는 무기로 개발하는 방안을 검토해야 한다.

다섯째, 사이버전자공격/유인 무기는 무인기용 무기로 개발하여 적의 무인기 및 소형 드론의 제어권을 탈취하여 유인할 수 있는 무기체계로 개발될 필요가 있다.

5. 간부개발(Leadership)

사이버전자전 간부개발을 확대하기 위해서는 다음과 같은 조치가 검토될 필요가 있다. 첫째, 사이버병과를 창설하기 전까지는 과도기적인 단계로 사이버전자전 부특기를 신설하여 사이버전자전 수행을 위한 신호정보, 암호해독, 사이버공간정보, 전자전, 컴퓨터 운용, 사이버방어, 해킹 등의 전문분야를 중심으로 하는 교육을 통해 관련 부대 및 부서에서 활용하여 전문성을 유지한다.

둘째, 미 육군 교육사령부 사이버교육센터의 사이버전자전 장교 교육과정에 위탁 교육과정을 신설하고 전문교관 요원을 양성한다.

셋째, 미 CEMA컨퍼런스(전세계 최대규모, 연1회 개최) 참가 및 국내·외 사이버전자전 세미나 및 교류를 통한 학계 및 기술분야에 능통한 전투발전 전문요원을 양성한다.

6. 인적자원(Personnel)

육군의 사이버 및 사이버전자전 인적자원을 확보하기 위해서는 별도의 사이버병과를 창설하여 기능을 통합하는 조치를 검토할 필요가 있다.

미 육군의 경우는 2014.11.1.일 부로 사이버병과(주특기 17계열)를 창설하여 사이버공간 작전과 전자전작전 수행을 위한 CEMA요원으로 운영하고 있다. 기존 전자전병과(29계열)를 사이버병과(17계열)로 통합(2018.10.1.부)하여 사이버병과 총 2,200여명(2018년 기준)으로 구성되어 있다.

따라서, 우리 군도 첫째, 사이버, 전자전 및 사이버전자전 기능을 발전시키기 위해서는 이러한 기능을 통합하여 야전부대에서 일관성 있게 운영할 수 있는 여건을 만들어 줄 뿐만 아니라 인력양성 측면에서도 초급장교 때부터 전문성 있는 인적자원을 확보하기 위한 조치를 추진할 필요가 있다.

둘째, 사이버전자전 관련 국내·외 전문학위 교육을 확대하여 인적자원을 추가로 확보한다.

셋째, 사이버와 전자전 기본개념에 대해서 전 병과 간부들에게 교육을 실시하여 간부들의 기초 지식을 함양시키는 방안을 검토할 필요도 있다.

7. 시설(Facility)

야전부대 사이버전자전 부대를 운영하는 데 있어서 시설 측면에서는 특별한 추가적인 조치가 요구되지는 않으며, 다음 두 가지 조치는 검토될 필요가 있다.

첫째, 사이버전자전은 정보의 공유 내용이나 수집출처 등을 고려할 때, 미군이 1급 비밀로 취급하는 것처럼, SI급으로 관리될 필요가 있다. 따라서 사이버전자전 정보생산 및 계획수립을 위한 특수정보시설(SCIF)이 요구되므로 현재 우리의 사단급 이상에 기구축되어 있는 정보종합실(ASIC)의 특수정보시설(SCIF)을 활용하여 유통함으로써 신호정보 및 사이버공간정보를 보호할 수 있다.

둘째, 야전에 전력화되는 사이버전자전 무기체계 보관을 위해서 차량호 및 유개호는 기존시설을 최대한 활용하여 구비하고, 사이버전자전 UAV 및 드론은 기존 공중정찰중대 격납고 및 활주로 시설을 최대한 활용하며, 필수적인 시설만 구비하면 된다. 따라서 시설면에서 특별한 추가적인 조치는 최소화할 수 있다.

8. 전투발전요소별 발전소요 종합

앞에서 지금까지 제시한 전투발전 요소별, 즉, DOTMLPF(교리, 조직, 교육훈련, 무기체계, 간부개발, 인적자원, 시설) 요소별로 소요를 종합하면 〈표 13〉과 같다.

〈표 13〉 전투발전요소별 발전소요 종합

전투발전 요소	소 요 내 용
교리	1. 합동작전, 지상작전기본개념서에 사이버전자전 작전수행개념 포함 2. 사이버전, 전자전 교범 외 『사이버전자전』 교범을 별도 발간 3. 사이버전자전 수행을 위한 법적인 보장 제도 검토
조직	1. 전략-작전-전술 제대별로 사이버전자전 수행팀 및 참모부 편성 2. 전술제대는 여단급(Army Tiger 여단)부터 순차적 편성 3. 여단급 편성은 참모부 6명, 수행팀 14명 규모로 검토 4. 육본 일반참모부로 사이버전자전 조직 신설, 컨트롤타워 기능 수행 5. 참모부는 사이버병과 창설 전까지는 일반참모부 중에 편성 검토
교육훈련	1. 교육사령부 예하 '사이버전자전교육센터' 설립 2. 미 8군, 미 2사단 CEMA 직무교육(OJT)에 전문양성교관 참여 3. 미 8군, 미 2사단 CEMA팀 훈련을 한미연합지상훈련으로 정례화 4. 미 육군의 '사이버전자전 전격전' 훈련 참관 5. BCTP 및 KCTC에 사이버전자전 관련 훈련소요 반영
무기체계	1. 사이버전자전 무기체계 개발 소요제기 2. 사이버 능동대응 무기는 ① 전자전기 등 공중형 무기와 ② 차량형(휴대용) 무기로 개발 검토

전투발전 요소	소요 내용
	3. 모바일공격 무기는 ③ 차량탑재형 무기와 ④ 드론탑재형 무기로 개발 4. 전술 EMP/HPM은 ⑤ 차량이동형 EMP/HPM 무기로 개발하여 지상작전 및 대드론 작전 수행 5. 사이버전자공격/유인 무기는 ⑥ 무인기용 무기로 개발
간부개발	1. 사이버전자전 부특기를 만들어 직무교육을 통해 전문가 양성 2. 美 육군 교육사령부 사이버교육센터에 위탁교육 요원 파견 3. 美 CEMA 컨퍼런스(전세계 최대규모, 연1회) 참가 및 국내 · 외 사이버 · 전자전 세미나, 교류 확대
인적자원	1. 사이버병과 창설을 통한 초급장교부터 전문성 있는 인적자원 확보 2. 사이버 · 전자전 관련 국내 · 외 전문학위 교육기회 확대
시설	1. 기존 사단급 이상 정보종합실의 특수정보시설(SCIF)을 활용 2. 사이버 · 전자전 무기체계 보관을 위해서 기존시설을 최대 활용
종합	상기 7개 분야 총 25개 항목을 기초로 단계적으로 시행 검토

Chapter Ⅵ

결 론

결 론

사이버공격이 사이버범죄의 수준을 넘어서 국가안보에 치명적인 위협을 줄 수 있는 사이버전쟁 수준으로 발전하고 있는 추세 속에서 이제는 사이버전쟁을 예방하고 대응하기 위한 '사이버 군사전략'을 마련해야 한다는 위기의식을 불러일으키고 있다. 주요 군사선진국들은 사이버공격 기술이 빠르게 발전하고 네트워크에 대한 물리적인 피해까지 입히게 됨으로써 이를 방어 또는 억지하기 위한 사이버 군사전략적 차원에서의 대응태세도 점차 강화되고 있는 추세이다.

이를 바탕으로 본 연구에서는 사이버공격을 사전에 방지하고 군사적 대응능력을 높이기 위하여, 첫째, 군사적 억지능력 향상을 위한 사이버공격 능력을 확대하고, 둘째, 공격 및 억지의 수단으로서 새로운 사이버전자전을 연구하며, 셋째, 이 사이버전자전을 수단으로 하는 '네트워크마비전(NPW)' 개념을 제시하여 한반도 작전환경에 맞는 사이버 군사전략의 필요성을 제기하였다. 이러한 세 가지 관점을 가지고 본 논문의 연구결과를 다음과 같이 요약할 수 있다.

첫째, 2010년 미국과 이스라엘에 의한 이란의 폐쇄망인 원자력시설에 대한 Stuxnet 공격, 그리고 미국의 '발사의 왼편작전(Left of Launch)' 등에서 보는 바와 같이, 사이버공격은 단순히 상대방의 사이버 공격에만 대응한 것이 아니라 원자력발전소 또는 핵·미사일시스템 등의 위협수단에 대해서도 이루어지고 있다. 따라서 군사적인 관점에서의 억지 전략은 일반적인 의미의 사이버억지와 같이 상대방의 사이버 공격만을 대상으로 하는 억지전략이 아니라 미사일공격 등에 대해서도 사이버 수단으로 공격 및 보복할 수 있는 능력을 갖춤으로써 폭넓은 억지력을 발휘할 수 있다.

둘째, 원자력발전소 또는 핵·미사일시스템 등은 인터넷망으로 연결되어 있는 것이 아니라 폐쇄망 또는 독립망이다. 이러한 폐쇄망에 대한 공격은 사이버공간에 대한 공격만이 아니라 무선공간 즉, 전자기스펙트럼 공간에서의 접근방법이 요구된다. 따라서, 이러한 폐쇄망에 대한 사이버 공격은 단지 사이버전 능력만으로는 불가능하며, 사이버전 능력과 전자전이 통합된 'RF-enabled Cyber'(무선주파수 사용 사이버), 즉, '사이버전자전' 능력이 요구된다. 군사적 억지 수단으로서 사이버전자전 능력이 요구되는 이유이다. 사이버전은 그 효과는 지대하지만, 기본적으로 인터넷처럼 유·무선 네트워크가 연결되어 있는 사이버 공간 내에서 IP 주소를 매개체로 이루어지는 활동이다. 즉, 유·무선 네트워크가 인터넷으로 연결되어 있지 않은 독립망이나 폐쇄망은 접속 자체가 불가한 제한점을 가지고 있다. 반면에, 전자전은 IP 주소를 갖는 네트워크 공간이 아니라도 무선공간에서 전파를 통해 접속이 가능하다. 다만 그 효과가 일시적인 방해 또는 교란으로 미약하다. 따라서 사이버전과 전자전은 각각의 장점을 결합하여 시너지 효과를 창출할 수가 있다. 즉, 적국의 군사 지휘통제망이나 미사일 통제망은 인터넷망이 아닌 폐쇄망 또는 독립망이기 때문에 사이버작전으로는 직접적인 접속이 불가하므로, 이러한 폐쇄망 또는 독립망에 대하여 접속은 전자전으로 하고, 이 전자파에 사이버 악성코드나 해킹 프로그램 등을 탑재시켜서 접속 후 효과는 사이버전으로 달성하는 시너지 효과를 창출할 수 있는 것이다.336)

결국 사이버전자전은 전자전의 능력을 이용하여 적의 무선시스템에 침투하고, 전자전 능력과 함께 사이버작전 능력을 투사하여 비물리적 비살상적인 능력으로 마비효과를 달성하고자 하는 소프트 킬(Soft kill) 개념의 무기체계이다.

이러한 사이버전자전 무기체계의 특성은 ① 비살상 무기체계로서 물리적인 파괴 없이 상대방의 조직과 기능을 무능화시킬 수 있고, ② 누가 공격했는지 알 수 없

336) 송운수·조한승(2021) "사이버억지 수단으로서의 사이버전자전 작전수행개념". 한국군사학논집, 77(1). p. 501.

고, 설령 추정이 가능하다고 하더라도 그 증거를 찾기 어려우며, ③ 상대방 무기체계 전체를 파괴하지 않는다고 하더라도 그 기능을 발휘하지 못하게 함으로써 물리적 파괴 이상의 치명적인 피해를 줄 수 있다는 점이다. 이러한 특성으로 인해 사이버전자전은 다음과 같은 전략적 가치를 갖는다.

첫째, '자위권에 의한 선제공격'이 가능하다는 점이다. 비살상무기체계라는 특성을 통해서 물리적인 피해가 없고 누가 공격했는지 알 수 없으므로 즉각적인 보복을 회피할 수 있는 장점을 이용하여 전·평시 구분없이 적용될 수 있다. 따라서 전쟁이전에 국지도발 상황에서도 즉각 대응할 수 있는 수단이 될 수 있다.

둘째, 핵·미사일을 마비시킬 수 있는 상쇄전력으로서의 운용이 가능하다는 점이다. 핵·미사일을 물리적으로 파괴하지 않더라도 비사일망이라는 폐쇄망에 대한 침투가 가능하고 네트워크를 무력화시킴으로써 그 기능을 사용하지 못하게 하는 효과가 가능한 것이다.

셋째, 사이버공간 뿐만 아니라 무선공간에서도 전파를 이용하여 상대방의 네트워크를 무력화할 수 있다는 점이다. 따라서, 평시 도발억지 수단으로서의 가치 뿐만 아니라 전시에도 재래식 무기체계라고 하더라도 그것이 네트워크에 의해 통제되는 무기체계이면 모든 작전환경에서 합동작전을 수행할 수 있는 전·평시 사용 가능한 새로운 무기체계이다.

바로 이러한 사이버전자전의 전략적 가치로 인해서 미국, 러시아, 중국, 이스라엘 등 군사선진국들은 2010년을 전후해서 비공개하에 경쟁적으로 사이버전자전 기술을 개발하고 무기체계화 하기 위해 많은 투자를 하고있는 것으로 추정된다.

우리 군은 이러한 전략적 가치를 가진 사이버전자전을 수단으로 어떠한 군사전략으로 발전시킬 수 있을까? 본 연구에서는 과거의 국제적인 사이버공격 사례와 한반도 상황을 고려하여 사이버전자전을 수단으로 하는 '네트워크마비전' 개념을 제시하였다.

셋째, 사이버전자전을 수단으로 하는 '네트워크마비전'(NPW: Network Paralysis

Warfare)이란 한마디로 적국의 네트워크중심전(NCW: Network Centric Warfare)을 마비시키는 전략이다. 여기서 '마비'란, 총, 포, 미사일 등으로 직접적인 물리적인 파괴를 유발하지 않고, 컴퓨터 바이러스, 해킹, 악성코드, 전자적 교란·방해·파괴 등의 방식으로 그 기능을 발휘하지 못하도록 하는 것을 의미한다. 따라서, 네트워크마비전 개념은 다음의 네 가지 성격으로 그 특징이 설명된다. 즉, ① 적국의 전력체계의 핵심 기능이 되는 네트워크에 대해서 ② 물리적인 파괴를 하지 않더라도 ③ 아군의 사이버·전자전 등 비살상 무기체계로 ④ 그 기능을 발휘하지 못하게 함으로써 전투기능을 무력화시키는 비살상 전략이다.

따라서 네트워크마비전은 기존의 대량살상전, 화력전, 진지전, 기동전과는 대칭되는 개념이며, 네트워크중심전, 효과중심작전, 비살상전, 정보·사이버전 등과 유사한 작전수행 개념이다. 또한, 네트워크마비전은 단독으로 이루어지기 보다는 기존의 작전수행 전략과 병행되어서 운용되어야 하는 개념이다.

네트워크마비전(NPW)은 적의 네트워크를 무력화하는 비살상 전략으로서, 적의 국가기능 및 전투기능을 마비시켜 전쟁의 확대를 예방하면서 적의 도발을 사전에 저지하는 데 그 목적을 두고 있다. 이 네트워크마비전의 대상은 적의 지휘통신체계, 무기체계 및 군 및 사회기반체계 전반이 포함되며, 그 수단은 사이버전, 전자전 및 사이버전자전 등 비살상적 무기체계들이다. 이 무기체계들은 비살상적이기 때문에 즉각적인 보복을 회피할 수 있고 자위적 선제공격이 가능하며 전·후방을 막론하여 치명적 효과를 거둘 수 있다. 아울러 한반도의 인접성·밀집성을 고려할 때 네트워크마비전이 성공적이기 위해서는 다영역 통합작전 및 동시·병렬적 작전개념을 수반하여 전·평시를 망라하는 작전수행 개념으로 발전해야 한다. 우리 군은 이미 미군에 의해 발전된 '네트워크중심전(NCW)'과 '컴퓨터네트워크작전(CNO)' 개념을 적용해 본 경험이 있기 때문에 이제는 '네트워크마비전(NPW)' 개념을 구현하는 데 충분한 개념과 기술력이 뒷받침되고 있다.[337]

337) 송운수 · 조한승(2021) "발사의 왼편작전과 한반도 사이버 억지전략 제언". 전략연구, 제28권 제3호(통권 제85호), pp. 70-71.

이러한 네트워크마비전의 작전개념을 바탕으로 한반도 상황에서 군사적 억지력을 발휘하고자 하는 사이버 군사전략이 바로 '네트워크마비전략'이다.

앞에서도 언급한 것처럼, 이 네트워크마비전략의 개념은 결론적으로 다음 두 가지 근본적인 의문을 받게 된다. 첫째, 네트워크마비전략이 과연 적의 사이버공격 뿐만 아니라 핵·미사일 위협에 대해서도 억지효과를 갖는 공격능력을 가지고 있는가? 둘째, 네트워크마비전략이 과연 사이버 군사전략으로서 타당성을 가지고 있는가? 하는 의문이다. 본 연구는 네트워크마비전략 개념은 이 두 가지 의문에 대하여 아래와 같이 모두 가능하다는 결론을 도출하였다.

첫째, 한반도 안보환경에서 군사적 억지를 위한 네트워크마비전략의 개념은 사이버공격 뿐만 아니라 핵·미사일 및 재래식 네트워크 무기에 대해서도 사이버 수단으로 공격 및 억지가 가능하다.

지금까지의 국제적인 사이버전쟁 사례만 보더라도 2007년 이스라엘의 이란 핵시설에 대한 과수원작전(Orchard Operation), 2010년 미국과 이스라엘에 의한 이란의 폐쇄망인 원자력시설에 대한 Stuxnet 공격, 그리고 2017년 미국의 '발사의 왼편작전(Left of Launch)' 등에서 보는 바와 같이, 사이버공격이 다음과 같은 작전환경속에서 이루어졌다. 우선, 사이버공격이 이루어지는 대상이 상대방의 사이버공격에만 대응하는 것이 아니라 원자력발전소 또는 핵·미사일시스템 등의 위협수단에 대해서도 선제적으로 수행되었고, 둘째, 과수원작전에서 보는 바와 같이, 기존의 재래식 방공망에 대해서도 사이버 작전이 이루어졌으며, 셋째, 따라서, 사이버공간인 인터넷망 뿐만 아니라 군 폐쇄망 또는 독립망에 대해서도 이루어지고 있다.

한국의 안보상황도 최근 점증하고 있는 북한 및 제3국의 사이버공격 위협 뿐만 아니라 북한의 핵·미사일에 의한 위협 및 다양한 재래식 국지도발 위협 등 복합적인 위협에 직면해 있는 상황이다.

이러한 안보환경 하에서 본 연구는 사이버수단에 의한 억지의 개념을 단순히 적의 사이버공격 만을 대상으로 한정하는 것이 아니라 핵·미사일 위협에 대해서도 사이버수단으로 공격 및 무력화할 수 있는 능력을 확대함으로써 '보복에 의한 억지'의 한 수단으로서 '사이버전' 뿐만이 아니라 '사이버전자전' 능력을 그 대안으로 제시하였다.

두 번째 결론은, '보복'에 의한 억지의 방법으로서 '네트워크마비전략' 개념은 군사전략적 타당성이 있다. 그 이유는 다음과 같이 요약된다.

첫째, 평시 전쟁억지력을 발휘할 수 있다는 점이다. 이란 원전에 대한 Stuxnet 공격이나 미국의 사이버전자전 기술은 평시 사이버공격으로서 보복 및 억지능력을 입증한 사례들이다. 즉, 적의 네트워크에 대한 전략적 마비 및 무력화 능력으로 물리적 피해 없이 언제든지 공격 또는 보복할 수 있는 개연성을 가지게 되므로 평시 전쟁억지력이 될 수 있다.

최근 미 바이든 정부도 대북정책을 재검토하는 과정에서 2016년 오바마정부에서 발전시켰던 '발사의 왼편작전(Left of Launch)'을 더욱 강화할 예정이라고 밝힌 바 있다. 미국 정부는 보통 '발사의 왼편작전' 같은 중요한 군사작전의 경우 철저히 비밀을 유지한다. 그런데 발사의 왼편작전은 미국의 정부 고위 관료나 군 장성의 입을 통해 이미 몇 차례나 언급됐다.

이것은 두 가지 큰 의미를 가지고 있는 것으로 해석된다. 하나는, 북한의 미사일 위협에 대해 '사이버 억지전략'을 의도적으로 공개한 것이다. 억지전략이 효과를 갖기 위해서는 보복하겠다는 억지의 의사를 상대방에게 전달함으로써 상대방이 인지하도록 하는 것이 중요하기 때문이다. 또 하나는, 미사일 발사 후 보복에 의한 억지 개념을 넘어서 발사 전에 선제공격하겠다는 '능동적 억지 개념'을 밝힌 것이다. 능동적 억지 개념이란 공격징후가 포착되면 공격이 현실화되기 전에 '선제타격'하는 개념으로 기존 억지전략 보다 상향된 대응개념이다. 즉, 선제자위권을 적용하겠다는 것이다.

따라서, 미국의 '발사의 왼편작전'과 유사한 개념으로, 순수한 사이버공격에만 대응하는 소극적인 사이버억지의 범위를 넘어서, 미사일의 네트워크를 대상으로 사이버 수단으로 억지하고자 하는 '네트워크마비전략' 개념의 군사전략은 억지 능력과 억지 신뢰성 및 억지위협의 전달이라는 억지의 성공조건을 고려해 보더라도 그 전략적 타당성은 인정된다고 할 수 있다.

둘째, 전시 통합작전의 수단이 된다는 점이다. '네트워크마비전' 개념의 수단이 되는 사이버전자전 능력은 사이버공간이 아닌 무선공간에서도 전파를 이용하여 상대방의 네트워크를 무력화시킬 수 있는 수단이다. 따라서 평시 억지 수단으로서 뿐만 아니라 전시 통합작전의 수단으로서 운용 가능하다. 사이버전자전은 전기, 통신, 금융, 인터넷 등 사회 전반적인 기반체계까지도 무력화할 수 있는 능력 뿐만 아니라 적의 군사적 지휘통세방, 무기세계망 및 기빈체계망에 이르기까지 네트워크에 대한 무력화가 가능한 새로운 무기체계이다. 따라서, 군의 전략적 제대 뿐만 아니라 작전적 제대 및 전술적 제대에 이르기까지 모든 제대에 사이버전자전 능력을 확대하여 다영역작전을 수행할 수 있다. 미군은 이미 이러한 목표로 2018년부터 여단급 부대에서부터 전구급 제대에 이르기까지 모든 제대에 CEMA팀(사이버·전자기활동팀)을 단계적으로 편성하여 다영역작전 수행을 준비하고 있다.

셋째, 핵억지력의 수단인 핵무기는 현실적으로 사용이 불가한 억지수단이지만 사이버 수단은 실제로 사용할 수 있다는 점이다. 이란의 원자력 시설의 폐쇄망을 뚫었던 Stuxnet 공격기술이나 '발사의 왼편작전(Left of Launch)'은 인터넷망이 아닌 폐쇄망이라고 하더라도 시스템의 무력화뿐만 아니라 물리적인 피해까지 입힐 수 있다는 점에서 사용불가인 핵무기보다 더 실질적인 '보복에 의한 억지력'을 과시한 것이라고 볼 수 있다. 특히, 보복에 의한 억지 전략은 억지와 분쟁이 공존하는 경우에 더 유용한 수단이 될 수 있다. 사이버공격이 억지를 위한 도구가 되면서 동시에 억지가 실패하는 경우라도 분쟁의 효과적인 공격수단이 될 수 있기 때문이다. 이런 점에서 사이버수단에 의한 억지력은 분쟁이 발발하더라도 쉽사리 사용할 수 없는 핵무기와는 다른 오히려 더 실질적인 억지력을 가지고 있다. 다만 그 수단이 상대방에게 억지력을 발휘할 수 있을 만큼 억지수단으로서의 치명적인 능력을 가지고 있느냐 하는 것이다. 따라서, 상대방의 네트워크를 교란 또는 마비시킴으로써 합동작전을 지원하는 핵심수단으로서 고도의 사이버전자전 능력이 개발되어야 하며, 네트워크 의존도가 낮은 북한에 대해서 우리만의 역비대칭 억지전력으로 확대 발전시켜 나가야 한다. 바로 이러한 맥락에서 한반도 상황에 우선적으로 요구되는 '보복에 의한 억지전략'의 한 방법으로 '네트워크마비전략' 개념은 그 군사전략적 타당성을 가지고 있다고 할 수 있다.

더 나아가서 네트워크마비전략이 이러한 능력을 확보하게 된다면 정치적으로도 선택의 폭이 넓어지게 될 것이다. 우선, 위기고조시 대량살상 및 대량피해에 대한 여론과 정치적 부담을 축소할 수 있다. 대규모 도시화가 이루어진 오늘날 대량피해가 예상되는 군사력을 동원하는 전쟁 시나리오는 여론의 지지를 받기 어렵기 때문이다. 또한, 북한의 핵위협에 대해서도 우선 한·미동맹을 통한 미국의 확장억지전략과 더불어 우리나라 자체적인 억지능력과 의지를 과시할 수 있게 된다. 핵 위협에 대한 억지는 재래식 전력으로는 제한적이지만, 4차 산업혁명의 핵심군사기술을 활용하여 적의 전쟁지도부와 핵·미사일 등 주요 전략무기 체계에 대한 확실한 마비능력을 보유하고 이에 대해 충분한 무력시위와 의지를 천명할 경우 북한은 선불리 공격할 수 없을 것이다.

이상과 같은 '네트워크마비전략'의 군사전략적 타당성을 기초로 하여 본 연구는 다음과 같은 정책적 함의를 가지고 있다.

첫째, 이제 우리 군도 비살상적인 Soft-kill 차원의 군사전략을 고려할 필요가 있다는 점이다. 지금은 사이버 및 네트워크 시대이다. 군사전략에 있어서도 물리적인 군사력에 의한 Hard-kill 차원에서의 군사전략도 중요하지만, 비물리적이고 비파괴적이며 비살상적인 Soft-kill 차원의 사이버억지 군사전략을 고려해야 한다. 비살상적인 억지전략은 상대방의 보복을 최소화할 수 있어서 전시 뿐만 아니라 평시에도 선제자위권의 수단으로서 적용할 수 있기 때문이다. 그런 목적하에 국방부 주도하에 '네트워크마비전략' 개념을 기초로 '사이버 군사전략'을 개발하기 위해 보다 체계적으로 검토할 필요가 있다.

둘째, 현재 분리되어 있는 우리 군의 사이버전과 전자전 그리고 사이버전자전을 모두 통합하는 조직 또는 병과를 창설하여 연구개발 노력 및 지휘체계를 일원화할 필요가 있다. 현재는 사이버전과 전자전 기능이 분리되어 있기 때문에 사이버전자전을 추가로 개발하고 그 시너지 효과를 주도적으로 연구할 조직과 인력이 부재한 상태이다.

셋째, 육 · 해 · 공군이 아닌 국방부 차원에서 국방과학연구소(ADD) 등 전문 연구기관과 함께 사이버전자전 핵심기술에 대한 조직적인 연구가 필요하다. 아직 사이버전과 전자전의 통합을 주도할 조직이 부재한 상태이기 때문에 연구기관에서 먼저 그 효과를 검증하고 기술적인 가능성을 제시할 필요가 있다. 사이버전자전 핵심기술은 단기간에 개발할 수 있는 간단한 기술이 아니므로 장기간에 걸쳐 조직적이고 체계적인 연구개발이 가능하도록 단계적인 마스터플랜이 필요하다.

넷째, 미군은 이미 사이버전과 전자전 관련 기능을 통합하고, 전략제대 뿐만 아니라 여단급 이상 전술제대까지 전력화를 추진하고 있는 단계에 있다. 따라서 한미동맹 차원에서 미군과의 협조된 공동연구를 통해서 이러한 무기체계의 개발과 전력화 소요시간을 단축할 수 있는 조치가 필요하다. 전략적 차원에서의 사이버공격을 위한 핵심기술은 국가간에 공동연구를 쉽게 추진할 수 있는 영역이라고 보기 어렵다.

따라서 미군의 전술제대에서 추진되고 있는 CEMA(사이버 · 전자기활동)팀의 조직 및 전력화 영역부터 단계적으로 협력을 확대해나가야 할 것이다.

미래전은 바로 사이버전이 될 것이다. 재래식 군사전력을 바탕으로 하되 사이버 전력과 전략이 미래전의 과제이다. 따라서, 사이버전 및 사이버전자전을 수단으로 하는 사이버공격 능력 및 억지 능력을 발전시키는 것이 미래전에 대비하는 가장 중요한 과제가 될 것이다. 따라서 우리는 현재 세계 최고 수준의 ICT 기술을 기반으로 하여, 사이버수단에 의한 억지 전력과 전략을 개발하기 위한 정책적인 검토를 보다 적극적으로 추진해야 한다.

본 연구는 군사적 억지의 수단으로서 사이버전자전 개념을 제시하고 이를 기초로 '네트워크마비전략'이라는 사이버 군사전략을 1차적으로 모형화하는 것을 주된 목적으로 삼았다. 그러나 다음과 같은 제한사항으로 인해 아직 완성도 있는 이론체계를 이루는 데는 한계가 있음을 인정한다.

첫째, 북한 및 주변국들의 사이버전자전과 무기체계에 대해서는 공개자료의 제한으로 구체적인 연구가 어려웠고, 둘째, 네트워크마비전의 개념 구현을 위한 공중전 및 지상전 등 작전수행방안에 대한 전술작전적인 구체적인 논의는 제한될 수밖에 없으며, 셋째로, 사이버전자전 무기체계 개발을 위한 핵심기술에 대한 기술적 논의는 배제하였다.

따라서 앞으로 보다 논리적이고 실증적인 연구를 통해 이론체계를 보완하기 위해서는 다음과 같은 과제들에 대한 추가적인 연구가 요망된다.

첫째, 북한 및 주변국들의 사이버전자전 및 무기체계에 대한 구체적인 연구, 둘째, 네트워크마비전 개념을 구현하기 위한 공중전 및 지상전을 포함한 제대별 작전수행방안에 관한 연구, 셋째, 사이버전자전 무기체계 개발을 위한 핵심기술에 대한 연구 등에 관한 후속연구들이 이어지기를 기대한다.

참 고 문 헌

〈국문 단행본〉

국가안보실(2019) 국가사이버안보전략. 국가안보실.

국군사이버사령부(2013) 사이버전. 국방부.

국방부(2020) 2020 국방백서. 국방부.

권태영 · 노훈(2008) 21세기 군사혁신과 미래전. 법문사, 서울.

김상배 엮음(2017) 사이버안보의 국가전략. 사회평론아카데미, 서울.

_____(2019) 사이버안보의 국가전략 2.0. 사회평론아카데미, 서울.

_____(2019) 사이버안보의 국가전략 3.0. 사회평론아카데미, 서울.

_____(2016) 신흥안보의 미래전략. 사회평론아카데미, 서울.

육군본부(2019) 2030-2050 미래지상작전 수행개념. 육군본부.

_______(2019) 4차 산업혁명과 사이버전. 육군본부.

_______(2019) 육군 비젼 2050. 육군본부.

_______(1987) 기동전. 육군본부.

육군정보학교(2019) 육군 전술제대 사이버전자전 기초연구. 육군정보학교.

이동욱 역(2006) 과학기술과 전쟁: B,C. 2000부터 오늘날까지. Martin van Creveld (1998) *Technology and War: From 2000 B.C. to the Present*, 도서출판 황금알, 서울.

이상구(2013) 국제정치학 논강: 사상과 이론 편, 인해출판사, 서울.

이승주 엮음(2018) 사이버공간의 국제정치경제. 사회평론, 서울.

합동참모본부(2017) 합동교범 3-24, 합동사이버작전. 합동참모본부.

홍성표 역(2001) 미래전. 연경문화사, 서울.

〈국문 학술논문〉

강달천(2014) “사이버 침해사고 현황과 법적 의의”. 한국사이버안보법정책학회,

사이버안보법정책논집, 제1호.

국방기술품질원(2017) "사이버 · 전자전 등 2030년의 미래전장 소요기술 예측". 국방과학기술정보, 제62호.

국방기술품질원(2018) "미 육군, 사이버 · 전자전 관련 다섯 가지 부대 설계 변화 추진". Global Defense News.

권재상(1995) "자위적 선제기습공격 개념의 수용문제에 대한 소고". 합동참모대학.

김권희 · 강경아(2013) "미국의 전자전 및 복합전 체계개발 동향". 국방과학기술정보, 제42호.

김상배(2018) "4차 산업혁명과 미래전략". 김상배 편, 4차 산업혁명과 한국의 미래전략. 사회평론, 서울.

_____(2019) "미래전의 진화와 국제정치의 변환". 국방연구, 62(3).

_____(2019) "사이버안보의 국제규범과 한국외교". 김상배 엮음. 사이버안보의 국가전략 2.0. 사회평론아카데미, 서울.

_____(2019) "사이버안보와 중견국 규범외교 : 네 가지 모델의 국제정치학적 성찰". 국제정치논총, 59(2).

김성표(2017) "미래 능동적 사이버전 수행개념". 한국군사과학기술학회 추계학술대회 발표자료

김소연 외 6명(2021) "사이버전자전 기술 및 발전방향". 한국전자파학회지, Vol. 32, No. 2

김영안 · 송운수 · 이종훈(2020) "사이버전자전 작전수행개념 및 핵심요구 능력". 미래 지상작전 개념구현을 위한 지상군 핵심능력 전투발전 방향. 2020 육군 전투발전 연구자료.

김일수 · 유호근(2019) "미국의 국가안보와 핵억지 전략의 변화: 트루먼-트럼프 행정부까지". 세계지역연구논총, 제37집 4호.

김종호(2016) "사이버 공간에서의 안보의 현황과 전쟁억지력". 법학연구, 16(2).

김재광(2017) “사이버안보 위협에 대한 법제적 대응방안”. 법학논고, 58.

김진광(2020) “북한의 사이버 조직관련정보 연구”. 한국컴퓨터정보학회 하계학술대회논문집 제28권 2호.

김진용 · 최영준(2020) “육군 사이버전자전 발전방향”. 군사평론, 제467호.

김학송(국회의원)(2011) “북한의 전자전 능력과 우리 군의 대응실태 분석”. 2011년 정책자료집V.

김형균 외 7명(2016) “스마트 전자전 : 사이버전자전”. 국방신기술동향분석, 통권 제38호.

김호중 · 김종하(2018) “대북 사이버 안보역량 강화를 위한 방안 : 사이버전 대비를 중심으로”. 융합보안논문지, 제18권 3호.

노훈 · 손태종(2005) “NCW: 선진국 동향과 우리군의 과제”. 주간국방논단, 제1046호.

마정미(2017) “북한의 사이버 위협과 심리전에 대한 대응방안”. 국방대학교 국가안전보장문제연구소.

민병원(2017) “군사전략론으로 보는 사이버안보”. 사이버안보의 국가전략. 김상배 엮음. 사회평론, 서울.

_____(2015) “사이버공격과 사이버억지의 국제정치: 규제와 새로운 패러다임을 중심으로”. 국가전략, 21(3).

박남태 · 백승조(2021) “중국군 전략지원부대의 사이버전 능력이 한국에 주는 안보적 함의”. 국방정책연구, 37-1 통권 131호.

박종재 · 이상호(2017) “사이버 공격에 대한 한국의 안보전략적 대응체계와 과제”. 정치정보연구, 20(3).

박무성(2019) “사이버 분야와 전자전 분야의 효과적인 융합”. 19-1차 Korean Mad Scientist Conference 자료집.

박창권 · 권태영(2007) “우리군의 비대칭전략 : 대안과 선택방향”. 전략연구, 14(1).

박휘락(2005) "효과기반작전(EBO)에 대한 종합적 이해". 주간국방논단, 제1062호.

배달형(2008) "컴퓨터네트워크작전(CNO)의 개념정립과 발전방향". 주간국방논단, 1192호.

배달형 · 조용건(2009) "NCW하 컴퓨터네트워크작전(CNO)의 작전적 원리와 한국군의 발전방향". 국방연구, 52(2).

배영자(2017) "사이버안보 국제규범에 관한 연구". 21세기정치학회보, 27(1).

_____(2021) "과학기술의 세계정치 연구: 현황과 전망". 국제정치논총, 제61집 3호.

성재호(2015) "컴퓨터네트워크 공격과 국제법상 대응조치". 미국헌법연구, 26(2).

손영동(2018) "사이버 안보와 국방 대응태세". 군사논단, 제94호.

손태종(2019) "사이버전자전, 개념과 운용방안을 정립해야". 국방논단, 제1759호.

손태종 외(2018) "핵 · 미사일 대응을 위한 소프트킬 수행개념 연구". 국방연구원.

송운수 · 조한승(2021) "사이버억지 수단으로서의 사이버전자전 작전수행개념". 한국군사학논집, 77(1).

___________(2021) "발사의 왼편작전과 한반도 사이버 억지전략 제언". 전략연구, 제28권 제3호, 통권 제85호.

신경수 · 신진(2018) "사이버 위협의 확장과 국가안보적 대응". 전략연구, 25(3).

엄정호(2013) "사이버안보를 위한 능동적 사이버전 억제전략". 보안공학, 제10권 4호.

양정윤(2018) "중견국의 사이버안보 전략 연구: 네덜란드의 규범외교 사례를 중심으로". 한국국제정치학회 연례학술대회 발표논문.

오일석 · 김소정(2014) "사이버공격에 대한 전쟁법 적용의 한계와 효율적 대응방안". 법학연구, 17(2).

유정현(2020) "4차 산업혁명과 사이버전의 진화". 김상배 엮음, 4차 산업혁명과 신흥 군사안보, 한울아카데미.

유제원 · 박대우(2017) "공격원점 타격을 위한 사이버 킬체인 전략". 한국정보통신학회지, Vol. 21, No. 11.

유진철 · 이원우 · 임원택 · 신규용(2012) "한국군에 적합한 네트워크작전 수행방안 연구". 국방연구, 55(2).

육군교육사령부(2019) "미 육군의 다영역작전과 교리발전 소요". 교리선행연구.

육군정보학교(2019) "육군 사이버전자전 작전수행개념 연구". 육군정보학교.

윤희병(2011) "미 국방 NCW 서비스 구축전략 및 현황". 정보과학회지, 29(10).

이남택 · 오명호 · 김태호 · 김영준 · 신내호(2006) "육군의 미래 NCW 개념과 구현 방안 연구". 한국전략문제연구소, 전투발전.

이상엽(2017) "북 핵 · 미사일 시대의 억제전략 : 도전과 나아갈 방향". STRATEGY 21, 통권 41호, Vol. 20, No. 1.

임종인 등 4명(2013) "북한의 사이버전력 현황과 한국의 국가적 대응전략". 국방정책연구, 제29권 제4호

장구연 · 이기태(2016) "과학기술발전과 북한의 새로운 위협: 사이버 위협과 무인기 침투". KINU 통일연구원, KINU 연구총서 16-04.

장노순(2001) "합리적 억지이론의 한계". 국제정치논총, 41(4).

______(2005) "초국가적 행위자의 사이버공격과 핵공격에 관한 비교연구: 국제안보 질서의 안정성을 중심으로". 한국정치학회보, 39집 5호.

______(2012) "사이버무기와 국제안보". JPI 정책포럼 No. 2012-19.

장노순 · 김소정(2016) "미국의 사이버전략 선택과 안보전략적 의미". 정치정보연구, 19(3). 장노순 · 한인택(2013) "사이버안보의 쟁점과 연구 경향". 국제정치논총, 53(3).

장준하 · 윤지섭(2020) "사이억지의 국방분야 적용: 무기체계 임베디드 소프트웨어 보증방안". 한국군사학논집, 76(1).

장제원 · 안태남 · 이광일(2013) "전자보호 및 사이버방어와 함께 진화하는 전자전 기술의 발전방안". 전자파기술, 24(6).

전성훈(2004) "억지이론과 억지전략에 대한 소고". 전략연구.

정준현(2012) “국가 사이버안전을 위한 법제 현황과 개선 방향”. 국가정보연구, 제 4권 2호.

조한승(2012) “21세기 전쟁 양상의 변화와 실제-NCW 전쟁: 이라크 자유작전 (2003)”. 안보학술논문집, 23집 상.

최장옥(2018) “4차 산업혁명 시대의 지상작전개념에 관한 고찰”. 군사발전연구.

황성인(2020) “항공우주군 도약을 위한 사이버전자전 발전방안 연구”. 공군사관학교, 군사과학논집, Vol. 71, No. 1

황정섭(2000) “네트워크 중심 정보전 양상 분석”. 전략연구, Vol. 7, No. 3.

황정섭 · 백해현(2008) “네트워크중심전을 위한 군 정보통신장비 기술 및 발전 동향”. 한국전파학회지, 제19권 4호.

홍석훈(2019) “국제정치학적 관점에서의 사이버안보 논의와 국가차원의 대응전략”. 국가안보와 전략, 19(2), 통권74호.

〈국문 학위논문〉

권정민(2011) “리델하트의 간접접근 이론에 의한 사이버전 분석”. 국민대학교 석사 학위논문.

김용태(2003) “한반도 전구에서 전략적 마비를 위한 표적선정에 관한 연구”. 국방대, 석사학위논문.

신경수(2018) “북한의 사이버 위협과 대응전략에 관한 연구”. 충남대 박사학위논문.

채호성(2001) “일본의 전략적 마비 수행능력에 관한 연구”. 한국외대 박사학위논문.

최완규(2010) “마비이론의 현대적 고찰과 미래전 적용성 연구”. 경기대 박사학위 논문.

최해필(2006) “사이버시대 군 사이버전력 강화방안 연구”. 건양대 박사학위논문.

〈국문 · 중문 언론기사〉

디지털타임스, “[DT광장] 더 교묘해진 사회공학적 해킹”, 2016.2.16.

디지털타임즈, “[시론] `EMP 위협` 민간분야도 예외 아니다”, 2015.4.13.

데일리안, “사이버전쟁에 농락당하는 ‘대한민국 IT강국’의 민낯”, 2015.7.20.

미래한국, “사이버 공간이 위태롭다”, 2016.4.11.

서울경제, “북한 우주 위협수준은 해킹, 재밍으로 GPS 교란시 한국 블랙아웃될 판”. 2021.5.21.

세계일보, “[사설] 안이한 軍사이버 안보의식이 국방망 해킹 공범 아닌가”, 2017.5.3.

조선일보, “北, 사이버테러 통해 자금 탈취 가능성“, 2016.6.24.

조선일보, “[전문기자 칼럼] 북한의 히든카드 核EMP 공격”, 2016.6.29.

조선일보, 2017.3.6.

중앙일보, 2021.3.3.

解放军报, 2017.1.3.

〈영문 단행본〉

Baezner, M.(2017) *Hotspot Analysis: Synthesis 2017: Cyber-conflicts in Perspective*. Center for Security Studies.

Barnett, Jeffery R.(1996) *Future War*. Air University Press, Alabama.

Boyd, John(2007) *Patterns of Conflict*. Defense and the National Interest.

Carr, Madeline(2016) *US Power and the Internet in International Relations: The Irony of the Information Age*. Palgrave Macmillan, New York.

Clausewitz, Carl von(1976) *ON WAR*. Prinston University Press, New Jersey.

Deptula, Daid A.(2001) *Effect Based Operations*. Defense And Airpower Series.

Department of Defense(2011) *Department of Defense Strategy for Operating in Cyberspace*. July 2011.

Friis, Karsten, Jens Ringsmose, editors(2016) *Conflict in Cyber Space: Theoretical, Strategic and Legal Perspectives*. Routledge, New York.

Fuller, J.F.C(1951) *Machine Warfare*. Infantry Journal, Washington D.C.

George, Alexander L. and Richard Smoke(1974) *Deterrence in American Foreign Policy: Theory and Practice*. Columbia University Press, New York.

Joint Chief of Staff(2010) *Joint Communication System*. Joint Publication 6-0.

Kramer, Franklin D., Stuart H. Starr, and Larry K. Wentz, eds.(2009) *Cyberpower and National Security*. National Defense University Press, Washington D.C.

Libicki, Martin C.(2009) *Cyberdeterrence and Cyberwar*. The RAND Corporation.

McKenzie, Timothy M.(2017) *Is Cyber Deterrence Possible?* Air University Press.

Mearsheimer, John(1983) *Conventional Deterrence*, Ithaca, Cornell University Press.

Morgan, Patrick(1977) *A Conceptual Analysis*, Beverly Hills, Saga Publications.

Office of Force Transformation(2005) *The Implementation of Network-centric Warfare*. DoD.

Podins, K., J. Stinissen, and M. Maybaum, eds.(2013) *5th International Conference on Cyber Conflict*. NATO CCDCOE Publications, Tallinn.

Secretary of Defense, Leon E. Panetta(2011) Remarks on Cybersecurity to the Bussiness Executives for National Security. New York City.

Schelling, Thomas C(1977) *Arms and Influence*. New Haven and London, Yale University Press.

U.S Army(2014) FM 3-38. *Cyber Electromagnetic Activities.*

________(2017) FM 3-12. *Cyberspace and Electronic Warfare Operations.*

________(2020) *North KOREAN Tactics*, ATP 7-100.2.

Warden Ⅲ, John A.(1998) *The Air Campaign: Planning for Combat.* Nation Defenc University Press, Washington D.C.

________(1995) *The Enemy as a System*. Air University Press, Allabama.

________(1994) *Air Theory for the Twenty-First century: Battlefield of the Future*. Air University Press, Allabama.

〈영문 학술논문〉

Board, William J. and David E. Sanger(2017) "U.S. Strategy to Hobble North Korea Was Hidden in Plain Sight". New York Times, Mar. 4. 2017.

Crosston, Matthew D.(2011) "World Gone Cyber MAD: How 'Mutually Assured Debilitation' Is the Best Hope for Cyber Deterrence". *Strategic Studies Quarterly* 5.

Der Derian, James(1994) "Cyber-Deterrence". Wired. Vol. 2, No. 9. https://www.wired.com/1994/09/cyber-deter/

Department of Defense(2011) "Department of Defense Cyberspace Policy Report". A Report to Congress Pursuant to the National Defense Authorization Act for Fiscal Year 2011, Section 934.

Fichtner, Laura(2018) "What kind of cyber security? theorising cyber security and mapping approaches". *Internet Policy Review*, 7:1-19.

Freedman, Lawrence(2004) "Deterrence". *Polity, London.*

Fulghum David A.(2007) "Why Syria's Air Defense Failed to Detect Israelis". *Aviation Week and Space Technology.*

Giles, Keir, WIlliam II Hagestad(2013) "Divided by a common language: Cyber definitions in chinese, russian and english". In K. Podins, J. Stinissen, and M. Maybaum, editors, *5th International Conference on Cyber Conflict.* NATO CCD COE Publications, Tallinn.

Goodman, Will(2010) "Cyber Deterrence: Tougher in Theory than in Practice?" *Strategic studies Quarterly.*

Harknett, Richard(1994) "The logic of conventional deterrence and the end of the Cold War", *Security Studies* 4.

Huth, Paul and Bruce Russett(1988) "Deterrence Failure and Crisis Escalation". *International Studies Quarterly*, Vol. 32, No. 1.

Jabbour, Kamal T., E. Paul Ratazzi(2013) "Deterrence in cyberspace". In Adam Loowther, editor, *Thinking about Deterrence: Enduring Questrions in a Time of Rising Powers, Rogue Regimes, and Terrorism.* Air University Press, Maxwell AFB, AL.

Jervis, Robert(1978) "Cooperation Under the Security Dilemma". *World Politics.* Vol. 30, No. 2.

Kallender, Paul and Christopher W Hughes(2017) "Japan's emerging trajectory as a 'cyber power': From securitization to militarization of cyberspace". *Journal of Strategic Studies*, Vol. 40(1-2).

Kugler, Richard L.(1974) "Deterrence of Cyber Attacks". In *Cyberpower and National Security.* Franklin D. Kramer, Stuart H. Starr, and

Larry K. Wentz, eds. National Defense University Press, Washington D.C.

Lebow, Richard N. and Janice Gross Stein(1990) "Deterrence: The Elusive Dependent Variable". *World Politics*. Vol. 42, No. 3.

Libicki, Martin C.(2009) "Why Cyberdeterrence Is Different". *Cyberdeterrence and Cyberwar*. RAND Corporation.

Lindsay, Jon(2013) "Stuxnet and the limits of cyber warfare". *Security Studies*. 22(3).

Lynn, William Ⅲ.(2010) "Defending a New Domain: The Pentagon Cyberstrategy". *Foreign Affairs* 89-5.

Lynn, William Ⅲ., Deputy Secretary of Defense, Remarks at STRATCOM Cyber Symposium, Omaha, Nebraska, May 26, 2010.

Lupovici, Amir(2011) "Cyber Warfare and Deterrence: Trends and Challenges in Research". *Military and Strategic Affairs*, 3(3).

Morgan, Ptrick M.(2010) "Applicability of Traditional Deterrence Concepts and Theory to the Cyber Realm". Proceedings of a Workshop on Deterring CyberAttacks: Informing Strategies and Developing Options for U.S. Policy. National Research Council.

Nye, Joseph S.(2017). "Deterrence and Dissuation in Cyberspace". *Internatuonal Security*, Vol. 41, No. 3.

____________(2011) "Nuclear Lessons for Cyber Security?". *Strategic Studies Quarterly*, Vol. 5, No. 4.

Secretary of Defense, Leon E. Panetta, Remarks on Cybersecurity to the Business Executives for National Security, New York City, Oct. 11. 2012.

Snyder, Glenn H.(1960) "Deterrence and Power". *Journal of Conflict Resolution*, Vol. 4, No. 2.

Sterner, Eric(2011) "Retaliatory Deterrence in Cyberspace". *Strategic Studie Quarterly* 5-1.

Stone, John(2013) "Cyber war Will take place!" *Journal of Strategic Studies*. 36(1).

TRADOC(2018) "The U.S. Army Concept for Cyber and Electronic Warfare Operrations 2025-2040", TRADOC pamphlet 525-8-6

________(2018) "The U.S. Army in Multi-Domain Operation 2028". TRADOC Pamphlet 525-3-1.

Trujillo, Clorinda(2014) "The Limits of Cyberspace Deterrence". *Joint Force Quarterly*, Issue 75.

U.S. Ministry of Defense(2017) "Future Force Concept". Joint Concept Note 1/17.

William, O. Odom and Christopher D. Heyes(2014) "Cross-Domain Synergy: dvancing Jointness". *Joint Force Quarterly*, vol. 73.

〈영문 인터넷 자료〉

https://www.afcea.org/content/army-evolves-its-formations-cyber-and-electronic-warfare (검색일: 2021.8.10.)

https://www.armytimes.com/news/your-army/2018/02/20/the-army-is-putting-cyber-electronic-warfare-teams-in-its-bcts/ (검색일: 2021.6.2.)

https://blog.naver.commarcoop41 (검색일: 2021.7.7.)

https://www.c4isrnet.com/electronic-warfare/2021/04/14/us-military-to-blend-electronic-warfare-with-cyber-capabilities/ (검색일: 2021.12.12.)

https://www.coe.int/en/web/conventions/full-list/-/conventions/treaty/

185 (검색일: 2021.8.6.)

https://defence.nridigital.com/global_defence_technology_special/a_look_at_the_us_navys_next_generation_jammer (검색일: 2021.7.8.)

https://www.dia.mil/Portals/27/Documents/News/Military%20Power%20Publications/China_Military_Power_FINAL_5MB_20190103.pdf. (검색일: 2021.8.10.)

https://dig.watch/processes/un-gge (검색일: 2021.8.10.)

https://en.wikipedia.org/wiki/Suter_(computer_program) (검색일: 2021.6.12.)

https://www.etnews.com/news/computing/security/2786032_1477.html (검색일: 2021. 6.13.)

https://futurism.com/experts-warn-that-ai-enhanced-cyberattacks-are-an-imminent-threat (검색일: 2021.12.13.)

https://ko.wikipedia.org/wiki/orchard operation (검색일: 2021.10.21.)

https://www.mofa.go.kr/trade/arms/2013cyber/cyber07/index.jsp. (검색일: 2021.8.7.)

https://www.nbcnews.com/think/opinion/russia-winning-electronic-warfare-fight-a gainst-ukraine-united-states-ncna1091101. (검색일: 2021.8.15.)

https://www.nytimes.com/2017/03/04/world/asia/north-korea-missile-program-sabotage.html. (검색일: 2021.9.15.)

https://nsa.gov1.info/dni/nsa-ant-catalog/wireless-lan/index.html. (검색일: 2021.7.7.)

https://www.sciencetimes.co.kr/news/차세대-전장-누빌-지향성에너지-무기는/ (검색일: 2021.12.13.)

https://sdquebec.ca/en/news/5-ways-the-army-will-keep-pace-in-cyber-and-electronic-warfare (검색일: 2021.6.10.)

약 어 집

AESAR	Active Electronically Scanned Array Radar	능동전자주사배열레이더
AR	Augmented Reality	증강현실
ATCIS	Army Tactical Command Information System	육군전술지휘정보체계
BIT	Built In Test	자체시험장비
BT	Bio Technology	생명공학기술
C2/SA	Command and Control/Situational Awareness	지휘통제 및 상황인식
C4I	Command, Control, Communications, Computers and Intelligence	지휘·통제·통신·컴퓨터·정보
C4ISR-PGM	Command, Control, Communications, Computers, Intelligence, Surveillance and Reconnaissance - Precision Guided Munition	지휘통제통신컴퓨터 기반하의 정밀유도무기 체계
CBM	Condition Based Maintenance	상태기반정비
CPS	Cyber Physical System	사이버 물리 시스템
CSF	Customized Smart Factory	맞춤형 스마트팩토리
CEW	Cyber & Electronic Warfare	사이버·전자전
CEMA	Cyber ElectroMagnetic Activities	사이버·전자기 활동
CEWO	Cyber Electronic Warfare Operation	사이버·전자전 작전
CNA	Computer Network Attack	컴퓨터네트워크 공격
CND	Computer Network Defense	컴퓨터네트워크 방어
CNO	Computer Network Operations	컴퓨터네트워크 작전
CO	Cyberspace Operations	우주작전
CW	Cyber Warfare	사이버전

DCO	Defensive Cyberspace Operations	방어적 사이버우주작전
DEW	Direction Energy Weapon	지향성 에너지 무기체계
DL	Data Link	데이터링크
EA	Electronic Attack	전자공격
EP	Electronic Protection	전자보호
EW	Electronic Warfare	전자전
ES	Electronic Warfare Support	전자전지원
EBO	Effective Based Operations	효과중심작전
eVTOL	electric Vertical Take-off & Landing	전기동력 수직이착륙
GSR	Ground Surveillance Radar	지상감시레이다
HUMS	Health and Usage Monitoring System	상태감시시스템
ICANN	The Internet Corporation for Assigned Names and Numbers	국제인터넷주소관리기구
ICT	Information and Communications Technology	정보통신기술
IGF	Internet Governance Forum	인터넷거버넌스포럼
IM	Intelligence Management	정보관리
IO	Information Operations	정보작전
IoE	Internet of Environment	만물인터넷
IoT	Internet of Things	사물인터넷
IPICS	Information Processing Interoperability and Collaboration System	정보처리 상호운용 체계
ISR	Intelligence, Surveillance, Reconnaissance	정보 · 감시 · 정찰
IT	Information Technology	정보통신기술
ITS	Intelligent Transportation System	지능형 교통체계
ITU	International Telecommunication Union	국제전기통신연합

JSOP	Joint Strategic Objective Plan	합동군사전략목표기획서
KTSSM	Korea Tactical Surface to Surface Missile	전술 지대지 유도무기
LVCG	Live Virtual Constructive Game	전장합성훈련체계
M2M	Material to Material	사물지능통신
MAD	Mutually Assured Destruction	상호확증파괴
MAV	Micro Air Vehicle	초소형 비행체
MCMO	Mission-Customized Mosaic Operations	모자이크작전
MDB	Multi-Domain Battle	다영역 전투
MDO	Multi-Damain Operations	다영역 작전
MEC	Mobile Edge Cloud	분산형 클라우드 서비스
MIFS	Military Intelligence Fusion System	군사정보융합체계
MOD	Minimum object distance	최소 객체 거리
MR	Mixed Reality	혼합현실
MSF	Mobile Smart Factory	이동형 스마트팩토리
MUM-T	Manned Unmanned Teaming	유·무인 통합전투
NCOE	Network Centric Operation Environment	네트워크중심작전환경
NCW	Network-Centric Warfare	네트워크중심전
NCO	Network-Centric Operations	네트워크중심작전
NGC	Next Game Changer	차세대 게임체인저
NPT	Nuclear non-Proliferation Treaty	핵확산방지조약
NPS	Network Paralysis Strategy	네트워크마비전략
NPW	Network Paralysis Warfare	네트워크마비전
NPO	Network Paralysis Operations	네트워크마비작전
NT	Nano Technology	나노 기술

OCO	Offensive Cyberspace Operations	공격적 사이버우주작전
OODA	Observation-Orientation-Decision- Action	전장감시판단결심행동
PRE	Position Reporting Equipment	위치보고접속장치
RCWS	Remote Control Weapon Station	원격조종무기체계
RDO	Rapid Decisive Operations	신속결정작전
SMO	Spectrum Management Operations	스펙트럼관리작전
TDL	Tactical Data Link	전술 데이터링크
TIGER	Transformative Innovation of Ground forces Enhanced by the 4th industrial Revolution technology	4차산업혁명기술 기반 지상군의 혁신적 변화
UAV	Unmanned Aerial Vehicle	무인기
UNGGE	UN Group of Governmental Experts	유엔정부전문가그룹
USN	Ubiquitous Sensor Network	사물통신망
VoIP	Voice over Internet Phone	인터넷 기반 음성통화
VR	Virtual Reality	가상현실
WCIT	World Congress on IT	세계정보기술회의
WMD	Weapons of Mass Destruction	대량살상무기
WSIS	World Summit on the Information Society	세계정보사회정상회의